Forschungshefte aus dem
Gebiete des Stahlbaues

Herausgegeben vom

Deutschen Stahlbau-Verband, Köln a. Rh.

Schriftleitung: Professor Dr.-Ing. K. Klöppel, Technische Hochschule Darmstadt

Heft 9

Berechnung von einfachen und mehrfachen Rautenträgern

von

Dr.-Ing. Maria Eßlinger

Saarbrücken

Mit 72 Abbildungen

Springer-Verlag

Berlin / Göttingen / Heidelberg

1953

ISBN-13: 978-3-540-01693-9   e-ISBN-13: 978-3-642-85742-3
DOI: 10.1007/978-3-642-85742-3

Von der Fakultät der Naturwissenschaften der Universität des Saarlandes zur Erlangung des Grades
eines Dr.-Ing. habil. genehmigte Habilitationsschrift

Hauptreferent: Professor H. Pailloux, Agrégé et Docteur des Mathématiques
Korreferenten: Professor Dr. phil. math. A. Hermann und
Professor Dr.-Ing. H. Bühler

Tag der mündlichen Prüfung: 19. 11. 1951

Herrn

Bernhard Seibert

in Dankbarkeit

zugeeignet

Vorwort.

Die Arbeit des wissenschaftlichen Ingenieurs in der Industrie unterscheidet sich von jener der anderen Forscher dadurch, daß er jede gestellte Aufgabe in verhältnismäßig kurzer Zeit lösen soll. Aus dieser Aufgabenstellung ergibt sich seine Arbeitsweise: Er kann unmöglich alles rechnen, aber er muß alles durchdenken.

Nach diesem Ingenieurgrundsatz ist auch vorliegende Arbeit geschrieben. Sie ist reich an Annahmen, die einleuchtend begründet, aber nicht mathematisch bewiesen sind. Der mathematische Apparat zur Ableitung der Formeln ist trotzdem leider noch beträchtlich. Die Rechenarbeit für den Statiker, der nach dieser Arbeit Rautenträger dimensionieren will, ist verhältnismäßig gering.

Die Arbeit entstand während meiner Tätigkeit bei der Firma Stahlbau B. Seibert G. m. b. H., Saarbrücken und Aschaffenburg. Ich danke meinem verehrten Chef, Herrn Bernhard Seibert, für die günstigen Arbeitsbedingungen, die mir freies wissenschaftliches Arbeiten ermöglichen.

Herr Dr.-Ing. H. Simon von der Waldorfschule in Hannover ist maßgeblich an der Lösung der Differentialgleichung beteiligt; ich bin ihm dafür zu großem Dank verpflichtet. Herrn Direktor Dr.-Ing. O. Erdmann vom Aschaffenburger Werk der Firma Seibert danke ich für manche Stunde der Aussprache, die dazu beigetragen hat, Klarheit in die Gedanken zu bringen. Herrn Oberingenieur L. Fuchs schulde ich Dank für wertvolle Ratschläge bei der Ausarbeitung.

Schließlich gilt mein Dank dem Deutschen Stahlbau-Verband und besonders Herrn Professor Dr.-Ing. K. Klöppel für die Aufnahme der Arbeit in die Forschungshefte und dem Springer-Verlag für die gute Ausgestaltung des Buches.

Saarbrücken, im April 1953.

Maria Eßlinger.

Inhaltsverzeichnis.

Einleitung.

Rautenträger haben keine Vertikalstäbe und sind deswegen besonders geeignet für Brückengeräte, bei denen Brücken der verschiedensten Stützweiten und Belastungen aus möglichst wenig Bauelementen zusammengesetzt werden sollen. Man verwendet zweckmäßig für kleine Stützweiten ein einfaches Strebenfachwerk, für mittlere Stützweiten ein einfaches Rautenfachwerk und für große Stützweiten ein mehrfaches Rautenfachwerk, Abb. 1.

Die Berechnung des einfachen Strebenfachwerks geht von der Voraussetzung aus, daß die Knotenpunkte gelenkig sind. Wenn man berücksichtigt, daß die Gurte biegesteif durchlaufen und die Diagonalen biegesteif angeschlossen sind, ändert sich der Kraftverlauf fast nicht und es ergeben sich nur geringe Nebenspannungen.

Das Rautenfachwerk dagegen ist unter der Annahme gelenkiger Knotenpunkte beweglich. Die Biegesteifigkeit des Systems ist notwendig, um das Fachwerk stabil zu machen. Der Einfachrautenträger wird im wesentlichen von den biegesteif durchlaufenden Gurten stabilisiert. Bei Mehrfachrautenträgern ist die Biegesteifigkeit der Diagonalen, wenn diese an den Kreuzungspunkten miteinander verbunden sind, von größerem Einfluß. Die Diagonalen haben immer eine gewisse Biegesteifigkeit, weil sie als Druckstäbe knicksteif sein müssen. Das Fachwerk mit den biegesteif durchlaufenden Gurten und den biegesteifen Diagonalen ist hochgradig statisch unbestimmt. Die exakte Berechnung ist sehr kompliziert. Sie ist bisher noch nicht durchgeführt worden.

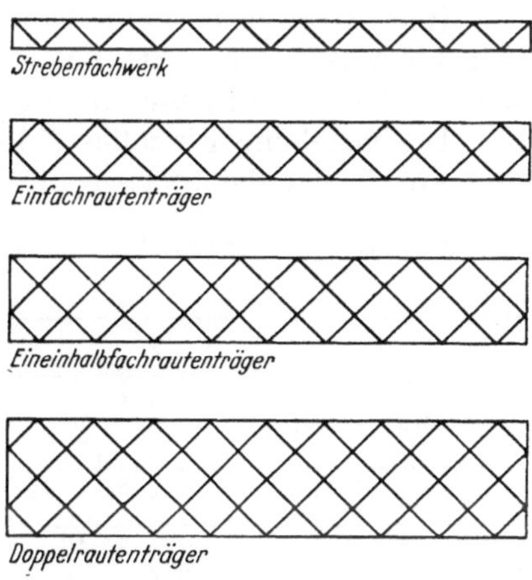

Abb. 1. Brückenträgersysteme.

Es liegen Untersuchungen von Christiani[1] und Krabbe[2] über den Einfachrautenträger mit vernachlässigbar kleiner Diagonalbiegesteifigkeit vor. Hier wird gezeigt, daß die Wirkung eines hinzugefügten Stabilitätsstabes, der das bewegliche Fachwerk mit gelenkigen Knotenpunkten theoretisch starr macht, durch die Biegesteifigkeit der Gurte praktisch schnell zum Abklingen gebracht wird. Auch in dem nach der klassischen Fachwerklehre stabilen Rautenträger ist in einiger Entfernung vom Stabilitätsstab die Gurtbiegesteifigkeit von ausschlaggebender Bedeutung für den Kraftverlauf.

Das Rechenverfahren von Christiani ist so umständlich, daß es praktisch nicht in Frage kommt.

Das Verfahren von Krabbe für Einfachrautenträger ist kurz und klar. Es gibt aber in der angegebenen Form die inneren Kräfte nur unmittelbar an der Kraftangriffsstelle mit ausreichender Genauigkeit. In einiger Entfernung liefert es zu kleine Werte oder gar keine Werte mehr. Eine Erweiterung des Krabbeschen Verfahrens zu höherer Genauigkeit und für Mehrfachrautenträger ist möglich, bedingt aber einen sehr viel größeren Rechenaufwand.

---

[1] Christiani, P.: Strenge Untersuchungen am Rhombenfachwerk. Berlin: Springer 1929. — Zur Berechnung von Rhombenträgern. Stahlbau **2** (1929) S. 183. — Über die angebliche Labilität von Fachwerken. Stahlbau **4** (1931) S. 17.

[2] Krabbe: Das Wesen des Rautenträgers und seine richtige und einfache Berechnung. Stahlbau **4** (1931) S. 169.

In dem Rechenverfahren von Lie[1] wird der Rautenträger als kontinuierliches System mit unendlich dicht stehenden Diagonalen behandelt. Der Rechenaufwand ist erheblich, weil die Einzellast durch 30 bis 40 Sinusglieder einer Fourier-Reihe dargestellt wird. Die Genauigkeit ist trotzdem nicht befriedigend, weil bei allen Rautenträgersystemen die Biegesteifigkeit der Diagonalen vernachlässigt ist und weil die Gliederung, d. h. die Rautenträgerart, nicht in die Rechnung eingeht. Außerdem sind die Grenzbedingungen am Trägerende nicht erfüllt.

In der vorliegenden Arbeit werden für die Berechnung der Deformationen und inneren Kräfte von Einfach-, Eineinhalbfach- und Doppelrautenträgern Näherungsverfahren entwickelt, in denen berücksichtigt ist, daß die Gurte über die ganze Länge biegesteif durchlaufen und daß die Diagonalen biegesteif und an den Kreuzungspunkten miteinander verbunden sind. Für Brücken mit gebräuchlichen Abmessungen sind die Ergebnisse der statisch unbestimmten Rechnung, die Deformationswerte, in Tabellen zusammengestellt, mit deren Hilfe die inneren Kräfte in verhältnismäßig kurzer Zeit berechnet werden können.

I. Überblick über die inneren Kräfte im Rautenträger.

1. Zerlegen der Belastung in Haupt- und Störlast.

Wie jedes bewegliche Fachwerk, so kann auch der Rautenträger unter der Annahme gelenkiger Knotenpunkte Kräfte bestimmter Richtung und Verteilung aufnehmen. Diese Tatsache wird benutzt, um die Berechnung der inneren Kräfte zu vereinfachen.

Die gegebene Einzellast, die an einem beliebigen Knotenpunkt angreift, wird zerlegt in den Anteil, der das System nicht wesentlich auf Biegung beansprucht — geringe Biegenebenspannungen treten in jedem Fachwerk auf —, und in die Restbelastung, die nur infolge der Biegesteifigkeit des Systems aufgenommen werden kann. Die biegungsfreie Belastung ist antimetrisch zur waagerechten Trägerachse. Sie findet ihre Gegenkräfte an den Auflagern, beansprucht also den ganzen Träger. Sie wird im folgenden als Hauptbelastung bezeichnet. Die Restbelastung ist eine Gleichgewichtsgruppe von Kräften derselben Größenordnung an der Kraftangriffsstelle. Ihre Wirkung klingt verhältnismäßig schnell ab. Sie wird im folgenden als Störbelastung bezeichnet.

Beim Einfachrautenträger bedeutet die Aufteilung in Haupt- und Störbelastung eine Zerlegung der Einzellast in Antimetrie und Symmetrie um die waagerechte Trägerachse, Abb. 2a.

Beim Mehrfachrautenträger genügt die einfache Zerlegung in Antimetrie und Symmetrie nicht mehr. Durch die antimetrische Einzelkraft würde nur der unmittelbar belastete Diagonalenzug beansprucht, z. B. beim Doppelrautenträger nur jede zweite Diagonale, Abb. 3. Die Zwischendiagonalen beteiligen sich aber allmählich auch an der Lastaufnahme; in einiger Entfernung von der Kraftangriffsstelle haben alle Diagonalen gleich große Kräfte. Die Verteilung der Last von den unmittelbar belasteten Diagonalen auf die dazwischenliegenden besorgen die Gurte, die dadurch Biegespannungen erfahren, die zur Störbelastung gehören. Die Haupt-

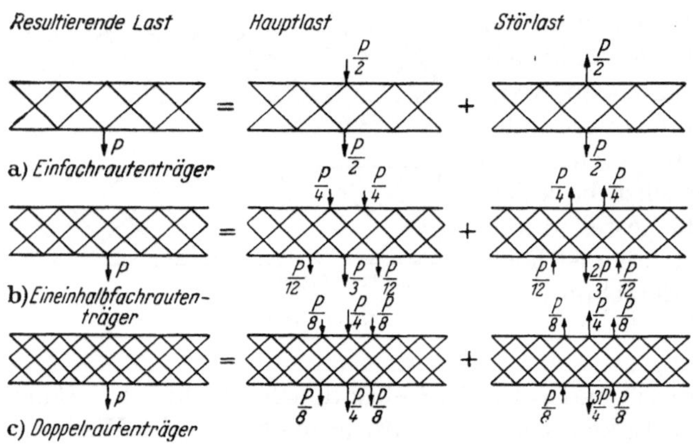

Abb. 2. Zerlegen der äußeren Belastung in Haupt- und Störlast.

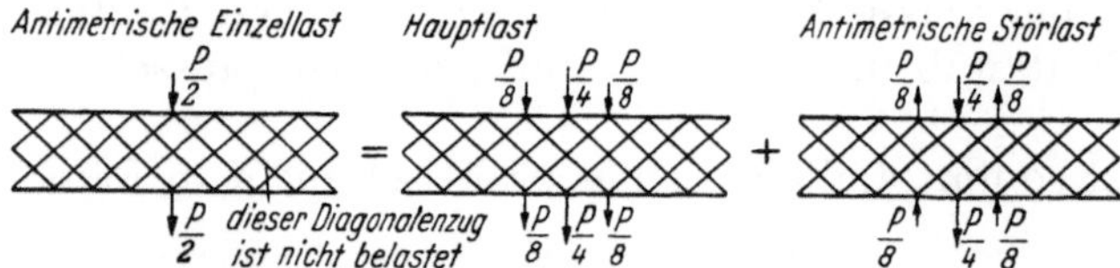

Abb. 3. Zerlegen der antimetrischen Einzellast am Doppelrautenträger.

---

[1] Lie: Berechnung der Fachwerke und ihrer verwandten Systeme auf neuem Wege. Stahlbau **17** (1944) S. 35

belastung muß so festgelegt werden, daß schon an der Kraftangriffsstelle alle Diagonalen gleich große Kräfte bekommen.

Allgemein gilt: Die Belastung wird zerlegt in die Hauptbelastung, die um die waagerechte Achse antimetrisch ist und allen Diagonalen unmittelbar gleich große Kräfte gibt, und in die Störbelastung, Abb. 2. Die Hauptbelastung ruft in dem System nur Normalkräfte hervor; diese sind durch Gleichgewichtsbedingungen bestimmt. Die Störbelastung ergibt Normalkräfte und Biegemomente; diese werden durch eine längere statisch unbestimmte Rechnung ermittelt.

2. Abklingen der Störlast.

Das Abklingen der symmetrischen Störlast wird am Beispiel des einfachen Rautenträgers mit unendlich kleiner Diagonalbiegesteifigkeit gezeigt, Abb. 4a.

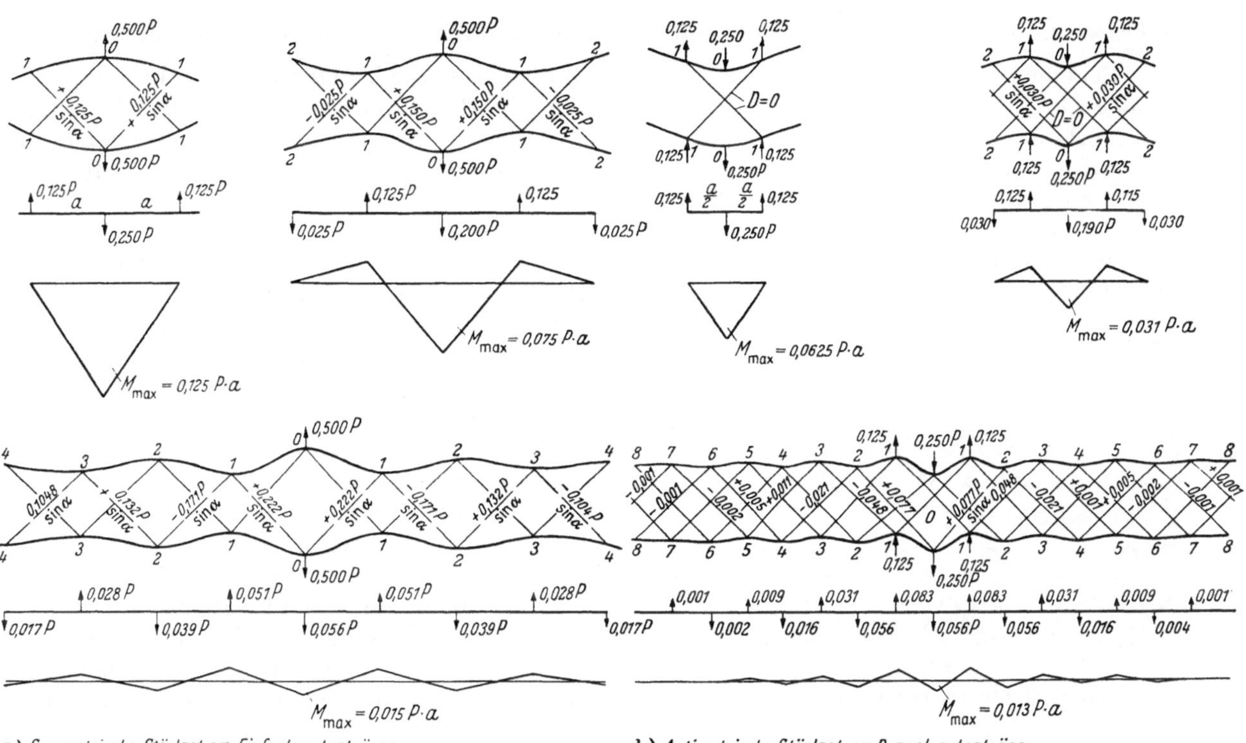

a) *Symmetrische Störlast am Einfachrautenträger* b) *Antimetrische Störlast am Doppelrautenträger*

Abb. 4. Abklingen der Störlast. Die drei Figuren zeigen jeweils die Diagonalkräfte, die gurtsenkrechten Kräfte und die Gurtbiegemomente.

Bei einem nur aus zwei Feldern bestehenden Trägerstück sind die inneren Kräfte aus der Störlast statisch bestimmt. Die eine Hälfte der Spreizkraft geht unmittelbar in die Diagonalen über, die andere wird als Querkraft im Gurt weitergeleitet. Die Diagonalkraft ist dann $\dfrac{P}{8 \cdot \sin\alpha}$ und das Gurtbiegemoment $\dfrac{P\,a}{8}$.

Bei einem aus vier Feldern bestehenden Trägerstück ist die Gurttangente im Punkt 1 ungefähr waagerecht. Der Gurt wird durch die Diagonalen in den äußeren Feldern zurückgebogen. Die Diagonalen erfahren dabei Druckkräfte. Im Punkt 1 wird nicht mehr die ganze Vertikalkomponente der Diagonalkraft 0—1 in den Gurt eingeleitet, sondern nur die Differenz der Diagonalkräfte 0—1 und 1—2. Der Anteil der äußeren Kraft, der an der Kraftangriffsstelle in die Diagonalen übergeht, ist größer, und der Anteil, der als Querkraft im Gurt weitergeleitet wird, und damit auch das Gurtbiegemoment, ist kleiner als beim Träger mit nur zwei Feldern.

Bei einem Träger mit vielen Feldern geht der größte Teil der äußeren Einzelkraft in die Diagonalen der Kraftangriffsstelle über. Die Diagonalkräfte werden allmählich kleiner. Die

Differenz setzt sich jeweils an den Gurten ab. Die Gurte biegen sich an der Kraftangriffsstelle weit aus; dann klingen die Ausbiegungen mit dem Rhythmus des Diagonalschrittes allmählich ab.

Für den Doppelrautenträger gilt grundsätzlich dasselbe. Die Zwischendiagonalen werden durch die Spreizkraft kaum belastet.

Die Abklinglänge ist abhängig von den Steifigkeitsverhältnissen des Trägers. Sie beträgt bei symmetrischer Störlast 5- bis 10fache Trägerhöhe.

Das Abklingen der antimetrischen Störlast wird am Beispiel des Doppelrautenträgers mit unendlich kleiner Diagonalbiegesteifigkeit gezeigt, Abb. 4b.

Bei einem nur aus zwei Feldern bestehenden Trägerstück sind die inneren Kräfte aus der Störlast statisch bestimmt. Die Diagonalen erfahren keine Kräfte, das Biegemoment wird $\frac{P\,a}{16}$.

Bei einem aus vier Feldern bestehenden Trägerstück ist die Tangente im Punkt 1 ungefähr waagerecht. Der Gurt wird durch die Diagonalen in den äußeren Feldern zurückgebogen. Dabei erfahren die nach außen fallenden Diagonalen Druckkräfte und die nach außen steigenden Zugkräfte. An der Kraftangriffsstelle geht nur ein Teil der äußeren Kraft als Querkraft in die Gurte ein; das Biegemoment wird kleiner.

Bei einem Trägerstück mit vielen Feldern geht der größte Teil der äußeren Einzellast in die Diagonalen der Kraftangriffsstelle über. Die Diagonalkräfte werden allmählich kleiner. Die Differenz setzt sich jeweils an den Gurten ab. Die Gurte biegen sich an der Kraftangriffsstelle weit aus; dann klingen die Ausbiegungen mit dem Rhythmus des halben Diagonalschrittes allmählich ab.

Die Abklinglänge ist abhängig von den Steifigkeitsverhältnissen des Trägers. Sie ist bei der antimetrischen Störlast viel kleiner als bei der symmetrischen.

Abb. 5 zeigt die Deformationen der verschiedenen Rautenträgersysteme unter einer Einheitslast. Hier erkennt man klar die Wirkung der Biegesteifigkeit der Diagonalen. Beim einfachen Rautenträger wird bei jeder Knotenpunktsverschiebung des Gurtes zwangsläufig je eine Diagonale mitverbogen, beim eineinhalbfachen werden zwei und beim doppelten drei Diagonalen mitverbogen.

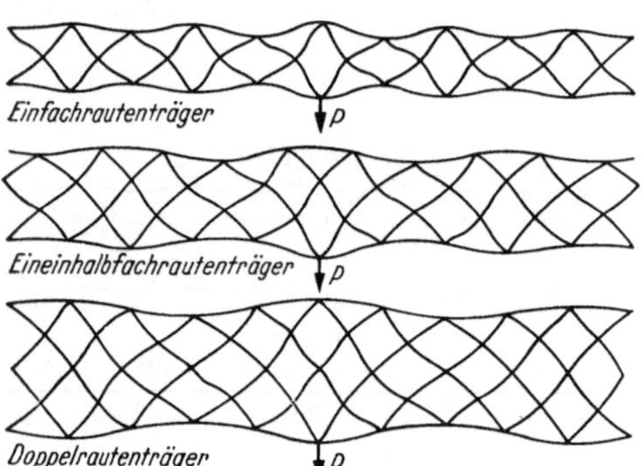

Abb. 5. Rautenträgerdeformationen.

Wenn der Diagonalwinkel 45° ist, verhalten sich die Durchbiegungen und Stützweiten der Diagonalen zu denen der Gurte wie $1 : \sqrt{2}$. Die Biegelinien der Gurte und Diagonalen sind ähnlich, wenn man von den Unterschieden der Einspannbedingungen bei den Mehrfachrautenträgern absieht, weil sie infolge der Weichheit der Nietanschlüsse nicht voll zur Auswirkung kommen.

Der Zuwachs, den die Gurtsteifigkeit durch eine Diagonale erfährt, ist

$$\Delta E J = \sqrt{2} \cdot E J_d .$$

Daraus ergibt sich das Systemträgheitsmoment eines beliebigen Rautenträgers zu

$$J_s = J_g + \sqrt{2}\,(n - 1)\,J_d ; \tag{1}$$

dabei bedeutet J_g das Gurtträgheitsmoment, J_d das Diagonalträgheitsmoment und n die Zahl der Diagonalen in einem Trägerquerschnitt.

In der statisch unbestimmten Rechnung zur Bestimmung der Gurtbiegelinie werden alle Ansätze so aufgestellt, als ob die Diagonalbiegesteifigkeit vernachlässigbar klein wäre, nur wird statt des Gurtträgheitsmomentes das Systemträgheitsmoment eingesetzt. Bei der Berechnung der Gurt- und Diagonalbiegemomente aus den Gurtknotenpunktsverschiebungen werden die wirklichen Steifigkeitswerte eingesetzt.

3. Verhältnis von Haupt- und Störspannungen.

Im letzten Teil der Arbeit sind Zahlenbeispiele für Hauptträger von Straßenbrücken durchgerechnet. Die behandelten Rautenträger sind Träger auf zwei Stützen, bei denen die Gurte im Mittelbereich stärker sind als in den Endfeldern, während die Diagonalen über die ganze Trägerlänge gleichen Querschnitt haben.

Dabei zeigt sich, daß die Spannungen in erster Linie durch die Hauptbelastung bestimmt sind. Für die Störspannungen ergeben sich folgende Zuschläge:

		Einfachrautenträger	Doppelrautenträger
Gurte:	Mittelbereich	3 %	4 %
	Endbereich	6 %	20 %
Diagonalen:	Mittelbereich	67 %	360 %
	Endbereich	14 %	50 %

Beim Abklingen der Störlast wechseln Zug- und Druckkräfte in den Diagonalen und positive und negative Biegemomente in den Gurten, Abb. 4. Infolgedessen addieren sich bei gleichmäßig verteilter Belastung die inneren Kräfte aus der Störbelastung nicht, sondern sie heben sich im Gegenteil gegenseitig auf, und zwar im Mittelbereich des Trägers fast vollständig, während im äußeren Bereich der Einfluß des Trägerendes sich etwas störend auswirkt.

Die inneren Kräfte aus der Hauptbelastung sind bei den Diagonalen von derselben Größenordnung wie die äußere Einzellast, bei den Gurten jedoch wesentlich größer. Die inneren Kräfte aus der Störbelastung sind bei den Diagonalen und Gurten von derselben Größenordnung wie die äußere Einzellast. Infolgedessen sind die Diagonalkräfte aus der Haupt- und Störlast von der gleichen Größenordnung, während bei den Gurtkräften der Einfluß der Störlast zurücktritt.

Der absolute Betrag der Störspannungen in den Diagonalen ist über den ganzen Rautenträger etwa gleich groß. Der stärkere Einfluß für die Diagonalen im Mittelbereich kommt daher, daß die Diagonalkräfte aus der Hauptlast hier sehr klein sind.

Der kleine Störlastzuschlag für die Gurte im Mittelbereich rührt von der Einzellast her, der etwas größere im Außenbereich teils von der Einzellast und teils von der nicht ganz ausgeglichenen gleichmäßig verteilten Belastung.

Der Einfluß der Störlast wirkt sich beim Doppelrautenträger viel stärker aus als beim Einfachrautenträger. Die Bedingung, daß alle Diagonalen aus der Hauptbelastung gleiche Kräfte haben müssen, ergibt im Mittelbereich beim Einfachrautenträger $P/4\sin\alpha$ und beim Doppelrautenträger $P/8\sin\alpha$. Da an der Kraftangriffsstelle fast die ganze äußere Kraft in die Diagonalen übergeht, ist die resultierende Diagonalkraft dort bei allen Systemen nur wenig kleiner als $P/2\sin\alpha$. Der Störlastzuschlag wird daher beim Einfachrautenträger

$$\Delta D < \frac{P}{2\sin\alpha} - \frac{P}{4\sin\alpha} = \frac{P}{4\sin\alpha}$$

und beim Doppelrautenträger

$$\Delta D < \frac{P}{2\sin\alpha} - \frac{P}{8\sin\alpha} = \frac{3P}{8\sin\alpha}.$$

Er ist also beim Doppelrautenträger gegenüber der Hauptlast dreimal so groß als beim Einfachrautenträger. Die Abweichung der tatsächlichen Spannungen von diesen Werten für die Einzellast ist auf den Einfluß der gleichmäßig verteilten Belastung und der Biegemomente zurückzuführen.

Aus der Störlast erfahren an der Kraftangriffsstelle die Diagonalen Zugkräfte und die Gurte Druckkräfte. Beim Träger auf zwei Stützen erfährt also der Obergurt eine zusätzliche Belastung, der Untergurt eine Entlastung. Bei gleicher Querschnittsausbildung beider Gurte genügt mithin der Nachweis der resultierenden Obergurtspannungen. Auch die Tatsache, daß die Biegemomente an der Kraftangriffsstelle im Untergurt größer sind als im Obergurt, ändert daran nichts; der Einfluß der Längskräfte überwiegt.

Die Rautenträger können mit ganzer oder halber Raute enden. Wenn der Träger auf der einen Seite mit halber und auf der anderen Seite mit ganzer Raute endet, überwiegen die Längskräfte aus der Hauptlast auf der Seite des Halbrautenendes in gleichbezeichneten Gurten,

d. h. in Gurten, die die gleiche Anzahl von Knotenpunkten vom Trägerende entfernt sind. Der Einfluß der Störlast auf die Gurte ist so gering, daß er an dem Überwiegen der Spannungen hier nichts ändert. Es genügt daher, bei „symmetrischer" Querschnittsausbildung der Gurte die Spannungen im Obergurt auf der Seite mit Halbrautenende nachzuweisen.

4. Formänderungsarbeit.

Die Diagonalspannungen aus Haupt- und Störlast sind an der Kraftangriffsstelle von der gleichen Größenordnung. In einiger Entfernung klingen die Störspannungen bis auf vernachlässigbar kleine Werte ab, während die Hauptspannungen bis zu den Auflagern konstant bleiben. Demnach ist in den Diagonalen die Formänderungsarbeit aus der Hauptlast erheblich größer als die aus der Störlast.

Noch krasser ist der Unterschied bei den Gurtkräften. Die Gurtspannungen aus der Störlast sind schon an der Kraftangriffsstelle viel kleiner als die aus der Hauptlast. Darüber hinaus klingen die Störspannungen schnell ab, während die Hauptspannungen nach den Auflagern zu nur allmählich abnehmen. Bei den Gurten, die den Hauptbeitrag zur Formänderungsarbeit liefern, sind demnach die Störspannungen gegenüber den Hauptspannungen erst recht vernachlässigbar klein.

Daher sind bei der Formänderungsrechnung für den ganzen Träger immer nur die Hauptkräfte zu berücksichtigen; auch für die Berechnung der Lagerreaktionen statisch unbestimmt gelagerter Rautenträger sind nur die Hauptkräfte maßgebend.

II. Rechenanweisung für den Statiker.

1. Bezeichnungen.

Trägersystem.

h = Systemhöhe des Trägers [cm],
b = Knotenpunktsabstand des Trägers [cm],
s = Länge einer Diagonale [cm],
a = waagerechte Projektion einer Diagonale, Diagonalschritt [cm],
α = Neigungswinkel der Diagonalen,
F_g = Fläche des Gurtes [cm²],
F_d = Fläche einer Diagonale [cm²],
J_g = Trägheitsmoment des Gurtes [cm⁴],
J_d = Trägheitsmoment einer Diagonale [cm⁴],
J_s = Systemträgheitsmoment, $J_s = J_g + \sqrt{2}\,(n-1)\cdot J_d$ [cm⁴].

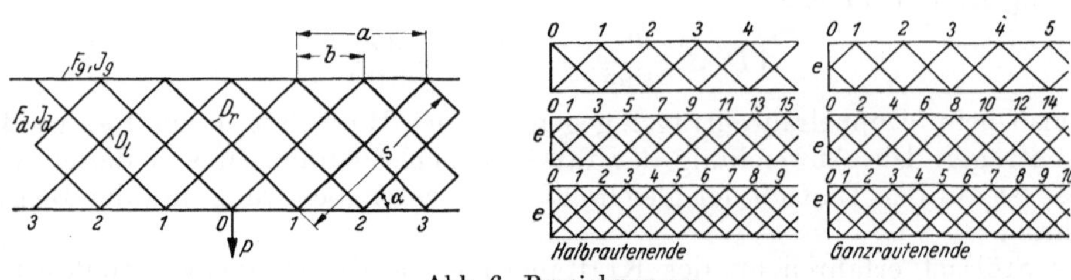

Abb. 6. Bezeichnungen.

Koordinatensystem und Knotenpunktsverschiebungen.

x = waagerechte Ordinate, der Nullwert des Koordinatensystems liegt beim endlich langen Rautenträger in der Ecke, in der Gurt und Pfosten zusammenstoßen, beim unendlich langen an der Kraftangriffsstelle [cm],
x = waagerechte Verschiebung des Diagonalenanschlußpunktes am Pfosten, nach außen positiv gerechnet [cm],

y = senkrechte Verschiebung der Gurtknotenpunkte, nach außen, d. h. am Untergurt nach unten und am Obergurt nach oben, positiv gerechnet [cm],

f = Verschiebung der Diagonalenkreuzungspunkte senkrecht zur Diagonalensehne, nach links positiv gerechnet [cm],

$\bar{x}_e$ = dimensionslose Verschiebung des Pfostenknotenpunktes,

$\bar{y}$ = dimensionslose Verschiebung der Gurtknotenpunkte,

$\bar{f}$ = dimensionslose Verschiebung der Diagonalenkreuzungspunkte

$$x_e = \bar{x}_e \frac{P a^3}{2 E J_s}; \qquad y = \bar{y} \frac{P a^3}{2 E J_s}; \qquad f = \bar{f} \frac{P a^3}{2 E J_s}.$$

Äußere Kräfte.

P = Einzelkraft an einem Untergurtknotenpunkt [kg].

Innere Kräfte.

G = Normalkraft im Gurt [kg],

D = Normalkraft in einer Diagonale [kg],

M_g = Biegemoment des Gurtes [kgcm],

M_d = Biegemoment einer Diagonale [kgcm],

$\bar{G}$ = dimensionslose Normalkraft im Gurt,

$\bar{D}$ = dimensionslose Normalkraft in einer Diagonale,

$\bar{M}_g$ = dimensionsloses Biegemoment des Gurtes,

$\bar{M}_d$ = dimensionsloses Biegemoment einer Diagonale,

d = gleichmäßig verteilte Längskraft von unendlich vielen unendlich dicht stehenden Diagonalen [kg/cm],

K = senkrechte Komponente der Normalkraft einer Diagonale [kg],

Q = Querkraft des ganzen Rautenträgers [kg].

Einfachrautenträger	Eineinhalbfachrautenträger	Doppelrautenträger
$G = \bar{G}\, \dfrac{P}{4\,\lambda^*\,\mathrm{tg}\,\alpha},$	$G = \bar{G}\, \dfrac{P}{6\,\lambda^*\,\mathrm{tg}\,\alpha},$	$G = \bar{G}\, \dfrac{P}{8\,\lambda^*\,\mathrm{tg}\,\alpha},$
$D = \bar{D}\, \dfrac{P}{4\,\lambda^*\,\sin\alpha},$	$D = \bar{D}\, \dfrac{P}{6\,\lambda^*\,\sin\alpha},$	$D = \bar{D}\, \dfrac{P}{8\,\lambda^*\,\sin\alpha},$
$M_g = \bar{M}_g \cdot 6\, \dfrac{J_g}{J_s}\, P a.$	$M_g = \bar{M}_g \cdot 6\, \dfrac{J_g}{J_s}\, P a,$	$M_g = \bar{M}_g \cdot 6\, \dfrac{J_g}{J_s}\, P a.$
$M_d = \bar{M}_d \cdot 4{,}25\, \dfrac{J_d}{J_s}\, P a.$	$M_d = \bar{M}_d \cdot 0{,}42\, \dfrac{J_d}{J_s}\, P a.$	$M_d = \bar{M}_d \cdot 6\, \dfrac{J_d}{J_s}\, P a.$

Kenngrößen, Koeffizienten, Integrationskonstante usw.

n = Zahl der Diagonalen in einem Trägerquerschnitt,

λ = Verhältnis von Gurtbiege- zu Diagonalzugsteifigkeit,

λ^* = Trägerkennzahl,

ω = Abklinggeschwindigkeit der Störlast,

Z_{mi} = Auflagerkraft eines Trägers im Punkt m, wenn der Punkt i die Querverschiebung $y = 1$ erfährt und alle anderen Punkte liegen bleiben,

R_{mi} = Ostenfeldscher Koeffizient der Auflagerkraft,

M_{mi} = Ostenfeldscher Koeffizient des Biegemomentes,

$\varkappa$ = Abklingfaktor der Ostenfeldschen Koeffizienten,

f = Koeffizient für die Berechnung der Gurtbiegemomente beim Doppelrautenträger mit Ganzrautenende,

k = Koeffizient für die Berechnung der Diagonalbiegemomente beim Doppelrautenträger mit Ganzrautenende,

p = Verhältnis der Durchbiegungsdifferenz in einem mittleren Diagonalabschnitt des Doppelrautenträgers zur Gesamtdurchbiegung der Diagonale,

A = Integrationskonstante,
B = Integrationskonstante,
C_c = Integrationskonstante vor den Kosinusgliedern,
C_s = Integrationskonstante vor den Sinusgliedern,

$$\lambda = \frac{J_g\,b}{2\,F_d\,a^3\sin^2\alpha\cos\alpha}\,,$$

$$\lambda^* = \frac{J_s\,b}{2{,}4\,F_d\,a^3\sin^2\alpha\cos\alpha}\left(1 + \frac{F_d}{F_g}\cos^3\alpha\right).$$

$$\varkappa = -\,0{,}26795, \qquad B = \lambda\,\frac{P\,a^2}{2\,E\,J_g}\,.$$

Indices.

d = Diagonale,
g = Gurt,
v = Vertikalstab,
l = linksfallend,
r = rechtsfallend,
m = Kraftangriffsstelle,
0 = beim endlich langen Rautenträger die Ecke zwischen Gurt und Pfosten, beim unendlich langen die Kraftangriffsstelle,
$1, 2$ = Gurtknotenpunkt von der Stelle 0 weitergezählt,
e = Diagonalenanschlußpunkt am Pfosten,
s = Symmetrie,
a = Antimetrie,
d = Doppelrautenträger,
e = Einfachrautenträger.

Einteilung der Diagonalen.

Man unterscheidet zwischen Last- und Zwischendiagonalen. Beim einfachen Rautenträger sind alle Diagonalen Lastdiagonalen. Beim eineinhalbfachen Rautenträger wird als Lastdiagonalen der Diagonalenzug bezeichnet, der von der Angriffsstelle der Einzelkraft am Untergurt ausgeht. Beim Doppelrautenträger sind die Diagonalenzüge Lastdiagonalen, die von den Kraftangriffsstellen der symmetrischen Störlast am Unter- und Obergurt ausgehen.

2. Innere Kräfte im Träger auf zwei Stützen.

a) Allgemeine Beschreibung des Rechnungsganges.

Man rechnet zunächst die Einflußlinien für die inneren Kräfte aus der Hauptbelastung für alle Stäbe des Rautenträgers. Für die Hauptbelastung ist das System statisch bestimmt. Die für die einzelnen Rautenträgersysteme verschiedenen Berechnungsformeln sind in den anschließenden Abschnitten aufgeführt. Die Hauptbelastung ergibt in den Gurten und Diagonalen nur Zug- und Druckkräfte.

Aus den Einflußlinien für die Hauptbelastung werden die Stabkräfte gerechnet und hiernach die Stabquerschnitte vorläufig festgelegt. Dabei wird mit Rücksicht auf die zu erwartenden Störspannungen gemäß den Überlegungen des vorhergehenden Kapitels ein Zuschlag zu den Stabkräften gemacht.

Nachdem die Stabquerschnitte festgelegt sind, werden die Einflußlinien für die Knotenpunktsverschiebungen infolge der Störlast aufgestellt. Man ermittelt für alle Knotenpunkte die Trägerkennzahlen

$$\lambda^* = \frac{J_s\,b}{2{,}4\,F_d\,a^3\sin^2\alpha\cos\alpha}\left(1 + \frac{F_d}{F_g}\cos^3\alpha\right). \tag{2}$$

Dabei werden die Querschnittswerte der Stäbe eingesetzt, die an dem betreffenden Knotenpunkt zusammenstoßen. Wenn der Querschnitt sich ändert, wird der Mittelwert genommen.

Nun muß man sich entscheiden, ob man den Träger mit konstanter mittlerer Kennzahl durchrechnen oder die verschiedenen Kennzahlen der einzelnen Knotenpunkte berücksichtigen will. Bei Trägern, die vor allem durch Streckenlasten beansprucht werden, ist der erste Weg ausreichend; bei Trägern, für deren Dimensionierung eine Einzelkraft maßgebend ist, wird man zweckmäßig die Änderung der Stabquerschnitte über die Trägerlänge berücksichtigen. Im folgenden wird das Verfahren mit Berücksichtigung der sich ändernden Dimensionen beschrieben.

Die Verschiebungswerte $\bar{y}$ an der Kraftangriffsstelle und den benachbarten Knotenpunkten sind in den Tabellen 2 bis 5 (S. 89 u. f.) für die verschiedenen Rautenträgersysteme in Abhängigkeit von λ^* zusammengestellt. Die Interpolation aus diesen Tabellen erfolgt linear über $\sqrt{\lambda^*}$. Man berechnet sich für alle Knotenpunkte den Hilfswert

$$q = \frac{\sqrt{\lambda^*} - \sqrt{\lambda_1^*}}{\sqrt{\lambda_2^*} - \sqrt{\lambda_1^*}}, \tag{3}$$

wobei λ_1^* und λ_2^* die beiden Tabellenwerte sind, zwischen denen λ^* liegt, und bekommt dann die Verschiebungswerte für λ^* nach der Beziehung

$$y_{(\lambda^*)} = (1 - q)\, y_{(\lambda_1^*)} + q\, y_{(\lambda_2^*)}. \tag{3a}$$

Darauf zeichnet man sich das Tabellenschema für die Einflußlinien der Knotenpunktsverschiebungen auf, Abb. 7, und schreibt die Werte für die Kraftangriffsstelle und die benachbarten Knotenpunkte, soweit sie aus den Ausgangstabellen interpoliert werden können, an die vorgeschriebenen Stellen. Für die waagerechte Verschiebung $\bar{x}_e$ des Pfostenknotenpunktes gilt der λ^*-Wert der ersten Kraftangriffsstelle. Der Wert $\bar{x}_e\,\mathrm{ctg}\,\alpha$ ist aufgeführt, weil er später für die Berechnung der Längskräfte gebraucht wird.

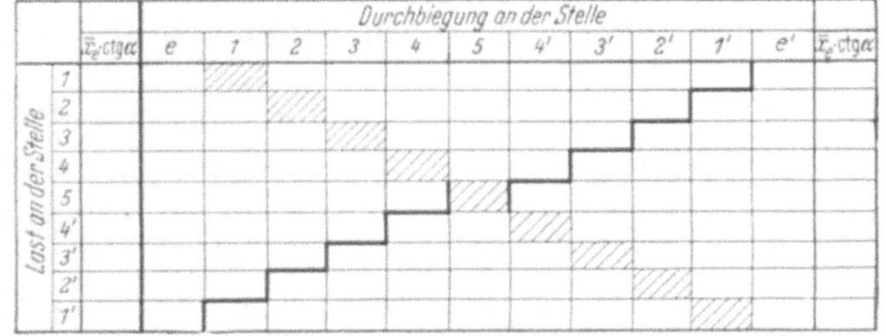

Abb. 7. Schema für die Einflußlinien der Knotenpunktsverschiebungen. Die Kraftangriffsstellen sind durch Schraffur gekennzeichnet.

Bei symmetrischer Brückenausbildung gelten für die beiden Brückenhälften die gleichen Verschiebungswerte; bei nicht symmetrischer werden die für die eine Hälfte der Tabelle für Halbrautenende und die für die andere Hälfte der Tabelle für Ganzrautenende entnommen.

Die abklingenden Werte der Gurtknotenpunktsverschiebungen von der Kraftangriffsstelle nach dem Trägerinnern bis zur Tabellendiagonale werden jeweils aus dem um den Abstand a vorhergehenden Wert gerechnet bei symmetrischer Störlast durch Multiplikation mit $-e^{-\omega_s}$ und bei antimetrischer Störlast durch Multiplikation mit $+e^{-\omega_a}$. Dabei wird für jede Zeile der Abklingfaktor verwendet, der dem λ^*-Wert der Kraftangriffsstelle entspricht, Tabelle 1 (S. 89). Die abklingenden Werte der Pfostenknotenpunktsverschiebungen für Kraftangriff nach dem Trägerinnern zu ergeben sich durch Multiplikation mit den Abklingfaktoren der ersten Kraftangriffsstelle. Alle übrigen Werte sind durch den Satz von der Gegenseitigkeit der Verschiebungen bestimmt[1].

Bis zur Tabellendiagonale sind die Werte so weit abgeklungen, daß die Unstimmigkeiten so klein werden, daß sie das Kräftebild nicht mehr wesentlich beeinflussen. Unstimmigkeiten müssen hier auftreten, weil die Voraussetzung der Rechnung, ungestörtes Abklingen im halbunendlich langen Träger, in der Nähe des der Kraftangriffsstelle gegenüberliegenden Endes nicht mehr erfüllt ist.

Die symmetrischen und antimetrischen Knotenpunktsverschiebungen werden am Untergurt addiert und am Obergurt subtrahiert.

Aus den Knotenpunktsverschiebungen und den Trägerdimensionen werden die inneren Kräfte der Störbelastung ermittelt. Die für die einzelnen Rautenträgersysteme verschiedenen

---

[1] Der Satz gilt exakt nur für die symmetrische Störlast; für die antimetrische bedeutet er eine Näherung.

Berechnungsformeln sind in den anschließenden Abschnitten aufgeführt. Die Störbelastung ergibt in den Gurten und Diagonalen Längskräfte und Biegemomente.

Bei der Berechnung der inneren Kräfte wird für die Systemsteifigkeit J_s in dem Trägerbereich, wo die Verschiebungswerte $\bar{y}$ aus den Tabellen oder durch Multiplikation mit den Abklingfaktoren gewonnen wurden, der Wert der betrachteten Stelle und in dem Trägerbereich, wo die Verschiebungswerte $\bar{y}$ nach dem Satz von der Gegenseitigkeit der Verschiebungen gewonnen wurden, der Wert der Kraftangriffsstelle verwendet. Für die Diagonalfläche F_d und die Trägheitsmomente J_g und J_d werden immer die Werte der betrachteten Stelle eingesetzt. Dabei darf man aber nicht jede dimensionslose Knotenpunktsverschiebung $\bar{y}$ durch Multiplikation mit $P a^3/2\, EJ_s$ in die wirkliche Verschiebung y umrechnen, sondern man rechnet zuerst die jeweilige, für die innere Kraft maßgebende Kombination der Verschiebungen aus $\bar{y}$ und bestimmt daraus die wirkliche innere Kraft durch Multiplikation mit dem Verhältnisfaktor, der der Steifigkeit an der betreffenden Stelle entspricht.

Bei Brückengeräten sind immer nur wenige Sorten von Gurt- und Diagonalstäben vorhanden. Es genügt, wenn man die Störspannungen in dem jeweils am höchsten beanspruchten Stab jeder Stabsorte nachrechnet.

Nachdem die Einflußlinien für die Haupt- und Störbelastung getrennt aufgestellt worden sind, werden zunächst die Ordinaten der Einflußlinien für die Normalkräfte zusammengezählt. Dann berechnet man sich die resultierenden Normalspannungen und die Störbiegespannungen und faßt diese beiden zu Spannungseinflußlinien zusammen.

Im Anhang der Arbeit ist für die Berechnung der Spannungen im Einfach-, Eineinhalbfach- und Doppelrautenträger je ein Zahlenbeispiel wiedergegeben.

b) Einfachrautenträger.

α) **Hauptlast.** Für die Diagonalkräfte gilt

$$D = \pm \frac{Q}{2\sin\alpha}\,. \tag{4}$$

Die Einflußlinie für die Diagonalkräfte wird in der üblichen Weise aus der Größe der Querkraft an den Gurtknotenpunkten ermittelt.

Für die Gurtkräfte gilt

$$G = \pm \frac{M}{h}\,. \tag{5}$$

Dabei bedeutet M das Biegemoment in Feldmitte, also im Querschnitt des Diagonalkreuzungspunktes.

β) **Störlast.** Man ermittelt zunächst die Trägerkennzahlen λ^* nach Gl. (2) für alle Knotenpunkte und stellt als Grundlage für die Ermittlung der inneren Kräfte die Tabelle für die Einflußlinien der dimensionslosen Knotenpunktsverschiebungen auf. Vergleiche das Zahlenbeispiel im Anhang.

Beim einfachen Rautenträger gibt es nur symmetrische Störbelastung. Tabelle 2 (S. 89) gibt für den Einfachrautenträger mit Halb- und mit Ganzrautenende die Knotenpunktsverschiebungen der Kraftangriffsstelle m und des Nachbarknotenpunktes $m + 1$, sowie für den Träger mit Ganzrautenende die Verschiebung des Knotenpunktes auf Mitte Pfosten, in Abhängigkeit von λ^*.

Da der Knotenpunktsabstand gleich a ist, ergeben sich die abklingenden Verschiebungswerte jeweils durch Multiplikation des vorhergehenden Wertes mit $-e^{-\omega_s}$ bei den Gurten waagerecht in der Zeile nach rechts, beim Pfostenknotenpunkt in der Spalte senkrecht nach unten.

Bei der Berechnung von $\bar{x}_e\,\mathrm{ctg}\,\alpha$ muß unabhängig vom Neigungswinkel der Diagonalen des gegebenen Systems der Wert $\mathrm{ctg}\,\alpha = 6/7$ eingesetzt werden, weil die Tabellenwerte mit diesem Winkel errechnet worden sind.

Die Normalkräfte in den Diagonalen und Gurten sind proportional der Summe der Verschiebungen der zu beiden Seiten des betrachteten Feldes liegenden Gurtknotenpunkte

$$D_{12} = \frac{1}{4\,\lambda^*\sin\alpha}\,(\bar{y}_1 + \bar{y}_2)\,P\,, \tag{6}$$

$$G_{12} = -\frac{1}{4\,\lambda^*\,\mathrm{tg}\,\alpha}\,(\bar{y}_1 + \bar{y}_2)\,P\,. \tag{7}$$

Beim Rautenträger mit Ganzrautenende gilt für die Halbdiagonale und den halben Gurtstab am Trägerende

$$D_{e\,1} = \frac{1}{2\,\lambda^* \sin\alpha}\,(\bar{y}_1 + \bar{x}_e\,\mathrm{ctg}\alpha)\,P\,, \tag{6a}$$

$$G_{01} = -\frac{1}{2\,\lambda^* \,\mathrm{tg}\alpha}\,(\bar{y}_1 + \bar{x}_e\,\mathrm{ctg}\alpha)\,P\,. \tag{7a}$$

Die Biegemomente in den Gurten sind allgemein durch die Gleichung bestimmt

$$M_g = \overline{M}_g\,\frac{J_g}{J_s}\,6\,P\,a\,. \tag{8}$$

Man zeichnet das Tabellenschema auf und schreibt zunächst die dimensionslosen Werte $\overline{M}_g$ für die Kraftangriffsstellen und außerdem beim Träger mit Halbrautenende für die Stelle 1 und beim Träger mit Ganzrautenende für die Stelle 0 (gemäß Tabelle 2) an die vorgeschriebenen Stellen.

Beim Träger mit Halbrautenende gilt für das Biegemoment an der Stelle 0

$$\overline{M}_0 = -0,1\,(\bar{y}_1 + 2\,\overline{M}_1)\,. \tag{8a}$$

Dabei bedeutet $\bar{y}_1$ die dimensionslose Verschiebung von Knotenpunkt 1, die den Einflußlinien der Knotenpunktsverschiebungen entnommen wird, und $\overline{M}_1$ das bereits in diese Tabelle eingetragene dimensionslose Biegemoment an der Stelle 1.

Beim Träger mit Ganzrautenende gilt für das Biegemoment an der Stelle e

$$\overline{M}_e = 0,7\,\bar{x}_e\,. \tag{8b}$$

Dabei bedeutet $\bar{x}_e$ die waagerechte Verschiebung des Pfostenknotenpunktes, die den Einflußlinientabellen für die Knotenpunktsverschiebungen entnommen wird.

Für alle anderen Knotenpunkte werden einfach die Knotenpunktsverschiebungen eingetragen, da die Biegemomente ihnen mit guter Näherung proportional sind.

$$\overline{M}_g = \bar{y}\,. \tag{8c}$$

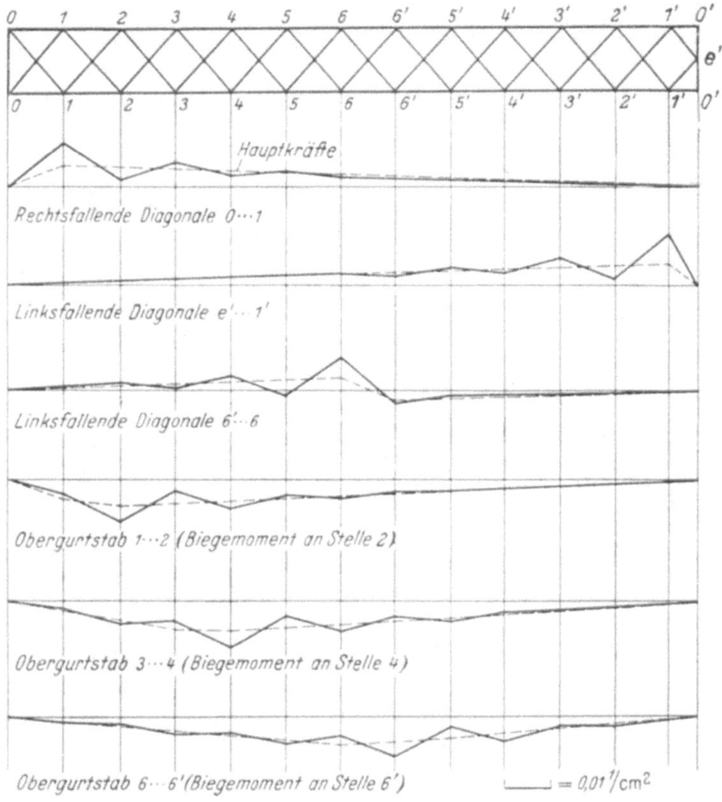

Abb. 8. Spannungseinflußlinien für den Einfachrautenträger.

Die Biegemomente in den Diagonalen sind proportional der Differenz der Verschiebungen der zu beiden Seiten des betrachteten Feldes liegenden Gurtknotenpunkte

$$M_{d_{12}} = 4{,}25\,\frac{J_d}{J_s}\,(\bar{y}_1 - \bar{y}_2)\,P\,a\,. \tag{9}$$

Beim Rautenträger mit Ganzrautenende gilt für die Halbdiagonale

$$M_{d_{e\,1}} = 4{,}25\,\frac{J_d}{J_s}\,(\bar{y}_1 - \bar{x}_e)\,P\,a\,. \tag{9a}$$

Abb. 8 zeigt die im Zahlenbeispiel gerechneten Spannungseinflußlinien für drei Gurt- und drei Diagonalstäbe. Die Spannungen, die sich aus der Hauptbelastung allein ergeben, sind zum Vergleich mit eingezeichnet. Man erkennt deutlich das oszillierende Abklingen der Störspannungen.

c) Eineinhalbfachrautenträger.

α) **Hauptlast.** Für die Diagonalkräfte mit Ausnahme der beiden Diagonalen, die sich über dem Angriffsknotenpunkt der äußeren Kraft schneiden, gilt

$$D = \pm \frac{Q}{3 \sin\alpha} \, . \tag{10}$$

Für die Diagonalen über dem Kraftangriffsknotenpunkt gilt

$$D = -\frac{Q}{3 \sin\alpha} + \frac{P}{12 \sin\alpha} \, . \tag{10a}$$

In Gl. (10a) bedeutet Q für die rechtsfallenden Diagonalen die rechte Auflagerkraft und für die linksfallenden Diagonalen die linke Auflagerkraft.

Für die Gurtkräfte in den Stäben außerhalb der Hauptlastgruppe gilt

$$G = \pm \frac{M}{h} \, . \tag{11}$$

Dabei bedeutet M das Biegemoment in Feldmitte, also im Querschnitt des Diagonalkreuzungspunktes.

Für die Untergurtstäbe neben dem Kraftangriffsknotenpunkt gilt

$$G = +\frac{M}{h} - \frac{P}{12} \operatorname{ctg}\alpha \, . \tag{11a}$$

Dabei bedeutet M für den Stab rechts vom Angriffsknotenpunkt das Moment der rechten Auflagerkraft und für den Stab links vom Angriffsknotenpunkt das Moment der linken Auflagerkraft.

Für den Obergurtstab über dem Kraftangriffsknotenpunkt gilt

$$G = -\frac{M}{h} + \frac{P}{4} \operatorname{ctg}\alpha \, . \tag{11b}$$

Dabei bedeutet M das Moment der rechten oder linken Auflagerkraft.

β) **Störlast.** Man ermittelt zunächst die Trägerkennzahlen λ^* nach Gl. (2) für alle Knotenpunkte und stellt als Grundlage für die Ermittlung der inneren Kräfte die Tabelle der Einflußlinien der dimensionslosen Knotenpunktsverschiebungen auf. Vergleiche das Zahlenbeispiel im Anhang.

Beim Eineinhalbfachrautenträger gibt es eine symmetrische und eine antimetrische Störbelastung. Letztere wird nur durch einen Zuschlag zur symmetrischen berücksichtigt, vgl. Abb. 50.

Man interpoliert aus Tabelle 3 die Werte der symmetrischen Störlast für die Kraftangriffsstellen m und die fünf Nachbarknotenpunkte $m + a/3$, $m + 2a/3$, $m + a$, $m + 4a/3$ und $m + 5a/3$. Für die antimetrische Störlast wird aus Tabelle 3 nur der Wert für die Kraftangriffsstelle in Trägermitte interpoliert. Dann rechnet man für Trägermitte den Verhältnisfaktor

$$f = \frac{\overline{y}_s + \overline{y}_a}{\overline{y}_s} \tag{12}$$

und multipliziert damit alle Knotenpunktsverschiebungen der symmetrischen Störlast zur Berücksichtigung der antimetrischen.

Beim Aufstellen der Tabelle für die Knotenpunktsverschiebungen werden die Knotenpunkte am Obergurt, an denen die äußere Kraft in Wirklichkeit nie angreifen kann, zunächst genau so aufgeführt wie die am Untergurt, so daß zwischen Trägern mit Ganz- und Halbrautenende kein Unterschied besteht.

Man schreibt zunächst die Werte für die Kraftangriffsstellen und die fünf Nachbarknotenpunkte an die vorgeschriebenen Stellen. Da der Knotenpunktsabstand, wenn die Ober- und Untergurtknotenpunkte nebeneinander aufgereiht sind, gleich $a/3$ ist, ergeben sich die abklingenden Verschiebungswerte jeweils durch Multiplikation des um drei Knotenpunktsabstände vorhergehenden Wertes mit $-e^{-\omega_s}$.

Für $\operatorname{ctg}\alpha$ wird unabhängig vom Neigungswinkel der Diagonalen des gerechneten Systems der Wert $\operatorname{ctg}\alpha = 6/7$ eingesetzt, weil die Tabellenwerte mit diesem Winkel errechnet worden sind.

Wenn alle Knotenpunktsverschiebungen des Trägers gerechnet sind, werden sie in einer zweiten Tabelle nochmals übersichtlich zusammengeschrieben. Jetzt werden nur noch die Verschiebungen für Kraftangriff an den Untergurtknotenpunkten eingetragen. Die Tabelle enthält also nur halb so viel Werte wie die vorhergehende. Man schreibt die Verschiebungen der Ober- und Untergurtknotenpunkte je in eine Zeile für sich und setzt die beiden Zeilen so untereinander, daß z. B. die Verschiebung des Untergurtknotens 4 zwischen die Verschiebungen der Obergurtknoten 3 und 5 zu stehen kommt. In dieser Tabelle werden nun noch die Kraft-

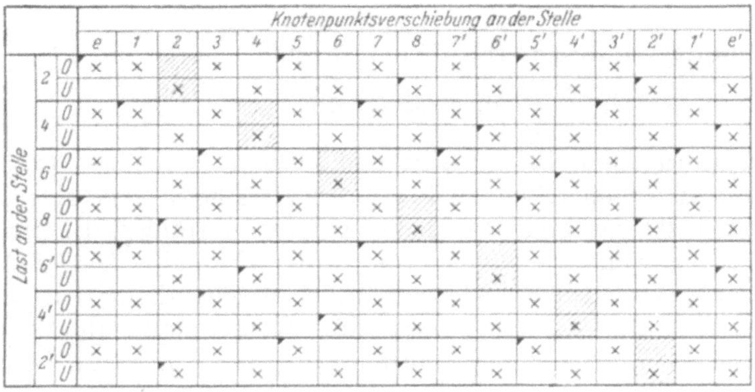

Last an der Stelle		Knotenpunktsverschiebung an der Stelle																
		e	1	2	3	4	5	6	7	8	7'	6'	5'	4'	3'	2'	1'	e'
2	O	×	×		×		×		×		×		×		×		×	
	U			×		×		×		×		×		×		×		×
4	O	×	×		×		×		×		×		×		×		×	
	U			×		×		×		×		×		×		×		×
6	O	×	×		×		×		×		×		×		×		×	
	U			×		×		×		×		×		×		×		×
8	O	×	×		×		×		×		×		×		×		×	
	U			×		×		×		×		×		×		×		×
6'	O	×	×		×		×		×		×		×		×		×	
	U			×		×		×		×		×		×		×		×
4'	O	×	×		×		×		×		×		×		×		×	
	U			×		×		×		×		×		×		×		×
2'	O	×	×		×		×		×		×		×		×		×	
	U			×		×		×		×		×		×		×		×

Abb. 9. Knotenpunktsverschiebungen beim Eineinhalbfachrautenträger mit Halbrautenende.

angriffsstellen und die Lastdiagonalenzüge besonders gekennzeichnet; dann hat man ein übersichtliches Bild der Trägerdeformationen, aus denen nunmehr die inneren Kräfte berechnet werden (Abb. 9).

Die Normalkräfte in den Diagonalen sind proportional der Summe der Gurtknotenpunktsverschiebungen an den Diagonalenden,

$$D_{3-6} = \frac{1}{6\,\lambda^*\sin\alpha}(\bar{y}_3 + \bar{y}_6)\,. \tag{13}$$

Für die Drittelsdiagonale am Trägerende gilt

$$D_{e_1} = \frac{1}{6\,\lambda^*\sin\alpha}\,3\,(\bar{x}_e\,\mathrm{ctg}\,\alpha + \bar{y}_1)\,. \tag{13a}$$

Für die Zweidrittelsdiagonale am Trägerende gilt

$$D_{e_2} = \frac{1}{6\,\lambda^*\sin\alpha}\,\frac{3}{2}(\bar{x}_e\,\mathrm{ctg}\,\alpha + \bar{y}_2)\,. \tag{13b}$$

Die Normalkräfte in den Gurten sind allgemein durch die Gleichung bestimmt

$$G = \bar{G}\,\frac{1}{6\,\lambda^*\,\mathrm{tg}\,\alpha}\,. \tag{14}$$

Man berechnet $\bar{G}$ durch Aufstellen der Gleichgewichtsbedingung für den Trägerquerschnitt aus den Diagonalkräften bzw. den Verschiebungen der Endpunkte der geschnittenen Diagonalen, aus den Gurtbiegemomenten und den äußeren Kräften. Es gilt

für den Gurtstab über der Kraftangriffsstelle

$$\bar{G}_{24} = -\frac{2}{3}(\bar{y}_1 + \bar{y}_2 + \bar{y}_4 + \bar{y}_5) - (\bar{M}_{g2} - 2\bar{M}_{g3} + \bar{M}_{g4})\,18\,\lambda^* - \frac{5}{6}\,\lambda^*; \tag{14a}$$

für die beiden Gurtstäbe unmittelbar neben der Kraftangriffstelle

$$\bar{G}_{13} = -\frac{2}{3}(\bar{y}_0 + \bar{y}_1 + \bar{y}_3 + \bar{y}_4) - (\bar{M}_{g1} - 2\bar{M}_{g2} + \bar{M}_{g3})\,18\,\lambda^* + \frac{\lambda^*}{6}; \tag{14b}$$

für einen beliebigen Gurtstab

$$\bar{G}_{24} = -\frac{2}{3}(\bar{y}_1 + \bar{y}_2 + \bar{y}_4 + \bar{y}_5) - (\bar{M}_{g2} - 2\bar{M}_{g3} + \bar{M}_{g4})\,18\,\lambda^*\,. \tag{14c}$$

Wenn man die Einflußlinien für alle Gurtstäbe aufstellen will, rechnet man die Gurtkräfte schneller am Trägerende anfangend aus der Differenz der waagerechten Komponenten der Diagonalkräfte

$$\varDelta G = \frac{1}{6\,\lambda^*\,\mathrm{tg}\,\alpha}\,\varSigma\,\bar{y}\,.$$

Die Ausgangskräfte an den Endpfosten erhält man, indem man die waagerechte Komponente der Diagonalkräfte, die am Pfostenknotenpunkt angreifen, nach dem Hebelgesetz auf die beiden Gurte verteilt. Die Eckbiegemomente sind dabei vernachlässigt, weil sie nur klein sind.

Die Biegemomente in den Gurten sind allgemein durch die Gleichung bestimmt

$$M_g = \overline{M}_g\,\frac{J_g}{J_s}\,6\,P\,a\,. \tag{15}$$

Die Biegemomente für die Ecke von Gurt und Pfosten werden aus Tabelle 3 (S. 94) interpoliert. Dabei müssen die symmetrische und die antimetrische Störlast getrennt berücksichtigt werden; sie werden am Untergurt addiert und am Obergurt subtrahiert. Es gibt zwei verschiedene symmetrische Eckbiegemomente, je nachdem ob in der Ecke eine Diagonale einmündet oder nicht. Die abklingenden Werte für Kraftangriff an den Stellen, die in den Tabellen nicht mehr aufgeführt sind, werden aus den um jeweils drei Knotenpunktsabstände vorhergehenden Werten gerechnet bei Symmetrie durch Multiplikation mit $-\,e^{-\omega_s}$ und bei Antimetrie durch Multiplikation mit $+\,e^{-\omega_a}$.

Für das Biegemoment am Diagonalanschlußpunkt des Pfostens gilt beim Träger mit Halbrautenende

$$\overline{M}_e \approx 0{,}8\,\bar{x}_e - \frac{\overline{M}_o}{3} - \frac{\overline{M}_u}{6} \tag{15a}$$

und beim Träger mit Ganzrautenende

$$\overline{M}_e \approx 0{,}8\,\bar{x}_e - \frac{\overline{M}_o}{6} - \frac{\overline{M}_u}{3}\,. \tag{15b}$$

Dabei sind $\overline{M}_o$ und $\overline{M}_u$ die dimensionslosen Eckbiegemomente in der oberen und unteren Ecke.

Die Biegemomente an den Gurtanschlußpunkten der Lastdiagonalen sind proportional den betreffenden Knotenpunktsverschiebungen

$$\overline{M}_g = f\,\bar{y}\,. \tag{16}$$

Für den Proportionalitätsfaktor f gilt im mittleren Bereich des Trägers allgemein

$$f_6 = \frac{\bar{y}_2 - 6\,\bar{y}_4 + 10\,\bar{y}_6 - 6\,\bar{y}_8 + \bar{y}_{10}}{-\bar{y}_2 + 14\,\bar{y}_6 + \bar{y}_{10}} \cdot \frac{9}{8} \tag{16a}$$

und am Trägerende, wo das Eckbiegemoment und der halbe Knotenpunktsabstand 0—1 in die Rechnung eingehen,

$$f_1 = \frac{(13\,\bar{y}_1 - 6\,\bar{y}_3 + \bar{y}_5)\,\frac{9}{8} - 2\,\overline{M}_0}{11\,\bar{y} - \bar{y}_5}\,, \tag{16b}$$

$$f_2 = \frac{(9\,\bar{y}_2 - 6\,\bar{y}_3 + \bar{y}_6)\,\frac{9}{8} - 4\,\overline{M}_0}{15\,\bar{y}_2 - \bar{y}_6}\,,$$

$$f_3 = \frac{(-8\,y_1 + 10\tfrac{1}{3}\,\bar{y}_3 - 6\,\bar{y}_5 + \bar{y}_7)\,\frac{9}{8} + \tfrac{2}{3}\,\overline{M}_0}{13\tfrac{2}{3}\,\bar{y}_3 - \bar{y}_7}\,, \tag{16c}$$

$$f_4 = \frac{(-6\,\bar{y}_2 + 10\,\bar{y}_4 - 6\,\bar{y}_6 + \bar{y}_8)\,\frac{9}{8} + \overline{M}_0}{14\,\bar{y}_4 - \bar{y}_8}\,.$$

Die Biegemomente an den Gurtanschlußpunkten der Zwischendiagonalen rechnet man aus den Biegemomenten an den benachbarten Anschlußpunkten der Lastdiagonalen und aus den Knotenpunktsverschiebungen. Im mittleren Bereich des Trägers gilt allgemein

$$\overline{M}_5 = (-4\,y_3 + 9\,\bar{y}_5 - 6\,\bar{y}_7 + \bar{y}_9)\,\frac{3}{40} - \frac{4\,\overline{M}_3 - \overline{M}_9}{15}\,,$$

$$\overline{M}_7 = (\bar{y}_3 - 6\,\bar{y}_5 + 9\,\bar{y}_7 - 4\,\bar{y}_9)\,\frac{3}{40} - \frac{4\,\overline{M}_9 - \overline{M}_3}{15}\,. \tag{16d}$$

Am Trägerende, wo das Eckbiegemoment und der halbe Knotenpunktsabstand $0-1$ in die Rechnung eingehen, gilt, wenn zwischen Ecke und Lastdiagonalenanschluß zwei Zwischendiagonalenanschlußpunkte liegen,

$$\overline{M}_1 = (13\,\overline{y}_1 - 6\,\overline{y}_3 + \overline{y}_5)\,\frac{9}{88} - \frac{2\,\overline{M}_0 - \overline{M}_5}{11},$$
$$\overline{M}_3 = (-6\,\overline{y}_1 + 7\,\overline{y}_3 - 3\,\overline{y}_5)\,\frac{9}{88} + \frac{\overline{M}_0 - 6\,\overline{M}_5}{22}, \tag{16e}$$

und wenn zwischen Ecke und Lastdiagonalenanschluß nur ein Zwischendiagonalenanschlußpunkt liegt,

$$\overline{M}_1 = (3\,\overline{y}_1 - \overline{y}_3)\,\frac{3}{8} - \frac{\overline{M}_0 + 2\,\overline{M}_3}{6},$$
$$\overline{M}_2 = (2\,\overline{y}_2 - \overline{y}_4)\,\frac{9}{32} - \frac{\overline{M}_0 + \overline{M}_4}{4}. \tag{16f}$$

Die Biegemomente in den Diagonalen werden mit Ausnahme der Diagonale $0-3$ nur für die Gurtanschlußpunkte gerechnet. Die Volldiagonalen erfahren hier, wenn es Zwischendiagonalen sind, keine Einspannmomente, weil die Gurte immer so geneigt sind, daß der Anschluß mit guter Näherung gelenkig gerechnet werden darf.

Allgemein gilt

$$M_d = \overline{M}_d\,\frac{J_d}{J_s}\cdot 0{,}42\,P\cdot a. \tag{17}$$

Für die Lastdiagonalenanschlußpunkte gilt im mittleren Trägerbereich

am Untergurt

$$\overline{M}_{u25} = 7\,\overline{y}_1 - 4\,\overline{y}_3 - 3\,\overline{y}_5 + 12\,\overline{y}_2 - 14\,\overline{y}_4 + 2\,\overline{y}_6 \tag{17a}$$

und am Obergurt

$$\overline{M}_{o25} = -2\,\overline{y}_1 + 14\,\overline{y}_3 - 12\,\overline{y}_5 + 3\,\overline{y}_2 + 4\,\overline{y}_4 - 7\,\overline{y}_6. \tag{17b}$$

Es wird jeweils das größere Biegemoment eingesetzt.

Bei den Teildiagonalen am Trägerende treten immer Einspannmomente auf, gleichgültig, ob sie als Last- oder Zwischendiagonalen beansprucht sind.

Für die Drittelsdiagonale gilt

$$\overline{M}_{de1} = -34\,\overline{y}_1. \tag{17c}$$

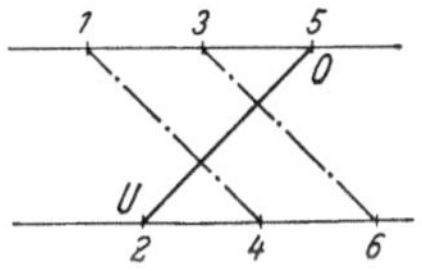

Abb. 10. Diagonale.

Für die Zweidrittelsdiagonale gilt

$$\overline{M}_{de2} = -17{,}5\,\overline{y}_2. \tag{17d}$$

Bei der Diagonale $0-3$ sind alle Lastdiagonalenbiegemomente vernachlässigbar klein. Es werden die Zwischendiagonalenbiegemomente am ersten Kreuzungspunkt gerechnet.

$$\overline{M}_{d03} = 13{,}5\,\overline{x}_e - 12\,\overline{y}_1 + 3\,\overline{y}_3 - 13{,}5\,\overline{y}_2 + 6\,\overline{y}_4. \tag{17e}$$

d) Doppelrautenträger.

α) Hauptlast. Für die Diagonalkräfte mit Ausnahme der beiden Diagonalen, die sich über dem Angriffsknotenpunkt der äußeren Kraft schneiden, gilt

$$D = \pm\,\frac{Q}{4\sin\alpha}. \tag{18}$$

Für die Diagonalen über dem Kraftangriffsknotenpunkt gilt

$$D = -\frac{Q}{4\sin\alpha} + \frac{P}{8\sin\alpha}. \tag{18a}$$

Dabei bedeutet Q für die rechtsfallenden Diagonalen die rechte und für die linksfallenden Diagonalen die linke Auflagerkraft.

Für die Gurtstäbe außerhalb der Hauptlastgruppe gilt

$$G = \pm\,\frac{M}{h}. \tag{19}$$

Dabei bedeutet M das Biegemoment in Feldmitte, also im Querschnitt der Diagonalkreuzungspunkte.

Für die Gurtstäbe neben dem Kraftangriffsknotenpunkt gilt

$$G = \pm \frac{M}{h} \mp \frac{P}{8}\,\mathrm{ctg}\,\alpha\,. \tag{19a}$$

Dabei bedeutet M für den Stab rechts vom Angriffsknotenpunkt das Moment der rechten Auflagerkraft und für den Stab links vom Angriffsknotenpunkt das Moment der linken Auflagerkraft.

β) **Störlast.** Man ermittelt zunächst die Trägerkennzahlen λ^* nach Gl. (2) für alle Knotenpunkte und stellt als Grundlage für die Ermittlung der inneren Kräfte aus der Störlast die Tabelle der Einflußlinien der dimensionslosen Knotenpunktsverschiebungen auf. Dabei schreibt man zweckmäßig die Werte für symmetrische und antimetrische Störlast an jedem Knotenpunkt untereinander. Vergleiche das Zahlenbeispiel im Anhang.

Tabelle 4 (S. 104) gibt für den Doppelrautenträger mit Halbrautenende und Tabelle 5 für den Doppelrautenträger mit Ganzrautenende die Verschiebungen an der Kraftangriffsstelle und drei Nachbarknotenpunkten sowie die Verschiebung des Pfostenknotenpunktes in Abhängigkeit von λ^*.

Da der Knotenpunktsabstand gleich $a/2$ ist, ergeben sich die abklingenden Verschiebungswerte jeweils durch Multiplikation des um zwei Knotenpunktsabstände vorhergehenden Wertes mit $-e^{-\omega_s}$ bei Symmetrie und mit $+e^{-\omega_a}$ bei Antimetrie.

Die Normalkräfte in den Diagonalen sind allgemein durch die Gleichung bestimmt

$$D = \bar{D}\,\frac{1}{8\,\lambda^*}\,\frac{P}{\sin\alpha}\,. \tag{20}$$

Sie sind proportional der Summe der Gurtknotenpunktsverschiebungen an den Diagonalenden. Für die Volldiagonalen gilt

$$\overline{D}_{23} = (\bar{y}_2 + \bar{y}_3)\,. \tag{20a}$$

Beim Doppelrautenträger mit Halbrautenende gilt für die Halbdiagonale am Trägerende

$$\overline{D}_{e1} = 2(\bar{y}_1 + \bar{x}_e\,\mathrm{ctg}\,\alpha)\,. \tag{20b}$$

Beim Doppelrautenträger mit Ganzrautenende gilt für die Viertelsdiagonale

$$\overline{D}_{e1} = 4(\bar{y}_1 + \bar{x}_e\,\mathrm{ctg}\,\alpha) \tag{20c}$$

und für die Dreiviertelsdiagonale

$$D_{e2} = \tfrac{1}{3}(\bar{y}_2 + \bar{x}_e\,\mathrm{ctg}\,\alpha)\,. \tag{20d}$$

Dabei rechnet man zweckmäßig mit den resultierenden Knotenpunktsverschiebungen, in denen Symmetrie und Antimetrie zusammengefaßt sind.

Die Normalkräfte in den Gurten sind allgemein durch die Gleichung bestimmt

$$G = \overline{G}\,\frac{1}{8\,\lambda^*}\,\frac{P}{\mathrm{tg}\,\alpha}\,. \tag{21}$$

Man berechnet $\overline{G}$ durch Aufstellen der Gleichgewichtsbedingung für den Trägerquerschnitt aus den Diagonalkräften bzw. den Verschiebungen der Endpunkte der geschnittenen Diagonalen und aus den äußeren Kräften. Der Einfluß der Gurtbiegemomente wird vernachlässigt.

Für die symmetrische Gurtkraft gilt

$$\overline{G}_{s_{23}} = -(\bar{y}_1 + \bar{y}_2 + \bar{y}_3 + \bar{y}_4)_s\,. \tag{21a}$$

Für die antimetrische Gurtkraft gilt in den Stäben neben der Kraftangriffsstelle

$$\overline{G}_{a_{23}} = \frac{1}{2}(\bar{y}_1 + \bar{y}_2 + \bar{y}_3 + y_4)_a + \frac{\lambda^*}{2}\,, \tag{21b}$$

an einer beliebigen Stelle

$$\overline{G}_{a_{23}} = \frac{1}{2}(\bar{y}_1 - \bar{y}_2 - \bar{y}_3 + \bar{y}_4)_a\,. \tag{21c}$$

Wenn man die Einflußlinien für alle Gurtstäbe aufstellen will, rechnet man die Gurtkräfte schneller am Trägerende anfangend aus der Differenz der waagerechten Komponenten der Diagonalkräfte.

$$\varDelta G = \frac{1}{8\,\lambda^*}\;\frac{P}{\mathrm{tg}\,\alpha}\;\varSigma\bar{y}\;.\tag{21 d}$$

Die Ausgangskräfte an den Endpfosten erhält man, indem man die waagerechten Komponenten der Diagonalkräfte, die am Pfostenknotenpunkt angreifen, nach dem Hebelgesetz auf die beiden Gurte verteilt. Die Eckbiegemomente sind dabei vernachlässigt, weil sie nur klein sind.

Die Biegemomente in den Gurten sind allgemein durch die Gleichung bestimmt

$$M_g = \overline{M}_g\,\frac{J_a}{J_s}\,6\,P\,a\;.\tag{22}$$

Sie ergeben sich für Doppelrautenträger mit Ganz- und Halbrautenende nach verschiedenen Rechenvorschriften. In einiger Entfernung vom Trägerende gehen die Formeln ineinander über.

Beim Doppelrautenträger mit Halbrautenende interpoliert man zuerst die symmetrischen und antimetrischen Biegemomente an der Stelle 0 und die antimetrischen Biegemomente an den Kraftangriffsstellen und an der Stelle 1 aus Tabelle 4 (S. 104). Dann schreibt man für die Biegemomente an den Anschlußpunkten der Lastdiagonalen an den Kraftangriffsstellen und am Knotenpunkt 1

$$\overline{M}_g = \bar{y}_s + \overline{M}_a\,,\tag{22 a}$$

an allen übrigen Stellen

$$\overline{M}_g = \bar{y}_s + 4\,\bar{y}_a\tag{22 b}$$

und für die Biegemomente an den Anschlußpunkten der Zwischendiagonalen mit Ausnahme von Knotenpunkt 1

$$\overline{M}_{g2} = \bar{y}_{2s} - \frac{3}{4}\,(\bar{y}_1 + \bar{y}_3)_s + 4\,\bar{y}_{2a}\tag{22 c}$$

und für Knotenpunkt 1

$$\overline{M}_{g1} = \bar{y}_{1s} - \frac{3}{4}\,\bar{y}_{2s} - \frac{\overline{M}_{0s}}{4} + \overline{M}_{a1}\;.\tag{22 d}$$

Für das Biegemoment am Diagonalanschlußpunkt des Pfostens gilt

$$\overline{M}_{ge} = 0{,}7\,\bar{x}_e - \frac{1}{2}\,\overline{M}_{0s}\;.\tag{22 e}$$

Beim Doppelrautenträger mit Ganzrautenende interpoliert man zuerst die symmetrischen und antimetrischen Biegemomente an der Stelle 0 und die antimetrischen Biegemomente an den Kraftangriffsstellen aus Tabelle 5 (S. 105). Dann schreibt man für die Biegemomente an den Anschlußpunkten der Lastdiagonalen

$$\overline{M}_g = f_s\,\bar{y}_s + f_a\,\bar{y}_a\;.\tag{23}$$

Für den Proportionalitätsfaktor f gilt an einer beliebigen Stelle

$$f_3 = \frac{\bar{y}_1 - 6\,\bar{y}_2 + 10\,\bar{y}_3 - 6\,\bar{y}_4 + \bar{y}_5}{-\bar{y}_1 + 14\,\bar{y}_3 - \bar{y}_5}\cdot 2\tag{23 a}$$

und am Trägerende

$$f_1 = \frac{(13\,\bar{y}_1 - 6\,\bar{y}_2 + \bar{y}_3)\cdot 2 - \overline{M}_0\cdot 2}{11\,\bar{y}_1 - \bar{y}_3}\;,\tag{23 b}$$

$$f_2 = \frac{(-8\,\bar{y}_1 + 10\tfrac{1}{3}\cdot\bar{y}_2 - 6\,\bar{y}_3 + \bar{y}_4)\,2 + \overline{M}_0\cdot\tfrac{2}{3}}{13\tfrac{2}{3}\cdot\bar{y}_1 - \bar{y}_4}\;.\tag{23 c}$$

Bei Kraftangriff in einiger Entfernung vom Trägerende werden die Proportionalitätsfaktoren f_s für die Punkte, die nicht zwischen Kraftangriffsstelle und Trägerende liegen, gleich 1. Dann ist auch die Störung durch das Trägerende für die antimetrische Belastung abgeklungen, und man darf die einfachen Formeln des Doppelrautenträgers mit Halbrautenende Gl. (22 a) und (22 b) benutzen.

Für die Biegemomente an den Anschlußpunkten der Zwischendiagonalen gilt an einer beliebigen Stelle

$$\overline{M}_{g2} = (2\,\overline{y}_2 - \overline{y}_1 - \overline{y}_3)\,\frac{1}{2} - \frac{\overline{M}_1 + \overline{M}_3}{4} \tag{23d}$$

und am Trägerende

$$\overline{M}_{g1} = (3\,\overline{y}_1 - \overline{y}_2)\,\frac{2}{3} - \frac{\overline{M}_0 + 2\,\overline{M}_2}{6}\,. \tag{23e}$$

Wenn in einiger Entfernung vom Trägerende die Proportionalitätsfaktoren f_s der Lastdiagonalen gleich 1 geworden sind, geht Gl. (23d) in Gl. (22c) über, so daß die Formeln für Träger mit Halb- und Ganzrautenende gleich geworden sind.

Für das Biegemoment am Diagonalanschlußpunkt des Pfostens gilt

$$\overline{M}_{ge} = 0,7\,\overline{x}_{es} + 3,0\,\overline{x}_{ea}\,. \tag{23f}$$

Die Biegemomente in den Diagonalen sind allgemein durch die Gleichung bestimmt

$$M_d = \overline{M}_d\,\frac{J_d}{J_s}\,6\,P\,a\,. \tag{24}$$

Sie ergeben sich für Doppelrautenträger mit Ganz- und Halbrautenende nach verschiedenen Rechenvorschriften. In einiger Entfernung vom Trägerende gehen die Formeln ineinander über[1].

Beim Doppelrautenträger mit Halbrautenende gilt für die Volldiagonalen, wenn es Lastdiagonalen sind,

$$\overline{M}_{d_{13}} = (\overline{y}_1 - \overline{y}_3)_s\,, \tag{24a}$$

und wenn es Zwischendiagonalen sind,

$$\overline{M}_{d_{24}} = (\overline{y}_1 - 2\,\overline{y}_3 + \overline{y}_5)_s\,. \tag{24b}$$

Für die Halbdiagonale am Trägerende gilt,
wenn es eine Lastdiagonale ist,

$$\overline{M}_{d_{e1}} = -1,4\,\overline{y}_{1s}\,, \tag{24c}$$

und wenn es eine Zwischendiagonale ist,

$$\overline{M}_{d_{e1}} = (-2\,\overline{x}_e - 2\,\overline{y}_1 - \overline{y}_2)\,. \tag{24d}$$

Beim Doppelrautenträger mit Ganzrautenende gelten grundsätzlich die gleichen Formeln, nur ist noch ein Korrekturfaktor beigefügt. Für die Volldiagonalen gilt, wenn es Lastdiagonalen sind,

$$\overline{M}_{d_{24}} = k_{24}\,(y_2 - y_4)_s \tag{25}$$

mit

$$k_{24} = \frac{10\,p - 2}{3}\,,$$

und wenn es Zwischendiagonalen sind,

$$\overline{M}_{d_{24}} = k_{24}\,(\overline{y}_1 - 2\,\overline{y}_3 + \overline{y}_5)_s \tag{25a}$$

mit

$$k_{24} = \frac{2\,p + 2}{3}\,.$$

Dabei bedeutet p das Verhältnis der Durchbiegungsdifferenz des mittleren Diagonalabschnittes zur Gesamtdurchbiegung der Lastdiagonalen;

$$p_{24} = \frac{\overline{y}_1 + 3\,\overline{y}_2 - 3\,\overline{y}_3 - \overline{y}_4}{4\,(\overline{y}_2 - \overline{y}_4)}\,, \tag{25b}$$

oder

$$p_{24} = 1 - \frac{\overline{y}_1 + 3\,\overline{y}_2 - 3\,\overline{y}_3 - \overline{y}_4}{4\,(\overline{y}_2 - \overline{y}_4)}\,,$$

---

[1] Die antimetrische Störbelastung wird bei der Berechnung der Diagonalbiegemomente des Doppelrautenträgers vernachlässigt.

je nachdem welcher Wert größer als 0,5 ist. Für die Zwischendiagonalen verwendet man jeweils den Mittelwert der beiden sich kreuzenden Lastdiagonalen.

In einiger Entfernung vom Trägerende werden die Korrekturfaktoren $k = 1$, so daß die Formeln für Träger mit Halb- und Ganzrautenende ineinander übergehen.

Für die Diagonale $1-3$ gilt, wenn es eine Lastdiagonale ist, die normale Formel, und wenn es eine Zwischendiagonale ist,

$$\overline{M}_{d_{13}} = 2{,}66\,(\overline{y}_2 - \overline{y}_4)\,s\,. \quad (25\,\mathrm{c})$$

Für die Dreivierteldiagonale $e-2$ gilt,

wenn es eine Lastdiagonale ist,

$$\overline{M}_{d_{e2}} = \frac{|\overline{2}}{2}\left(3\,\overline{y}_1 - \overline{y}_3 - \frac{4}{3}\,\overline{x}_e\right), \quad (25\,\mathrm{d})$$

und wenn es eine Zwischendiagonale ist,

$$\overline{M}_{d_{e2}} = \left(3\,\overline{y}_1 - \overline{y}_3 - \frac{4}{3}\,\overline{x}_e\right). \quad (25\,\mathrm{e})$$

Für die Vierteldiagonale $e-1$ gilt in allen Fällen

$$\overline{M}_{d_{e1}} = 3{,}5\,\overline{y}_1\,. \quad (25\,\mathrm{f})$$

3. Durchbiegung des Trägers auf zwei Stützen.

$\alpha)$ **Hauptlast.** Wenn die Durchbiegung unter einer bestimmten Belastung gesucht ist, rechnet man nach der bekannten Summenformel

$$y = \sum S\,S_0\,\frac{l}{E\,F}\,.$$

Wenn die Einflußlinie der Durchbiegung aufgestellt werden soll, rechnet man nach der Methode der w-Gewichte. Man ermittelt die Stabkräfte nach den Rautenträgerformeln, vereinfacht das System durch Weglassen von Diagonalen und Änderung der Auskreuzung am Trägerende zu einem normalen

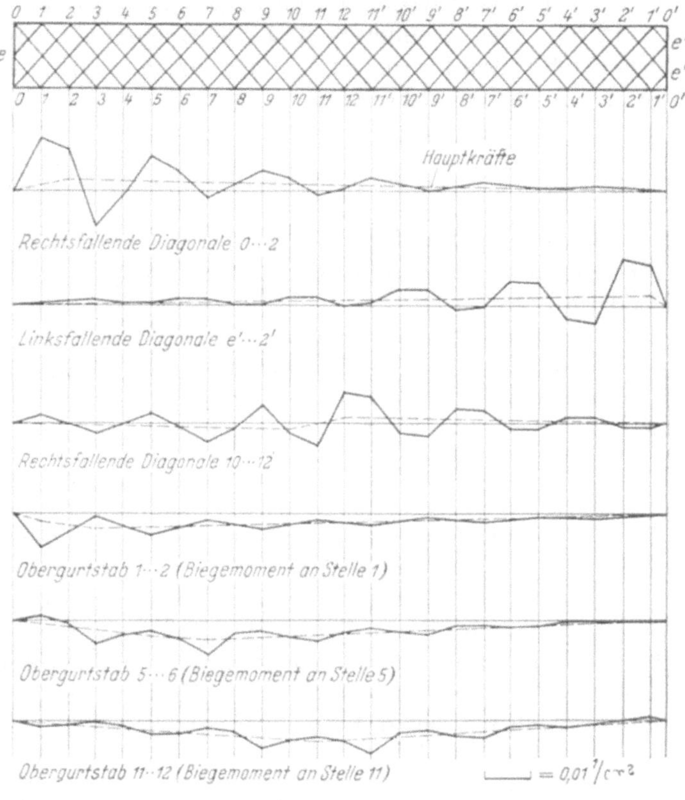

Abb. 11. Spannungseinflußlinien für den Doppelrautenträger.

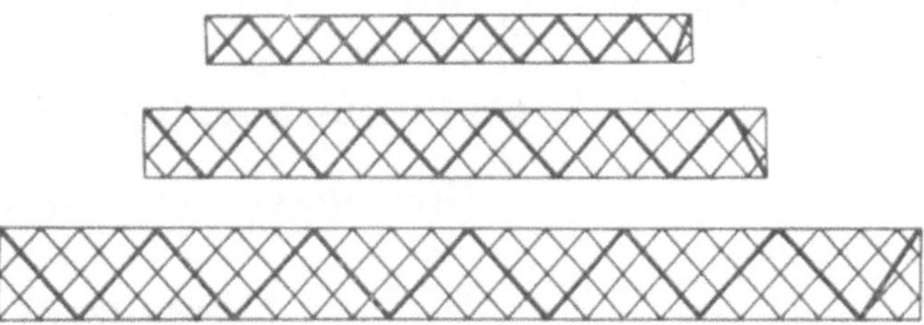

Abb. 12. Vereinfachen der Rautenträgersysteme für die Durchbiegungsrechnung.

Dreiecksfachwerk, Abb. 12, und bestimmt dann die Ordinaten der Einflußlinien für jeden Untergurtknotenpunkt des ursprünglichen Rautenfachwerks.

Für die Durchbiegung im Punkt 6 des Einfachrautenträgers aus dem Zahlenbeispiel infolge einer über die Trägerlänge gleichmäßig verteilten Belastung ergibt die Rechnung nach beiden Methoden einen Unterschied von 2 %; die Methode der w-Gewichte liefert die kleineren Werte.

$\beta)$ **Störlast.** Die Einflußlinien der Durchbiegungen werden schon zur Ermittlung der inneren Kräfte gebraucht; deswegen ist im vorhergehenden Kapitel ausführlich beschrieben, wie sie aufgestellt werden.

Die Durchbiegungen aus der Störlast sind gegenüber denen aus der Hauptlast vernachlässigbar klein.

4. Statisch unbestimmt gelagerter Rautenträger.

Da die Durchbiegungen aus der Störlast gegenüber denen aus der Hauptlast vernachlässigbar klein sind, werden bei der Berechnung der Auflagerkräfte nur die Hauptkräfte berücksichtigt.

Über dem Auflager ist im allgemeinen ein Vertikalstab eingefügt, der die Auflagerkraft so in das System einleitet, daß alle Diagonalen unmittelbar gleich große Kräfte bekommen. Demnach gelten für die Berechnung der inneren Kräfte aus der Auflagerkraft bis an die Lagerstelle die einfachen Formeln

$$G = \pm \frac{M}{h},$$

$$D = \pm \frac{Q}{n \sin \alpha}.$$

Da der Vertikalstab die Kräfte so in das System einleitet, daß alle Diagonalen unmittelbar gleiche Kräfte bekommen, tritt am Auflager bei keinem System eine antimetrische Störbelastung auf.

Die Knotenpunktsverschiebung über dem Auflager aus der symmetrischen Störlast ist unabhängig von der Größe der Auflagerkraft in allen Fällen gleich Null. Man ermittelt die Ordinaten der Einflußlinien zunächst wie beim Träger auf zwei Stützen und berechnet die Kräfte in dem Vertikalstab aus der Bedingung

$$P_v = - P_m \frac{\overline{y}_{vm}}{\overline{y}_{vv}}. \tag{26}$$

Dabei bedeuten $\overline{y}_{vm}$ die Durchbiegung an der Stelle v infolge einer Last an der Stelle m und $\overline{y}_{vv}$ die Durchbiegung an der Stelle v infolge einer Last an der Stelle v.

Man rechnet die zur Kraft P_v gehörigen Knotenpunktsverschiebungen $\overline{y}$ aus, addiert sie in jeder Zeile zu den Verschiebungen $\overline{y}$, die die symmetrische Störlast unmittelbar hervorruft, und gewinnt damit ein neues Feld von Einflußlinienordinaten, das nunmehr für die symmetrische Störlast einschließlich der Wirkung des Vertikalstabes gilt und aus dem die inneren Kräfte nach denselben Formeln ermittelt werden wie beim Träger auf zwei Stützen.

III. Ableitung der Rechenformeln für die Störbelastung.

A. Endlichfach statisch unbestimmtes System

(Erweiterte Krabbesche Methode).

1. Kraftzerlegung.

An Rautenträgern, die zur waagerechten Achse symmetrisch sind, wird die Störbelastung für die Rechnung in einen symmetrischen und einen antimetrischen Anteil zerlegt. Diese Zerlegung ist in Abb. 13 für den einfachen und doppelten Rautenträger durchgeführt. Es zeigt sich, daß die antimetrische Störlast systemabhängig gleich den Kräften ist, die bei der Hauptbelastung an Nachbarknotenpunkten der Krafteinleitungsstelle angreifen, während die symmetrische Störlast in allen Fällen aus einer Einzelkraft von der Größe $P/2$ besteht.

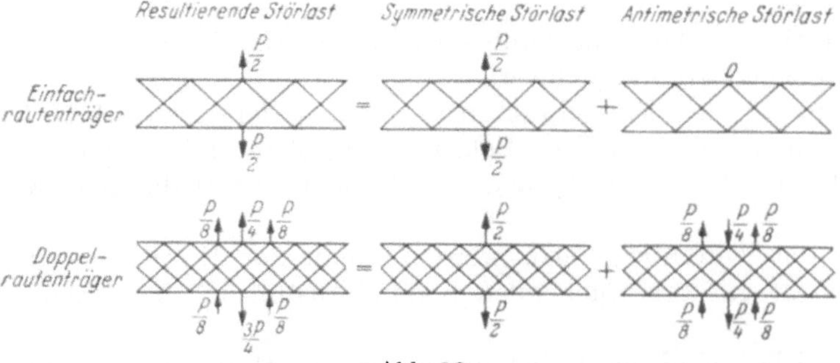

Abb. 13.

Zerlegen der Störlast in Symmetrie und Antimetrie. (Vergleiche Abb. 2.)

2. Allgemeine Beschreibung des Rechnungsganges.

a) Statisch unbestimmte Rechnung zur Ermittlung der Gurtbiegelinie.

Als statisch unbestimmte Größen werden die Querverschiebungen der Gurtknotenpunkte eingeführt. Dabei wird die Ostenfeldsche Deformationsmethode[1] zugrunde gelegt. Man faßt die Gurte, die mit den Endpfosten einen biegesteifen Rahmen bilden, als über viele Stützen durchlaufende Träger auf, wobei jeder Diagonalanschlußpunkt als Auflager gilt. Dabei wird angenommen, daß die Diagonalen nicht biegesteif und in den Kreuzungspunkten nicht miteinander verbunden sind, Abb. 14.

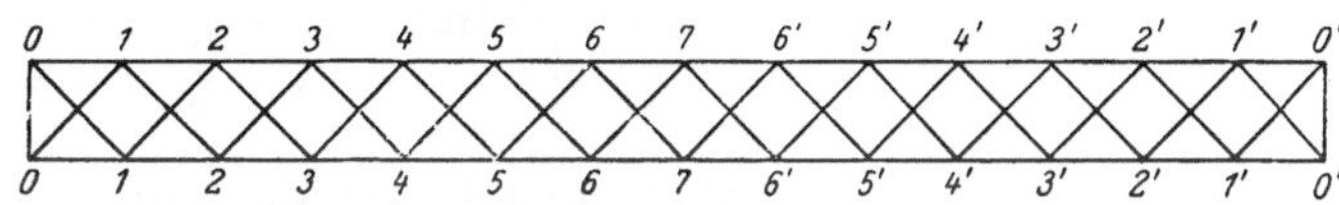

Abb. 14. Definitionsfigur zur Krabbeschen Methode.

Bei einem Rahmen mit n Auflagerpunkten schreibt man für das Gleichgewicht der senkrechten Kräfte an einem beliebigen Gurtknotenpunkt m

$$\sum_{i=n}^{i=1} Z_{mi}\, y_i = P_m. \tag{27}$$

Dabei bedeuten:

Z_{mi} = Auflagerkraft des Trägers im Punkt m, wenn der Punkt i die Querverschiebung $y = 1$ erfährt und alle anderen Punkte liegen bleiben,

y_i = Querverschiebung im Punkt i,

P_m = äußere Kraft im Punkt m.

Nach diesem Schema können bei n Knotenpunkten n Bestimmungsgleichungen für n unbekannte Querverschiebungen y aufgestellt werden.

Die Z-Werte sind durch die Konstruktion des Trägers bestimmt. Sie sind im wesentlichen von der Gurtbiege- und Diagonalzugsteifigkeit abhängig, letztere ist aber nur in einem kleinen Bereich von Einfluß. So erfährt z. B. der Punkt 3 am einfachen Rautenträger, Abb. 14, aus der Gurtbiegesteifigkeit Auflagerkräfte, wenn Punkt 6 oder sonst ein beliebiger Punkt querverschoben wird und alle anderen Punkte ihre Lage beibehalten; er erfährt Kräfte von den Diagonalen aber nur dann, wenn der Punkt selbst oder die ihm benachbarten Knotenpunkte 2 und 4 am Obergurt sich verschieben.

Der Anteil der Z-Werte, der aus der Gurtbiegesteifigkeit herrührt, wird im folgenden Kapitel (Ostenfeldsche Koeffizienten) abgeleitet. Dabei ergibt sich der Ausdruck

$$Z_{gmi} = R_{mi}\frac{EJ_g}{b^3}. \tag{28}$$

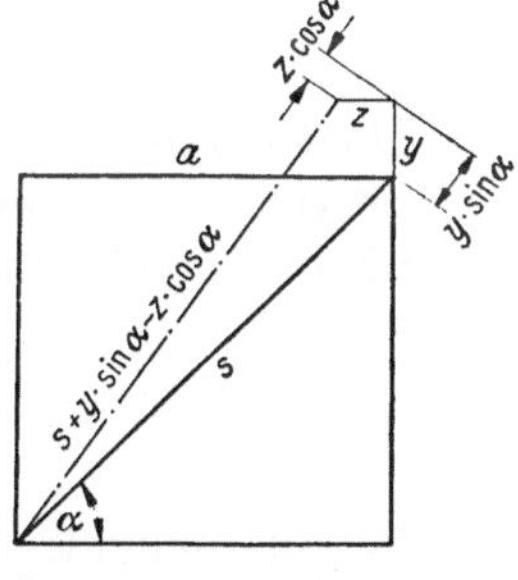

Abb. 15. Längenänderung einer Diagonale.

R_{mi} bedeutet eine dimensionslose Zahl, abhängig vom Rautenträgersystem, von der Stelle m, für die die Auflagerkraft gesucht wird, und von der Stelle i, deren Querverschiebung die Auflagerkraft hervorrufen soll. Die R_{mi}-Werte für die verschiedenen Rautenträgersysteme sind in Tabelle 6 bis 8 (S. 115 u. f.) zusammengestellt.

Der Anteil der Z-Werte, der aus der Diagonalzugsteifigkeit herrührt, ergibt sich nach folgenden Überlegungen:

Bei der Querverschiebung y eines Knotenpunktes wird die von ihm ausgehende Diagonale gedehnt und erfährt die Zugkraft D. Aus Gleichgewichtsgründen ergibt sich dabei im Gurt die Druckkraft $G = D \cos\alpha$, die den Gurt um den Betrag $z = Ga/EF_g$ verkürzt. Aus y und z ergibt sich nach Abb. 15 die Längenänderung der Diagonale zu

$$\delta = y\sin\alpha - z\cos\alpha = y\sin\alpha - \frac{D\cos^2\alpha\; a}{EF_g}.$$

Für die Bestimmung der Diagonalkraft aus der Gurtknotenpunktsverschiebung gilt die Gleichung

$$D = \varepsilon\, EF_d = \frac{\delta\cos\alpha\; EF_d}{a} = \left[y\sin\alpha - \frac{D\cos^2\alpha\; a}{EF_g}\right]\frac{\cos\alpha\; EF_d}{a}$$

---

[1] Ostenfeld: Lastverteilende Querverbände. Kopenhagen: Gjellerup 1930.

mit der Lösung

$$D = \frac{1}{1 + \dfrac{F_d}{F_g}\cos^3\alpha} \; \frac{E\,F_d \sin\alpha \cos\alpha}{a}\, y\,. \tag{29}$$

Für die Z-Werte wird die senkrechte Komponente dieser Kraft bei der Auslenkung $y = 1$ gebraucht

$$Z_d = \frac{D}{y}\sin\alpha = \frac{1}{1 + \dfrac{F_d}{F_g}\cos^3\alpha} \; \frac{E\,F_d \sin^2\alpha \cos\alpha}{a}\,. \tag{30}$$

Der resultierende Z-Wert aus Gurtbiege- und Diagonallängssteifigkeit ist

$$Z_{\text{res}} = Z_g + Z_d\,.$$

Zur Vereinfachung der Rechenarbeit werden alle Z-Werte durch $E\,J_g/b^3$ dividiert,

$$\frac{Z}{E\,J_g/b^3} = \frac{Z_g}{E\,J_g/b^3} + \frac{Z_d}{E\,J_g/b^3}\,.$$

Da $\dfrac{Z_g}{E\,J_g/b^3} = R$ und somit unabhängig von den Dimensionen des Trägers wird, sind alle Konstruktionsgrößen zusammengefaßt in dem Glied

$$\frac{Z_d}{E\,J_g/b^3} = K = \frac{1}{1 + \dfrac{F_d}{F_g}\cdot\cos^3\alpha} \; \frac{E\,F_d\,b^3 \sin^2\alpha \cos\alpha}{E\,J_g\,a} = \frac{1}{1 + \dfrac{F_d}{F_g}\cos^3\alpha} \; \frac{E\,F_d\,a^3 \sin^2\alpha \cos\alpha}{E\,J_g\,b}\left(\frac{b}{a}\right)^4\,. \tag{31}$$

Der Ausdruck $\left(1 + \dfrac{F_d}{F_g}\cos^3\alpha\right)$ zur Berücksichtigung der Gurtlängssteifigkeit gilt exakt nur für den einfachen Rautenträger mit vernachlässigbar kleiner Diagonalbiegesteifigkeit, weil nur hier die der Ableitung zugrunde liegende Annahme, daß die Gurtkraft im Feld einer Diagonale konstant gleich der waagerechten Komponente der Diagonalkraft ist, erfüllt ist; für die mehrfachen Rautenträger bedeutet er nur eine Näherung.

Wenn man entsprechend den Überlegungen im ersten Teil der Arbeit (Abklingen der Störlast) statt des Gurtträgheitsmomentes J_g das Systemträgheitsmoment J_s einführt, also die Biegesteifigkeit der Diagonalen berücksichtigt, darf man nicht mehr annehmen, daß die Diagonalkraft über die ganze Länge konstant ist. Man muß, da an jedem Kreuzungspunkt schon ein Teil der Diagonalkraft abgesetzt wird, einen Zuschlag zur Diagonalenfläche machen. Dieser Zuschlag ist abhängig von der Abklinggeschwindigkeit, kann also exakt erst dann bestimmt werden, wenn die statisch unbestimmte Rechnung durchgeführt ist. Er wird zunächst geschätzt zu 20 %. Damit wird

$$K = \frac{1}{1 + \dfrac{F_d}{F_g}\cos^3\alpha} \; \frac{1{,}2\cdot F_d\,a^3 \sin^2\alpha \cos\alpha}{J_s\,b}\left(\frac{b}{a}\right)^4\,. \tag{32}$$

Wenn man als Abkürzung die Trägerkennzahl

$$\lambda^* = \frac{J_s\,b}{2{,}4\cdot F_d\,a^3 \sin^2\alpha \cos\alpha}\left(1 + \frac{F_d}{F_g}\cos^3\alpha\right) \tag{33}$$

einführt und $\left(\dfrac{b}{a}\right)^4 = \left(\dfrac{2}{n}\right)^4$ setzt, vereinfacht sich Gl. (32) zu

$$K = \frac{1}{2\,\lambda^*}\left(\frac{2}{n}\right)^4\,. \tag{34}$$

Die Zusammenstellung der Z-Werte aus Gurtbiege- und Diagonallängssteifigkeit ergibt für den einfachen Rautenträger

$$
\begin{aligned}
Z_{m\,m-3} &= R_{m\,m-3} & \qquad Z_{m\,m+1} &= R_{m\,m+1} + K\\
Z_{m\,m-2} &= R_{m\,m-2} & \qquad Z_{m\,m+2} &= R_{m\,m+2}\\
Z_{m\,m-1} &= R_{m\,m-1} + K & \qquad Z_{m\,m+3} &= R_{m\,m+3}\\
Z_{m\,m} &= R_{m\,m} + 2K & \qquad &\text{usw.}
\end{aligned}
$$

Für die anderen Rautenträgersysteme gilt ein entsprechendes Schema. Grundsätzlich ist die Gurtbiegesteifigkeit bei allen Z-Werten von Einfluß, während die Diagonallängssteifigkeit nur in drei Z-Werten jedes Schemas nach Gl. (27) auftritt, und zwar doppelt, wenn die Auflagerkraft des Punktes m infolge seiner eigenen Verschiebung betrachtet wird, und je einfach, wenn die Auflagerkraft aus der Verschiebung derjenigen beiden Knotenpunkte des gegenüberliegenden Gurtes betrachtet wird, die mit dem Punkt m durch Diagonalen verbunden sind.

Da alle Z-Werte mit $\dfrac{E J_s}{b^3} = \dfrac{E J_s}{a^3} \left(\dfrac{2}{n}\right)^3$ dividiert werden, muß beim Ansetzen des Gleichungssystems auch das Glied der äußeren Last mit demselben Faktor dividiert werden. Es ist zweckmäßig, den Ausdruck $\dfrac{P a^3}{E J_s}$ als Buchstabenformel stehenzulassen und dabei den Nenner mit 2 zu multiplizieren, entsprechend dem Wert $P/2$ für die symmetrische Störlast.

Damit sind alle Werte zum Aufstellen der Bedingungsgleichungen (27) für die Berechnung der Knotenpunktsverschiebungen bekannt. Es würde aber einen untragbar großen Rechenaufwand bedeuten, wenn man die Gleichungen für sämtliche Gurtknotenpunkte aufstellen und auflösen wollte. Man rechnet daher bei den zur waagerechten Achse symmetrischen Rautenträgern die Deformationen der symmetrischen und antimetrischen Störlast getrennt, so daß sich die Zahl der statisch unbestimmten Größen für einen Rechnungsgang auf die Hälfte verringert. Da aber auch das im allgemeinen noch zuviel Rechenarbeit kosten würde, legt man die Abklinglänge der Störspannungen willkürlich fest und beschränkt sich auf die Berechnung von 5 bis 8 Knotenpunktsverschiebungen auf beiden Seiten der Angriffstelle der äußeren Kraft. Dieses Verfahren liefert, wie später an durchgerechneten Beispielen gezeigt wird, größenordnungsmäßig richtige Ergebnisse.

Wenn man das Gleichungssystem auflöst, erhält man die dimensionslosen Knotenpunktsverschiebungen

$$\bar{y} = y\,\frac{2\,E J_s}{P\,a^3}\,. \tag{35}$$

b) Innere Kräfte.

Die Diagonalkräfte ergeben sich aus den Z_d-Werten nach Gl. (30) und (31) zu

$$D = Z_d\,\frac{\Sigma y}{\sin\alpha} = K\,\frac{E J_s}{b^3}\,\frac{\Sigma y}{\sin\alpha}\,.$$

Wenn man in diesen Ausdruck die Werte nach Gl. (34) und (35) einführt, wird daraus

$$D = \frac{1}{2\,\lambda^*}\left(\frac{2}{n}\right)^4\left(\frac{n}{2}\right)^3\frac{P}{2\sin\alpha}\,\Sigma\bar{y} = \frac{1}{2\,n\,\lambda^*}\,\frac{P}{\sin\alpha}\,\Sigma\bar{y}\,. \tag{36}$$

Dabei bedeutet $\Sigma\bar{y}$ die Summe der dimensionslosen Verschiebungen $\bar{y}$ der beiden Endpunkte der Diagonale. Die Verschiebungen sind positiv, wenn sie nach außen gerichtet sind.

Für die Änderung der Gurtkraft durch die Diagonalen gilt

$$\Delta G = D \cos\alpha = \frac{1}{2\,n\,\lambda^*}\,\frac{P}{\operatorname{tg}\alpha}\,\Sigma\bar{y}\,. \tag{37}$$

Den Ausgangswert für die Berechnung der Gurtkräfte bekommt man durch Aufstellen der Gleichgewichtsbedingung für einen beliebigen Trägerquerschnitt.

Für die Gurtbiegemomente gilt die Gleichung

$$M_m = \frac{E J_g}{b^2}\sum_{i=n}^{i=1} M_{m i}\,y_i = \frac{E J_g}{a^2}\left(\frac{n}{2}\right)^2\sum_{i=n}^{i=1} M_{m i}\,y_i\,. \tag{38}$$

Dabei bedeuten

M_m = resultierendes Biegemoment an der Stelle m,

$\dfrac{E J_g}{b^2}\,M_{m i}$ = Biegemoment des Trägers an der Stelle m, wenn die Stelle i die Querverschiebung $y = 1$ erfährt und alle anderen Punkte liegen bleiben.

M_{mi} ist eine dimensionslose Zahl, abhängig vom Rautenträgersystem, von der Stelle m, für die das Biegemoment gesucht wird, und von der Stelle i, deren Querverschiebung das Biegemoment hervorruft. Die Werte M_{mi} für die verschiedenen Rautenträgerformen sind zusammen mit den dimensionslosen Auflagergrößen R_{mi} im nächsten Kapitel (Ostenfeldsche Koeffizienten) gerechnet und in Tabelle 6 bis 8 (S. 115 u. f.) zusammengestellt. Wenn man in Gl. (38) die Verschiebungswerte nach Gl. (35) einsetzt, erhält man

$$M_m = \frac{Pa}{2} \left(\frac{n}{2}\right)^2 \frac{J_g}{J_s} \sum_{i=n}^{i=1} M_{mi}\,\overline{y}_i . \tag{38 a}$$

Es erweist sich im Hinblick auf die spätere Rechnung als zweckmäßig, eine dimensionslose Biegemomentenzahl einzuführen

$$\overline{M}_g = \frac{M_g}{6aP} = \frac{1}{12} \left(\frac{n}{2}\right)^2 \frac{J_g}{J_s} \sum_{i=n}^{i=1} M_{mi}\,\overline{y}_i . \tag{39}$$

Gl. (39) bedeutet, daß man für die Berechnung des Biegemomentes an jeder Stelle etwa 10 M_{mi}-Werte aus einer vorher aufgestellten Tabelle entnehmen und mit den entsprechenden $\overline{y}_i$-Werten multiplizieren muß. Die Benutzung dieser Gleichung ist für den praktischen Gebrauch zu umständlich.

Man kann sich aus dem Dreimomentensatz einfachere Näherungsformeln zur Berechnung der Biegemomente ableiten. Dabei werden nur die Verschiebungen der Knotenpunkte und die Biegemomente in der Ecke, an der Gurt und Pfosten zusammenstoßen, gebraucht. Diese Formeln sind kürzer als die exakten und haben den weiteren Vorteil, daß die Koeffizienten der Knotenpunktsverschiebungen, abgesehen von wenigen Punkten am Trägerende, über die ganze Länge konstant sind.

Abb. 16. Anschlußpunkte der Last- und Zwischendiagonalen.

Die Verschiebungen der Anschlußpunkte der Lastdiagonalen sind immer Extremwerte, Abb. 16. Es ist zweckmäßig, das Biegemoment an diesen Anschlußpunkten proportional der Knotenpunktsverschiebung zu setzen,

$$\overline{M}_g = f\,\overline{y} . \tag{40}$$

Bei der Berechnung des Proportionalitätsfaktors f berücksichtigt man im mittleren Bereich des Rautenträgers noch je zwei Knotenpunktsverschiebungen rechts und links von der Stelle, deren Biegemoment gerechnet werden soll. Die Biegemomente an den Schnittstellen, also an den äußersten Knotenpunkten, werden gleichgesetzt dem im Verhältnis der Durchbiegungen umgerechneten gesuchten Biegemoment in der Mitte des betrachteten Trägerstückes, vergleiche Abb. 17.

Die Näherung $M_5 = \frac{y_5}{y_3} M_3$ weicht nur wenig von der Wirklichkeit ab. Da die Schnittmomente verhältnismäßig weit von der Stelle des zu berechnenden Momentes entfernt sind, ist der Einfluß des Fehlers auf die Größe des Momentes M_3 sehr gering.

Für die Proportionalitätsfaktoren der Lastdiagonalenanschlüsse am Trägerende gilt grundsätzlich derselbe Ansatz. Nur wird am Ende des Gurtes statt eines geschätzten Schnittstellenmomentes das nach der exakten Formel gerechnete Eckmoment eingesetzt. Eine Zusammenstellung der Formeln gibt Abb. 17.

Die Verschiebungen der Anschlußpunkte der Zwischendiagonalen sind keine Extremwerte. Es wäre deswegen unzweckmäßig, die Biegemomente auch hier proportional den Verschiebungen zu setzen. Man berechnet das Biegemoment für ein Trägerstück zwischen zwei Lastdiagonalenanschlüssen aus den Knotenpunktsverschiebungen und aus den bekannten Biegemomenten an den Schnittstellen. Eine Zusammenstellung der Formeln gibt Abb. 17.

Das Biegemoment im Pfosten wird aus den Eckbiegemomenten und aus der Verschiebung x_e des Diagonalanschlußpunktes berechnet.

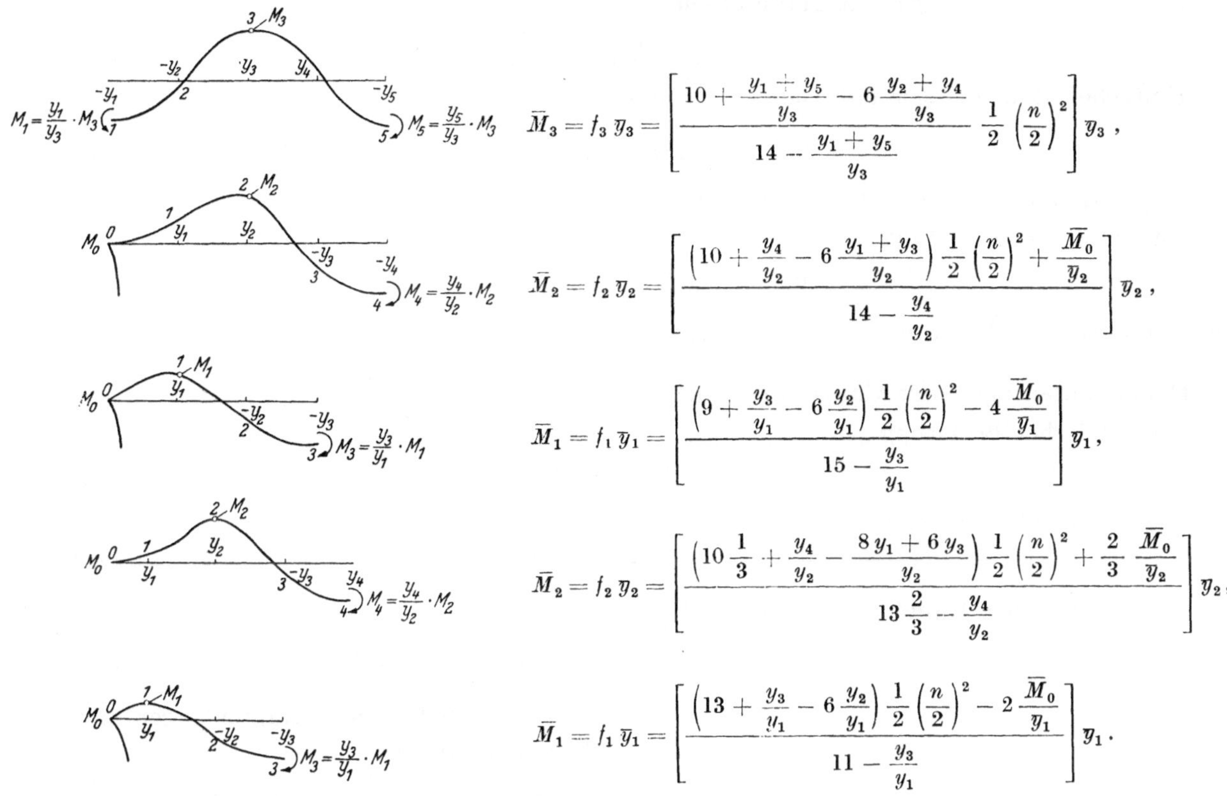

$$M_1 = \frac{y_1}{y_3} \cdot M_3 \qquad M_5 = \frac{y_5}{y_3} \cdot M_3 \qquad \overline{M}_3 = f_3 \, \overline{y}_3 = \left[\frac{10 + \dfrac{y_1 + y_5}{y_3} - 6 \dfrac{y_2 + y_4}{y_3}}{14 - \dfrac{y_1 + y_5}{y_3}} \; \frac{1}{2} \left(\frac{n}{2}\right)^2 \right] \overline{y}_3 \,,$$

$$M_4 = \frac{y_4}{y_2} \cdot M_2 \qquad \overline{M}_2 = f_2 \, \overline{y}_2 = \left[\frac{\left(10 + \dfrac{y_4}{y_2} - 6 \dfrac{y_1 + y_3}{y_2}\right) \dfrac{1}{2} \left(\frac{n}{2}\right)^2 + \dfrac{\overline{M}_0}{\overline{y}_2}}{14 - \dfrac{y_4}{y_2}} \right] \overline{y}_2 \,,$$

$$M_3 = \frac{y_3}{y_1} \cdot M_1 \qquad \overline{M}_1 = f_1 \, \overline{y}_1 = \left[\frac{\left(9 + \dfrac{y_3}{y_1} - 6 \dfrac{y_2}{y_1}\right) \dfrac{1}{2} \left(\frac{n}{2}\right)^2 - 4 \dfrac{\overline{M}_0}{\overline{y}_1}}{15 - \dfrac{y_3}{y_1}} \right] \overline{y}_1 \,,$$

$$M_4 = \frac{y_4}{y_2} \cdot M_2 \qquad \overline{M}_2 = f_2 \, \overline{y}_2 = \left[\frac{\left(10\frac{1}{3} + \dfrac{y_4}{y_2} - \dfrac{8\,y_1 + 6\,y_3}{y_2}\right) \dfrac{1}{2} \left(\frac{n}{2}\right)^2 + \dfrac{2}{3} \dfrac{\overline{M}_0}{\overline{y}_2}}{13\frac{2}{3} - \dfrac{y_4}{y_2}} \right] \overline{y}_2 \,,$$

$$M_3 = \frac{y_3}{y_1} \cdot M_1 \qquad \overline{M}_1 = f_1 \, \overline{y}_1 = \left[\frac{\left(13 + \dfrac{y_3}{y_1} - 6 \dfrac{y_2}{y_1}\right) \dfrac{1}{2} \left(\frac{n}{2}\right)^2 - 2 \dfrac{\overline{M}_0}{\overline{y}_1}}{11 - \dfrac{y_3}{y_1}} \right] \overline{y}_1 \,.$$

a) Anschlußpunkte der Lastdiagonalen.

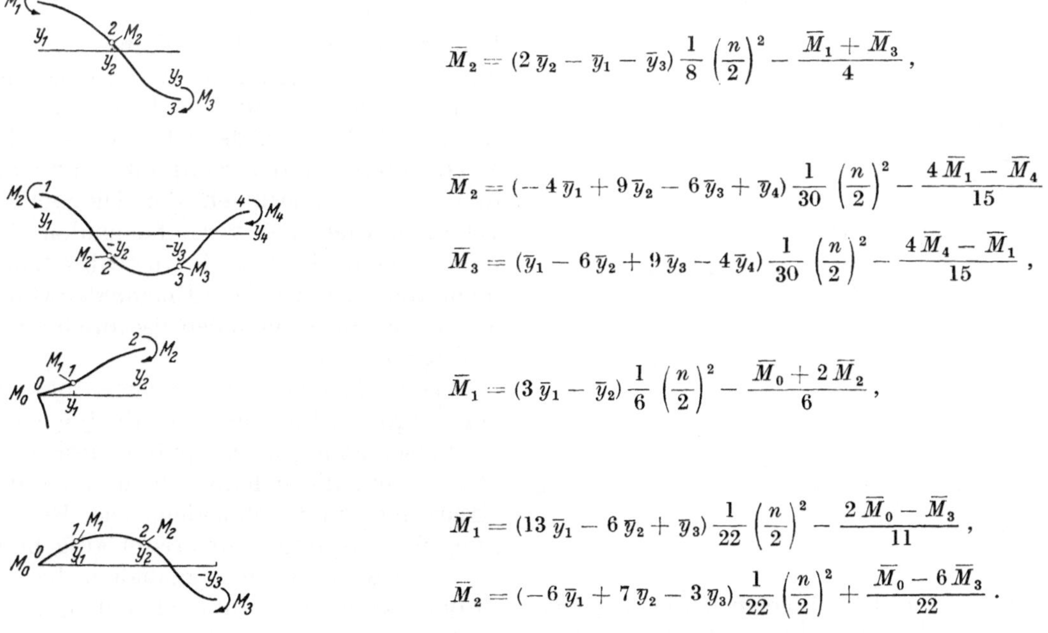

$$\overline{M}_2 = (2\,\overline{y}_2 - \overline{y}_1 - \overline{y}_3) \frac{1}{8} \left(\frac{n}{2}\right)^2 - \frac{\overline{M}_1 + \overline{M}_3}{4} \,,$$

$$\overline{M}_2 = (-4\,\overline{y}_1 + 9\,\overline{y}_2 - 6\,\overline{y}_3 + \overline{y}_4) \frac{1}{30} \left(\frac{n}{2}\right)^2 - \frac{4\,\overline{M}_1 - \overline{M}_4}{15} \,,$$

$$\overline{M}_3 = (\overline{y}_1 - 6\,\overline{y}_2 + 9\,\overline{y}_3 - 4\,\overline{y}_4) \frac{1}{30} \left(\frac{n}{2}\right)^2 - \frac{4\,\overline{M}_4 - \overline{M}_1}{15} \,,$$

$$\overline{M}_1 = (3\,\overline{y}_1 - \overline{y}_2) \frac{1}{6} \left(\frac{n}{2}\right)^2 - \frac{\overline{M}_0 + 2\,\overline{M}_2}{6} \,,$$

$$\overline{M}_1 = (13\,\overline{y}_1 - 6\,\overline{y}_2 + \overline{y}_3) \frac{1}{22} \left(\frac{n}{2}\right)^2 - \frac{2\,\overline{M}_0 - \overline{M}_3}{11} \,,$$

$$\overline{M}_2 = (-6\,\overline{y}_1 + 7\,\overline{y}_2 - 3\,\overline{y}_3) \frac{1}{22} \left(\frac{n}{2}\right)^2 + \frac{\overline{M}_0 - 6\,\overline{M}_3}{22} \,.$$

b) Anschlußpunkte der Zwischendiagonalen.

Abb. 17. Formeln zur Berechnung der Gurtbiegemomente.

Einfacher Rautenträger mit Halbrautenende

$$\overline{M}_e = \overline{M}_0 . \tag{41}$$

Einfacher Rautenträger mit Ganzrautenende

$$\overline{M}_e = \overline{x}_e \operatorname{ctg}^2 \alpha - \frac{1}{2}\,\overline{M}_0 . \tag{41a}$$

Doppelrautenträger mit Halbrautenende,
bei symmetrischer Belastung

$$\overline{M}_e = \overline{x}_e \operatorname{ctg}^2 \alpha - \frac{1}{2}\,\overline{M}_0 , \tag{42}$$

bei antimetrischer Belastung

$$\overline{M}_e = 0 . \tag{42a}$$

Doppelrautenträger mit Ganzrautenende,
bei symmetrischer Belastung

$$\overline{M}_e = \overline{x}_e \operatorname{ctg}^2 \alpha - \frac{1}{8}\,\overline{M}_0 , \tag{42b}$$

bei antimetrischer Belastung

$$\overline{M}_e = 4\,\overline{x}_e \operatorname{ctg}^2 \alpha - \frac{5}{54}\,\overline{M}_0 . \tag{42c}$$

Eineinhalbfacher Rautenträger mit Halbrautenende

$$\overline{M}_e = \frac{9}{8}\,\overline{x}_e \operatorname{ctg}^2 \alpha - \frac{\overline{M}_o}{6} - \frac{\overline{M}_u}{3} . \tag{43}$$

Eineinhalbfacher Rautenträger mit Ganzrautenende

$$\overline{M}_e = \frac{9}{8}\,\overline{x}_e \operatorname{ctg}^2 \alpha - \frac{\overline{M}_o}{3} - \frac{\overline{M}_u}{6} . \tag{43a}$$

Bei der Berechnung der Diagonalbiegemomente geht man, wie bei der Berechnung der anderen inneren Kräfte, von den Querverschiebungen der Gurtknotenpunkte aus. Man nimmt zunächst an, daß alle Diagonalend- und -kreuzungspunkte gelenkig sind, und berechnet sich die Verschiebungen der letzteren aus den Verschiebungen der Endpunkte und aus den Längenänderungen der Diagonalen. Dabei werden die vereinfachenden Annahmen gemacht, daß die Gurte ihre Länge nicht ändern und daß der Diagonalenwinkel $\alpha = 45°$ ist, die Diagonalen also aufeinander senkrecht stehen.

Die Diagonalausbiegungen senkrecht zur Diagonalsehne sind nur abhängig von der Verschiebung der Endpunkte derjenigen Diagonalen, die sich in dem betrachteten Kreuzungspunkt schneiden. Die Berechnungsformeln sind symmetrisch aufgebaut, so daß sie für beide Diagonalen, die sich in dem Kreuzungspunkt schneiden, gelten und man infolgedessen für jeden Punkt nur eine Verschiebung ausrechnen muß.

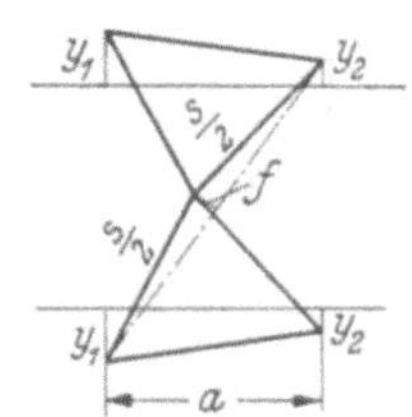

a) Einfacher Rautenträger

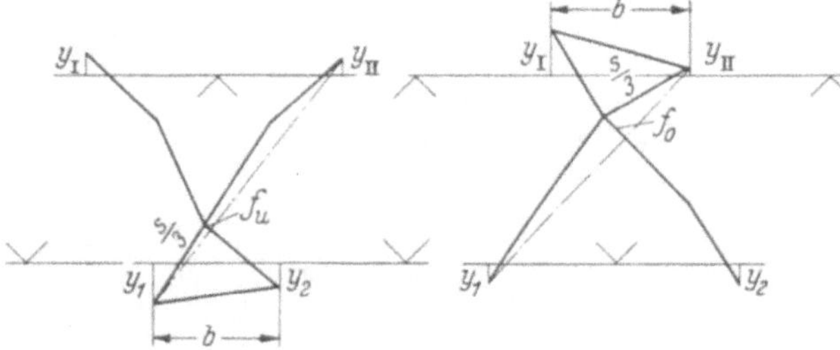

b) Eineinhalbfacher Rautenträger

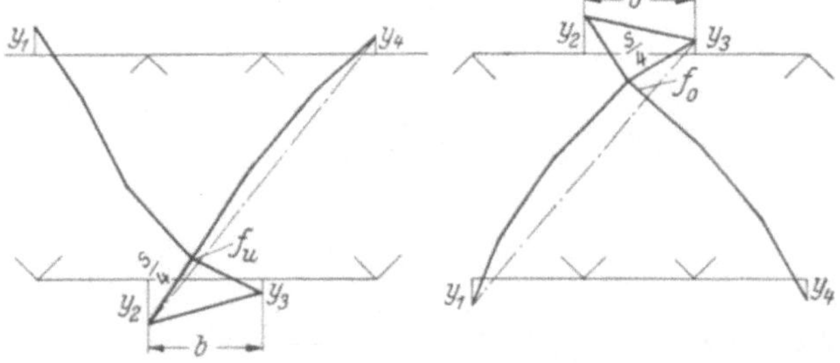

c) Doppelrautenträger

Abb. 18. Verschiebung der Diagonalkreuzungspunkte, die mit zwei Stäben unmittelbar an die Gurte angeschlossen sind.

Für die Auslenkung der dem Gurt benachbarten Kreuzungspunkte, die also mit zwei Stäben unmittelbar an den Gurt angeschlossen sind, gilt ein gemeinsames Schema, Abb. 18.

Ausschlaggebend ist die Neigungsänderung des Gurtstückes, das dem Kreuzungspunkt zunächst liegt. Weiter sind zu beachten: die Neigungsänderung der Stabachse der zu berechnenden Diagonale und die Längenänderung der Diagonale, die auf der zu berechnenden senkrecht steht. Die Auslenkung der mittleren Diagonalkreuzungspunkte des Doppelrautenträgers ergibt sich aus Symmetriebetrachtungen.

Für den Einfachrautenträger, bei dem alle Deformationen symmetrisch sind, gilt nach Abb. 18a für die Querverschiebung des Diagonalkreuzungspunktes

$$f = \frac{y_1 - y_2}{a}\,\frac{s}{2} - \frac{(y_1 + y_2)\sin\alpha}{s}\,\frac{s}{2} + \frac{(y_1 + y_2)\sin\alpha}{2} = \frac{y_1 - y_2}{\sqrt{2}}\,. \tag{44}$$

Dabei bedeuten

$\dfrac{y_1 - y_2}{a}\,\dfrac{s}{2}$ = Winkeländerung des Gurtes mal halbe Länge der Diagonale,

$\dfrac{(y_1 + y_2)\sin\alpha}{s}\,\dfrac{s}{2}$ = Winkeländerung der Sehne der zu berechnenden Diagonale mal halbe Länge der Diagonale,

$\dfrac{(y_1 + y_2)\sin\alpha}{2}$ = halbe Längenänderung der Diagonale, die auf der zu berechnenden senkrecht steht.

Für den Eineinhalbfachrautenträger, bei dem es keine Symmetriebeziehungen gibt, gilt nach Abb. 18b für die Querverschiebungen der Diagonalkreuzungspunkte

$$f_u = \frac{y_1 - y_2}{b}\,\frac{s}{3} - \frac{(y_1 + y_{II})\sin\alpha}{s}\,\frac{s}{3} + \frac{(y_I + y_2)\sin\alpha}{3} = (y_I + 2\,y_1 - 2\,y_2 - y_{II})\,\frac{1}{3\sqrt{2}}\,,$$

$$f_o = \frac{(y_I - y_{II})}{b}\,\frac{s}{3} + \frac{(y_1 + y_{II})\sin\alpha}{s}\,\frac{s}{3} - \frac{(y_I + y_2)\sin\alpha}{3} = (y_1 + 2\,y_I - 2\,y_{II} - y_1)\,\frac{1}{3\sqrt{2}}\,. \tag{45}$$

Die vorstehenden Formeln sind nur für die Verschiebungen von Kreuzungspunkten zweier vollständig durchlaufender Diagonalen brauchbar. Für die Verschiebung des Kreuzungspunktes auf der Zweidritteldiagonale am Trägerende gilt eine besondere Rechenvorschrift; diese ist nicht mehr symmetrisch aufgebaut, so daß hier die Ausbiegung jeder Diagonale für sich gerechnet werden muß.

Verschiebung des Kreuzungspunktes 1

senkrecht zur Diagonalsehne 0—3

$$f = \frac{y_0 - y_2}{b}\,\frac{s}{3} - \frac{(y_0 + y_3)\sin\alpha}{s}\,\frac{s}{3} + \frac{(x_e + y_2)\sin\alpha}{2} = \frac{1}{3\sqrt{2}}\left(-\frac{3}{2}\,y_2 - y_3 + \frac{3}{2}\,x_e\right), \tag{45 a}$$

senkrecht zur Diagonalsehne e—2

$$f = \frac{y_0 - y_2}{b}\,\frac{s}{3} - \frac{(y_0 + y_3)\sin\alpha}{s}\,\frac{s}{3} + \frac{(-x_e + y_2)\sin\alpha}{2} = \frac{1}{3\sqrt{2}}\left(-\frac{3}{2}\,y_2 - y_3 - \frac{3}{2}\,x_e\right). \tag{45 b}$$

Für den Doppelrautenträger, bei dem man die Störlast in einen symmetrischen und einen antimetrischen Anteil zerlegt, werden die Diagonalbiegemomente zunächst für die symmetrische und antimetrische Belastung getrennt ausgerechnet.

Bei der symmetrischen Belastung gilt nach Abb. 18c für die Querverschiebungen der oberen und unteren Diagonalkreuzungspunkte

$$f = \frac{y_2 - y_3}{b}\,\frac{s}{4} - \frac{(y_2 + y_4)\sin\alpha}{s}\,\frac{s}{4} + \frac{(y_1 + y_3)\sin\alpha}{4}$$
$$= \frac{1}{4\sqrt{2}}\,(y_1 + 3\,y_2 - 3\,y_3 - y_4)\,. \tag{46}$$

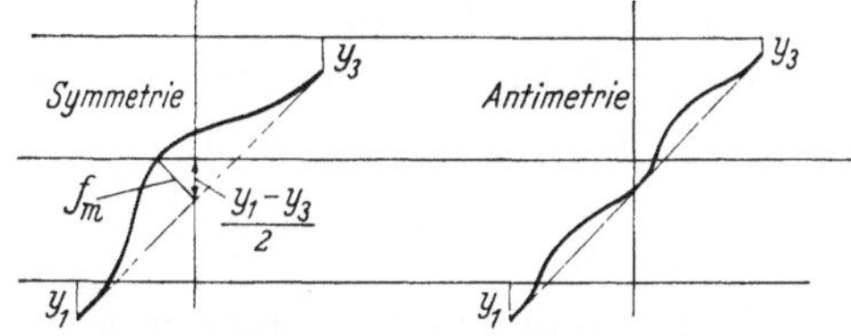

Abb. 19. Verschiebung der mittleren Diagonalkreuzungspunkte.

Die Mittelknotenpunkte können sich nur auf der waagerechten Ordinate verschieben; die Verschiebung beträgt nach Abb. 19

$$f = \frac{y_1 - y_3}{\sqrt{2}}\,. \tag{46 a}$$

Die vorstehenden Formeln sind nur für die Verschiebung von Kreuzungspunkten zweier
vollständig durchlaufender Diagonalen brauchbar. Für die Verschiebungen der Kreuzungs-

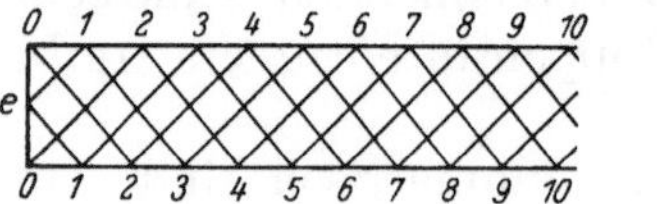 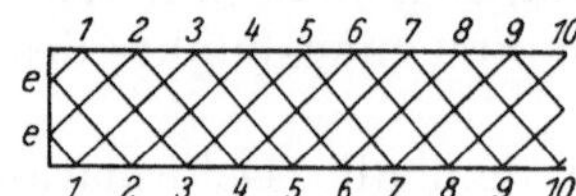

Abb. 20. Doppelrautenträgerenden.

punkte auf den Halb- und Dreiviertels-
diagonalen am Trägerende gelten besondere Rechenvorschriften; diese sind nicht
mehr symmetrisch aufgebaut, so daß hier
die Ausbiegung jeder Diagonale für sich
gerechnet werden muß.

Beim Doppelrautenträger mit Halbrautenende gilt für die Verschiebung des äußeren
Kreuzungspunktes 0 1,

senkrecht zur Diagonalsehne $0-2$

$$f_{02} = -\frac{y_1}{b}\,\frac{s}{4} - y_2 \sin\alpha\,\frac{s}{4} + \frac{y_1 \sin\alpha + x_e \sin\alpha}{2} = \frac{1}{4\sqrt{2}}\,(2\,x_e - 2\,y_1 - y_2)\,, \qquad (46\,\mathrm{b})$$

senkrecht zur Diagonalsehne $e-1$

$$f_{e1} = -\frac{y_1}{b}\,\frac{s}{4} - \frac{y_2 \sin\alpha}{s}\,\frac{s}{4} + \frac{y_1 \sin\alpha - x_e \sin\alpha}{2} = \frac{1}{4\sqrt{2}}\,(-2\,x_e - 2\,y_1 - y_2)\,. \qquad (46\,\mathrm{c})$$

Beim Doppelrautenträger mit Ganzrautenende gilt für die Verschiebung des Kreuzungspunktes 1 2,

senkrecht zur Diagonalsehne $1-3$

$$f_{13} = \frac{y_1 - y_2}{b}\,\frac{s}{4} - \frac{(y_1 + y_3)\sin\alpha}{3}\,\frac{s}{4} + \frac{x_e \sin\alpha + y_2 \sin\alpha}{3} = \frac{1}{4\sqrt{2}}\left(3\,y_1 - \frac{8}{3}\,y_2 - y_3 + \frac{4}{3}\,x_e\right)\,, \qquad (46\,\mathrm{d})$$

senkrecht zur Diagonalsehne $e-2$

$$f_{e2} = \frac{y_1 - y_2}{b}\,\frac{s}{4} - \frac{(y_1 + y_3)\sin\alpha}{s}\,\frac{s}{4} + \frac{-x_e \sin\alpha + y_2 \sin x}{3} = \frac{1}{4\sqrt{2}}\left(3\,y_1 - \frac{8}{3}\,y_2 - y_3 - \frac{4}{3}\,x_e\right)\,. \qquad (46\,\mathrm{e})$$

Für die Verschiebung des Mittelkreuzungspunktes 1 senkrecht zur Diagonalsehne $e-2$ gilt

$$f_{e2} = \frac{-x_a \sin\alpha + y_2 \sin\alpha}{3} + \frac{x_a \sin\alpha - y_2 \sin\alpha}{3} = -\frac{1}{4\sqrt{2}}\,\frac{8}{3}\,y_2\,. \qquad (46\,\mathrm{f})$$

Demnach ist die Differenz der Verschiebungen der beiden Kreuzungspunkte, die auf der Diagonale $e-2$ liegen

$$\Delta f_{e2} = \frac{1}{4\sqrt{2}}\left(-\frac{8}{3}\,y_2 - 3\,y_1 + \frac{8}{3}\,y_2 + y_3 + \frac{4}{3}\,x_e\right) = \frac{1}{4\sqrt{2}}\left(-3\,y_1 + y_3 + \frac{4}{3}\,x_e\right)\,. \qquad (46\,\mathrm{g})$$

Bei der antimetrischen Belastung gilt für die Querverschiebungen der oberen und unteren
Diagonalkreuzungspunkte

$$f = \frac{1}{4\sqrt{2}}\,(-y_1 + 3\,y_2 - 3\,y_3 + y_4)\,. \qquad (47)$$

Der Mittelknotenpunkt kann sich nur auf der senkrechten Ordinate verschieben und muß daher, weil sich die Diagonalendpunkte auch nur senkrecht verschieben, auf der Diagonalsehne
liegen bleiben, Abb. 19.

Beim Doppelrautenträger mit Halbrautenende gilt für die Verschiebung des äußeren
Kreuzungspunktes 0 1 senkrecht zur Diagonalsehne $0-2$ und zur Diagonalsehne $e-1$

$$f_{02} = -\frac{y_1}{b}\,\frac{s}{4} + \frac{y_2 \sin\alpha}{s}\,\frac{s}{4} + \frac{y_1 \sin\alpha}{2} = \frac{1}{4\sqrt{2}}\,(-2\,y_1 + y_2)\,. \qquad (47\,\mathrm{a})$$

Beim Doppelrautenträger mit Ganzrautenende gilt für die Verschiebung des Kreuzungspunktes 1 2,
senkrecht zur Diagonalsehne $1-3$

$$f_{13} = \frac{(y_1 - y_3)}{b}\,\frac{s}{4} - \frac{(y_1 - y_3)\sin\alpha}{s}\,\frac{s}{4} + \frac{y_2 \sin\alpha - x_e \cos x}{3} = \frac{1}{4\sqrt{2}}\left(3\,y_1 - \frac{8}{3}\,y_2 + y_3 - \frac{4}{3}\,x_e\right)\,, \qquad (47\,\mathrm{b})$$

senkrecht zur Diagonalsehne $e-2$

$$f_{e2} = \frac{(y_1 - y_2)}{b}\,\frac{s}{4} - \frac{(y_1 - y_3)\sin\alpha}{s}\,\frac{s}{4} + \frac{y_2 \sin\alpha + x_e \sin\alpha}{3} = \frac{1}{4\sqrt{2}}\left(3\,y_1 - \frac{8}{3}\,y_2 + y_3 + \frac{4}{3}\,x_e\right)\,. \qquad (47\,\mathrm{c})$$

Für die Verschiebung des Mittelkreuzungspunktes 1 senkrecht zur Diagonalsehne $e-2$ gilt

$$f_{e\,2} = + \frac{2\,x_e}{b}\,\frac{s}{4} - \frac{x_e \sin\alpha + y_2 \sin\alpha}{3} - \frac{x_e \sin\alpha - y_2 \sin\alpha}{3} = \frac{1}{4\,\sqrt{2}}\,\frac{16}{3}\,x_e\,. \qquad (47\,\mathrm{d})$$

Demnach ist die Differenz der Verschiebungen der beiden Kreuzungspunkte, die auf der Diagonale $e-2$ liegen,

$$\varDelta f_{e\,2} = \frac{1}{4\,\sqrt{2}}\left(\frac{16}{3}\,x_e - 3\,y_1 + \frac{8}{3}\,y_2 - y_3 - \frac{4}{3}\,x_e\right) = \frac{1}{4\,\sqrt{2}}\left(-3\,y_1 + \frac{8}{3}\,y_2 - y_3 + \frac{4}{3}\,x_e\right). \qquad (47\,\mathrm{e})$$

Wenn die Knotenpunktsverschiebungen bekannt sind, berechnet man die Biegemomente in den Diagonalen aus der Biegelinie; dabei läßt man die Annahme gelenkiger Diagonalknotenpunkte fallen. Die Einspannbedingungen werden auf Grund von Deformationsbildern, die für die verschiedenen Rautenträgersysteme nach Zahlenbeispielen aufgezeichnet sind, abgeschätzt.

3. Ableitung der Ostenfeldschen Koeffizienten.

Die Ostenfeldschen Koeffizienten werden für den halbunendlich langen Einfach- und Doppelrautenträger mit Halb- und Ganzrautenende gerechnet. Für den einfachen Rautenträger werden, da die Störlast symmetrisch ist, die Formeln nur für die symmetrischen Deformationen aufgestellt. Beim Doppelrautenträger müssen, weil die Störlast einen symmetrischen und einen antimetrischen Anteil hat, sowohl die symmetrischen als auch die antimetrischen Deformationen gerechnet werden. Demnach sind im ganzen sechs Systeme zu untersuchen, Abb. 21.

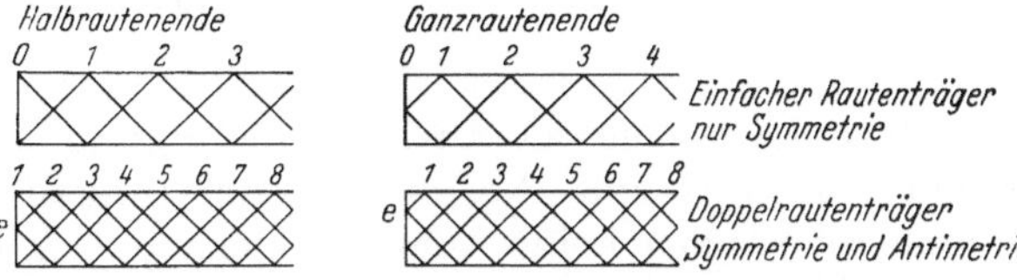

Abb. 21. Zusammenstellung der Rautenträgersysteme, für die die Ostenfeldschen Koeffizienten gerechnet werden.

In der Praxis sind die Träger immer so lang, daß die Störbelastungen an den Trägerenden sich gegenseitig nicht beeinflussen. Für Kraftangriff im Mittelstück ergibt sich der Grenzfall eines unendlich langen Trägers mit symmetrischer Biegelinie, der besonders gerechnet wird.

Für die Ableitung der Formeln wird angenommen, daß die Biegesteifigkeit der Gurte über die ganze Trägerlänge konstant ist und daß die biegesteif angeschlossenen Endpfosten die gleiche Steifigkeit haben. Für das Verhältnis von Trägerhöhe zu Diagonalschritt, das ist die waagerechte Projektion einer Diagonale, wird der feste Wert $\mathrm{tg}\,\alpha = 1{,}2$ eingeführt.

Die Aufgabe lautet, für alle Knotenpunkte die Biegemomente und Lagerreaktionen auszurechnen, die dadurch ausgelöst werden, daß ein Knotenpunkt m die Querverschiebung $y = 1$ erfährt und alle übrigen Knotenpunkte sich nicht verschieben.

Die Lösung erfolgt durch Ansetzen von Gleichungen nach dem Dreimomentensatz, Abb. 22.

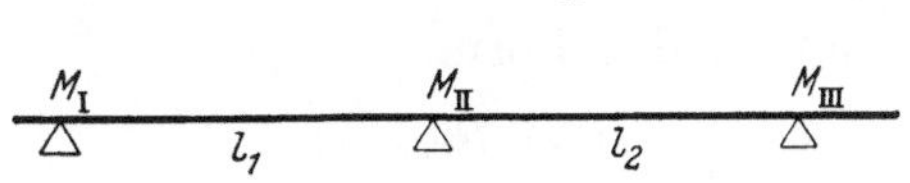

$$M_\mathrm{I}\,l_1 + 2\,M_\mathrm{II}\,(l_1 + l_2) + M_\mathrm{III}\,l_2 = 6\,E J \left(\frac{y_\mathrm{II} - y_\mathrm{I}}{l_1} + \frac{y_\mathrm{II} - y_\mathrm{III}}{l_2}\right).$$

Abb. 22. Dreimomentensatz.

Man beginnt mit dem Anschreiben des Gleichungssystems an einem Knotenpunkt, der so weit von der Stelle m entfernt ist, daß die Biegemomente auf einen vernachlässigbar kleinen Wert abgeklungen sind. Wenn man beispielsweise annimmt, daß das für den Knotenpunkt mit dem Index 100 zutrifft, so lauten die ersten Gleichungen

$$4\,M_{99} + M_{98} = 0,$$
$$M_{99} + 4\,M_{98} + M_{97} = 0,$$
$$M_{98} + 4\,M_{97} + M_{96} = 0.$$

Die Auflösung des Gleichungssystems ist einfach, weil in der ersten Gleichung nur zwei Unbekannte vorkommen.

$$M_{99} = -0{,}25 \quad M_{98} \qquad\qquad M_{95} = -0{,}26795\, M_{93}$$
$$M_{98} = -0{,}26667\, M_{97} \qquad\qquad M_{94} = -0{,}26795\, M_{93}$$
$$M_{97} = -0{,}26786\, M_{96} \qquad\qquad M_{93} = -0{,}26795\, M_{92}$$
$$M_{97} = -0{,}26794\, M_{95} \qquad\qquad M_{92} = -0{,}26795\, M_{91}.$$

Man kommt also bald zu einer konstanten Verhältniszahl

$$M_i = -0{,}26795\, M_{i-1}. \tag{48}$$

Es würde zu weit führen, die Gleichungssysteme für alle Punkte der untersuchten Rautenträger wiederzugeben; deswegen wird hier nur ein Beispiel herausgegriffen. Für die Querverschiebung $y = 1$ am Punkt 2 des einfachen Rautenträgers mit Halbrautenende nach Abb. 21 gilt das Gleichungssystem

$$M_5 + 4\,M_4 + M_3 = 0,$$
$$M_4 + 4\,M_3 + M_2 = -6\,\frac{EJ}{b^2},$$
$$M_3 + 4\,M_2 + M_1 = +\frac{12\,EJ}{b^2},$$
$$M_2 + 4\,M_1 + M_0 = -\frac{6\,EJ}{b^2},$$
$$M_1 + 4\,M_0 + M_e = 0,$$
$$M_0 + 5{,}6\,M_e = 0.$$

Die letzte Gleichung ist aus der Bedingung aufgestellt, daß an der Ecke die Winkeländerungen von Gurt und Pfosten übereinstimmen müssen und daß der Pfosten in der Mitte aus Symmetriegründen keine Winkeländerung erfahren darf.

Die Lösungen des Gleichungssystems ergeben sich in der Form

$$M = M_{mi}\,\frac{EJ}{b^2}.$$

Dabei bedeutet M_{mi} eine dimensionslose Zahl für das Biegemoment des Trägers an der Stelle m, wenn die Stelle i die Querverschiebung $y = 1$ erfährt und alle anderen Punkte sich nicht verschieben.

Die Lagerreaktionen ergeben sich aus den Biegemomenten nach Abb. 23 zu

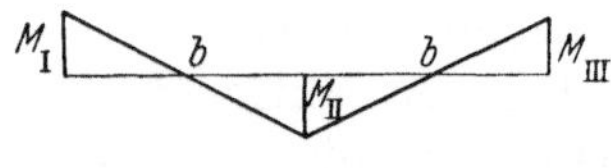

Abb. 23.
Ostenfeldsche Lagerkräfte.

$$R_\mathrm{II} = \frac{-M_\mathrm{I} + 2\,M_\mathrm{II} - M_\mathrm{III}}{b}.$$

Infolgedessen klingen die Lagerkräfte mit dem gleichen Faktor ab wie die Biegemomente,

$$R_i = -0{,}26795\, R_{1-i}. \tag{48a}$$

Die Lagerreaktionen ergeben sich in der Form

$$R = R_{mi}\,\frac{EJ}{b^3}.$$

Dabei bedeutet R_{mi} eine dimensionslose Zahl für die Lagerkraft des Trägers an der Stelle m, wenn die Stelle i die Querverschiebung $y = 1$ erfährt und alle anderen Punkte sich nicht verschieben.

Die dimensionslosen Werte für die Biegemomente M_{mi} und für die Lagerreaktionen R_{mi} sind für den Einfach- und Doppelrautenträger in Tabelle 6 bis 8 (S. 115 u. f.) zusammengestellt.

4. Beispiele.

a) Einfachrautenträger.

Als Beispiel für die Durchführung der statisch unbestimmten Rechnung am einfachen Rautenträger werden die Störspannungen in einem halbunendlich langen Träger mit Halbrautenende nach Abb. 21 mit der Kennzahl $\lambda^* = 10^{-3}$ gerechnet, bei dem im Punkt 1 die symmetrische Störlast $P/2$ angreift. Da System und Belastung symmetrisch zur waagerechten Achse sind, genügt es, die Verschiebungen des Untergurtes zu berechnen. Es werden nur fünf Knotenpunktsverschiebungen neben der Kraftangriffsstelle berücksichtigt; dabei ist willkürlich angenommen, daß in größerer Entfernung die Störkräfte vollständig abgeklungen sind.

Das Gleichungssystem (27) für diesen besonderen Fall lautet ausführlich angeschrieben:

$$Z_{11}\,y_1 + Z_{12}\,y_2 + Z_{13}\,y_3 + Z_{14}\,y_4 + Z_{15}\,y_5 + Z_{16}\,y_6 = 1,00\,\frac{P\,a^3}{2\,E\,J}$$

$$Z_{21}\,y_1 + Z_{22}\,y_2 + Z_{23}\,y_3 + Z_{24}\,y_4 + Z_{25}\,y_5 + Z_{26}\,y_6 = 0$$

$$Z_{31}\,y_1 + Z_{32}\,y_2 + Z_{33}\,y_3 + Z_{34}\,y_3 + Z_{35}\,y_5 + Z_{36}\,y_6 = 0$$

$$Z_{41}\,y_1 + Z_{42}\,y_2 + Z_{43}\,y_3 + Z_{44}\,y_4 + Z_{45}\,y_5 + Z_{46}\,y_6 = 0$$

$$Z_{51}\,y_1 + Z_{52}\,y_2 + Z_{53}\,y_3 + Z_{54}\,y_4 + Z_{55}\,y_5 + Z_{56}\,y_6 = 0$$

$$Z_{61}\,y_1 + Z_{62}\,y_2 + Z_{63}\,y_3 + Z_{64}\,y_4 + Z_{65}\,y_5 + Z_{66}\,y_6 = 0\,.$$

Im allgemeinen schreibt man kürzer nur die Matrix des Systems und gibt dabei statt der Werte Z_{mi} nur die Indices mi an.

Gleichung für Punkt	y_1	y_2	y_3	y_4	y_5	y_6	$\dfrac{P\,a^3}{2\,E\,J}$
1	11	12	13	14	15	16	1,0
2	21	22	23	24	25	26	0
3	31	32	33	34	35	36	0
4	41	42	43	44	45	46	0
5	51	52	53	54	55	56	0
6	61	62	63	64	65	66	0

Für die Berechnung der Z-Werte werden die Ostenfeldschen Koeffizienten der Tabelle 6 (S. 115) verwendet.

Für alle Werte mit gleichen Indices gilt

$$Z_{mm} = R_{mm} + 2\,\frac{1}{2\,\lambda^*}\,,$$

z. B. $Z_{11} = R_{11} + 1000 = 1012{,}7855$.

Für alle Werte mit um 1 verschiedenen Indices gilt

$$Z_{m,\,m+1} = R_{m,\,m+1} + \frac{1}{2\,\lambda^*} = R_{m,\,m+1} + \frac{1}{2\cdot 10^{-3}}\,,$$

z. B. $Z_{01} = -10{,}2874 + 500 = 489{,}7126$.

Für alle übrigen Z-Werte gilt

$$Z_{mi} = R_{mi}\,,$$

z. B. $Z_{02} = +4{,}3643$.

Wenn man diese Werte in die Matrix einsetzt, lautet das Gleichungssystem:

$$+1012{,}7855\,\bar y_1 - 489{,}7125\,\bar y_2 + 4{,}3643\,\bar y_3 - 1{,}1694\,\bar y_4 + 0{,}3133\,\bar y_5 - 0{,}0840\,\bar y_6 = 1$$

$$- 489{,}7125\,\bar y_1 + 1014{,}2412\,\bar y_2 - 489{,}3224\,\bar y_3 + 4{,}4687\,\bar y_4 + 1{,}1974\,\bar y_5 + 0{,}3209\,\bar y_6 = 0$$

$$+ 4{,}3643\,\bar y_1 + 489{,}3224\,\bar y_2 + 1014{,}3459\,\bar y_3 - 489{,}2946\,\bar y_4 + 4{,}4763\,\bar y_5 - 1{,}1994\,\bar y_6 = 0$$

$$- 1{,}1694\,\bar y_1 + 4{,}4688\,\bar y_2 - 489{,}2946\,\bar y_3 + 1014{,}3532\,\bar y_4 + 489{,}2925\,\bar y_5 + 4{,}4767\,\bar y_6 = 0$$

$$+ 0{,}3133\,\bar y_1 - 1{,}1974\,\bar y_2 + 4{,}4763\,\bar y_3 + 489{,}2925\,\bar y_4 + 1014{,}3538\,\bar y_5 + 489{,}2924\,\bar y_6 = 0$$

$$- 0{,}0840\,\bar y_1 + 0{,}3209\,\bar y_2 - 1{,}1995\,\bar y_3 + 4{,}4767\,\bar y_4 + 489{,}2924\,\bar y_5 + 1014{,}3538\,\bar y_6 = 0$$

Die Lösung ergibt die dimensionslosen senkrechten Gurtknotenpunktsverschiebungen:

Knotenpunkt	1	2	3	4	5	6
$\bar y \cdot 10^3$	1,5170	$-1{,}1037$	$+0{,}7751$	$-0{,}5198$	$+0{,}3177$	$-0{,}1496$

Für den Vergleich mit der Rechnung des unendlichfach statisch unbestimmten Ersatzsystems, die nur für den mittleren Bereich des Trägers durchgeführt wird, sind nach dem gleichen Schema auch die Deformationen im mittleren Teil des Einfachrautenträgers mit der Steifigkeit $\lambda^* = 10^{-3}$ gerechnet. Diese Rechnung wird mit verschiedenen Abklinglängen durchgeführt.

Zahl der in die Rechnung einbezogenen Gurt-Knotenpunktsverschiebungen	Dimensionslose Knotenpunktsverschiebungen $\bar{y} \cdot 10^3$ an der Stelle					
	0	1	2	3	4	5
2	+1,84	−0,88				
3	+2,45	−1,52	+0,72			
4	+2,83	−1,92	+1,18	−0,56		
5	+3,04	−2,15	+1,45	−0,88	+0,42	
6	+3,17	−2,28	+1,59	−1,07	+0,65	−0,31

Die Ergebnisse der Rechnung zeigen, daß das Verfahren konvergiert und daß es berechtigt ist, anzunehmen, daß die Störlast am siebenten Knotenpunkt abgeklungen ist; die Auslenkung an der Kraftangriffsstelle ist hierbei schätzungsweise noch um 5 % zu klein.

Wenn man die Gurtlängssteifigkeit unendlich groß setzt, d. h. mit $\lambda^* = \frac{1}{1100}$ rechnet, wird die Knotenpunktsverschiebung der Kraftangriffsstelle etwa 6 % kleiner. Der Einfluß der Gurtlängssteifigkeit ist also gering.

b) Doppelrautenträger.

Als Beispiel für die Durchführung der statisch unbestimmten Rechnung am Doppelrautenträger werden die Störspannungen in einem unendlich langen Träger nach Abb. 24 mit der Kennzahl $\lambda^* = 10^{-3}$ gerechnet. Die Deformationen der symmetrischen und antimetrischen Störlast werden getrennt ermittelt. Es werden nur acht Knotenpunktsverschiebungen neben der Kraftangriffsstelle berücksichtigt; dabei ist willkürlich angenommen, daß in größerer Entfernung die Störkräfte vollständig abgeklungen sind.

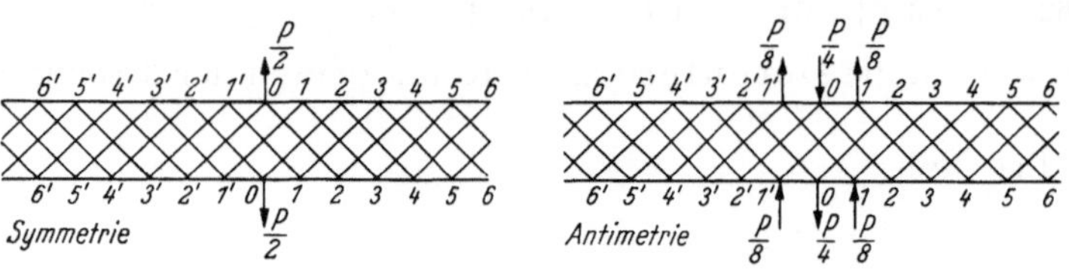

Abb. 24. Doppelrautenträger.

Es leuchtet ohne weiteres ein, daß man bei der Berechnung der symmetrischen Störbelastung die Querverschiebungen in einiger Entfernung von der Kraftangriffsstelle gleich Null setzen darf. Aus der antimetrischen Störbelastung entsteht an der Kraftangriffsstelle ein Knick, so daß die Knotenpunktsverschiebungen nicht abklingen und man daher die Krabbesche Methode nicht ohne weiteres anwenden kann. Dieser Knick wird aber nur durch die Gurtlängskräfte hervorgerufen, tritt also bei einem ideellen Träger mit unendlich großer Gurt-Längssteifigkeit nicht auf.

Als Beweis für diese Behauptung wird gezeigt, daß der Träger, Abb. 25, unter der Annahme unendlich großer Gurtlängssteifigkeit am Punkt A des Obergurtes keine Winkeländerung erfährt. Nach Kirchhoff[1] gilt für diese Winkeländerung allgemein

$$E \vartheta = (\sigma_2 - \sigma_1)\,\mathrm{ctg}\,\alpha_1 + (\sigma_2 - \sigma_3)\,\mathrm{ctg}\,\alpha_2 + (\sigma_4 - \sigma_3)\,\mathrm{ctg}\,\alpha_3 + (\sigma_4 - \sigma_5)\,\mathrm{ctg}\,\alpha_4$$
$$+ (\sigma_6 - \sigma_5)\,\mathrm{ctg}\,\alpha_5 + (\sigma_6 - \sigma_7)\,\mathrm{ctg}\,\alpha_6.$$

Abb. 25. Definitionsfigur zur Berechnung der Gurtwinkeländerung.

Bei der gezeichneten Belastung, die der einen Hälfte der antimetrischen Störlast entspricht, haben nur die Stäbe 5, 6 und 7 Kräfte. Die Dehnung von Stab 7 ist Null, weil der Gurt unendlich großen Querschnitt haben soll. Die Spannungen in den Stäben 5 und 6 sind gleich groß, weil diese gleiche Kräfte und gleichen Querschnitt haben. Wenn man die gleichen Winkel mit gleichen Indices bezeichnet, kann man für die Winkeländerung schreiben

$$E \vartheta = -\sigma_5\,\mathrm{ctg}\,\alpha_4 + (\sigma_6 - \sigma_5)\,\mathrm{ctg}\,\alpha_5 + \sigma_6\,\mathrm{ctg}\,\alpha_6 = -\sigma\,\mathrm{ctg}\,\alpha_4 + (\sigma - \sigma)\,\mathrm{ctg}\,\alpha_5 + \sigma\,\mathrm{ctg}\,\alpha_4 = 0.$$

[1] Kirchhoff: Die Statik der Bauwerke. Berlin: Wilhelm Ernst & Sohn 1951/52.

Wie vorstehend ausgeführt, beträgt der Fehler bei der Ermittlung der symmetrischen Knotenpunktsverschiebungen, wenn man die Gurtlängssteifigkeit unendlich groß setzt, ungefähr 6%. Man müßte also, wenn man bei der antimetrischen Störlast mit dem K-Wert für unendlich große Gurtlängssteifigkeit rechnet, einen Korrekturzuschlag von etwa 6% machen. Es ist einleuchtend, daß man statt dessen näherungsweise den K-Wert für endliche Gurtlängssteifigkeit verwenden und den Knick vernachlässigen kann.

Beim Anschreiben des Gleichungssystems müssen die äußeren Kräfte durch

$$\left(\frac{n}{2}\right)^3 \frac{EJ_s}{a^3} = 8 \frac{EJ_s}{a^3}$$

dividiert werden.

Die Matrix des Gleichungssystems wird für symmetrische und antimetrische Belastung gemeinsam angeschrieben:

Gleichung für Punkt	y_0	y_1	y_2	y_3	y_4	y_5	y_6	y_7	y_8	$\dfrac{P\,a^3}{2\,EJ_s}$	
										Symmetrie	Antimetrie
0	00	01+01′	02+02′	03+03′	04+04′	05+05′	06+06′	07+07′	08+08′	+0,12500	+0,06250
1	10	11+11′	12+12′	13+13′	14+14′	15+15′	16+16′	17+17′	18+18′	0	−0,03125
2	20	21+21′	22+22′	23+23′	24+24′	25+25′	26+26′	27+27′	28+28′	0	0
3	30	31+31′	32+32′	33+33′	34+34′	35+35′	36+36′	37+37′	38+38′	0	0
4	40	41+41′	42+42′	43+43′	44+44′	45+45′	46+46′	47+47′	48+48′	0	0
5	50	51+51′	52+52′	53+53′	54+54′	55+55′	56+56′	57+57′	58+58′	0	0
6	60	61+61′	62+62′	63+63′	64+64′	65+65′	66+66′	67+67′	68+68′	0	0
7	70	71+71′	72+72′	73+73′	74+74′	75+75′	76+76′	77+77′	78+78′	0	0
8	80	81+81′	82+82′	83+83′	84+84′	85+85′	86+86′	87+87′	88+88′	0	0

Die senkrechte Komponente einer Diagonalkraft ist

$$K = \left(\frac{2}{n}\right)^4 \frac{1}{2\,\lambda^*} = \frac{1}{16}\,\frac{1}{2\cdot 10^{-3}} = 31{,}25\,.$$

Für alle Z-Werte mit gleichen Indices gilt

$$Z_{mm} = R_{mm} + 2K = 14{,}3538 + 2\cdot 31{,}25 = 76{,}8538\,.$$

Für alle Z-Werte mit um 2 verschiedenen Indices gilt bei symmetrischer Störlast

$$Z_{m,m+2} = R_{02} + K = 4{,}4768 + 31{,}25 = 35{,}7268\,,$$

bei antimetrischer Störlast

$$Z_{m,m+2} = R_{02} - K = 4{,}4768 - 31{,}25 = -26{,}7732\,.$$

Für alle übrigen Z-Werte gilt

$$Z_{mi} = R_{mi}\,,$$

$$\text{z. B. } Z_{36} = -1{,}1996\,.$$

Die Gleichungssysteme für die symmetrische und antimetrische Störlast unterscheiden sich nur durch die Z-Werte mit um 2 verschiedenen Indices und die Glieder der äußeren Belastung. Man dividiert die erste Gleichung durch 2, damit das Gleichungssystem symmetrisch zur Diagonale und das Auflösen entsprechend einfacher wird.

Für die symmetrische Störlast gilt:

$$+38{,}4269\,\bar{y}_0 - 10{,}7077\,\bar{y}_1 + 35{,}7248\,\bar{y}_2 - 1{,}1996\,\bar{y}_3 + 0{,}3214\,\bar{y}_4 - 0{,}0861\,\bar{y}_5 + 0{,}0232\,\bar{y}_6 - 0{,}0062\,\bar{y}_7 + 0{,}0017\,\bar{y}_8 = +0{,}0625$$
$$-10{,}7077\,\bar{y}_0 + 112{,}5786\,\bar{y}_1 - 11{,}9073\,\bar{y}_2 + 36{,}0462\,\bar{y}_3 - 1{,}2857\,\bar{y}_4 + 0{,}3445\,\bar{y}_5 - 0{,}0923\,\bar{y}_6 + 0{,}0248\,\bar{y}_7 - 0{,}0066\,\bar{y}_8 = 0$$
$$+35{,}7248\,\bar{y}_0 - 11{,}9073\,\bar{y}_1 + 77{,}1752\,\bar{y}_2 - 10{,}7938\,\bar{y}_3 + 35{,}7479\,\bar{y}_4 - 1{,}2058\,\bar{y}_5 + 0{,}3231\,\bar{y}_6 - 0{,}0865\,\bar{y}_7 + 0{,}0232\,\bar{y}_8 = 0$$
$$-1{,}1996\,\bar{y}_0 + 36{,}0462\,\bar{y}_1 - 10{,}7938\,\bar{y}_2 + 76{,}8769\,\bar{y}_3 - 10{,}7139\,\bar{y}_4 + 35{,}7265\,\bar{y}_5 - 1{,}2000\,\bar{y}_6 + 0{,}3215\,\bar{y}_7 - 0{,}0861\,\bar{y}_8 = 0$$
$$+0{,}3214\,\bar{y}_0 - 1{,}2857\,\bar{y}_1 + 35{,}7479\,\bar{y}_2 - 10{,}7139\,\bar{y}_3 + 76{,}8555\,\bar{y}_4 - 10{,}7081\,\bar{y}_5 + 35{,}7249\,\bar{y}_6 - 1{,}1996\,\bar{y}_7 + 0{,}3214\,\bar{y}_8 = 0$$
$$-0{,}0861\,\bar{y}_0 + 0{,}3445\,\bar{y}_1 - 1{,}2058\,\bar{y}_2 + 35{,}7265\,\bar{y}_3 - 10{,}7081\,\bar{y}_4 + 76{,}8539\,\bar{y}_5 - 10{,}7077\,\bar{y}_6 + 35{,}7248\,\bar{y}_7 - 1{,}1996\,\bar{y}_8 = 0$$
$$+0{,}0231\,\bar{y}_0 - 0{,}0923\,\bar{y}_1 + 0{,}3231\,\bar{y}_2 - 1{,}2000\,\bar{y}_3 + 35{,}7249\,\bar{y}_4 - 10{,}7077\,\bar{y}_5 + 76{,}8538\,\bar{y}_6 - 10{,}7077\,\bar{y}_7 + 35{,}7248\,\bar{y}_8 = 0$$
$$-0{,}0062\,\bar{y}_0 + 0{,}0248\,\bar{y}_1 - 0{,}0865\,\bar{y}_2 + 0{,}3215\,\bar{y}_3 - 1{,}1996\,\bar{y}_4 + 35{,}7248\,\bar{y}_5 - 10{,}7077\,\bar{y}_6 + 76{,}8538\,\bar{y}_7 - 10{,}7077\,\bar{y}_8 = 0$$
$$+0{,}0017\,\bar{y}_0 - 0{,}0066\,\bar{y}_1 + 0{,}0232\,\bar{y}_2 - 0{,}0861\,\bar{y}_3 + 0{,}3214\,\bar{y}_4 - 1{,}1996\,\bar{y}_5 + 35{,}7248\,\bar{y}_6 - 10{,}7077\,\bar{y}_7 + 76{,}8538\,\bar{y}_8 = 0$$

Für die antimetrische Störlast gilt:

$$+38{,}4269\,\bar{y}_0-10{,}7077\,\bar{y}_1-26{,}7752\,\bar{y}_2-1{,}1996\,\bar{y}_3+0{,}3214\,\bar{y}_4-0{,}0861\,\bar{y}_5+0{,}0231\,\bar{y}_6-0{,}0062\,\bar{y}_7+0{,}0017\,\bar{y}_8=+0{,}03185$$
$$-10{,}7077\,\bar{y}_0+50{,}0785\,\bar{y}_1-11{,}9073\,\bar{y}_2-26{,}4538\,\bar{y}_3-1{,}2857\,\bar{y}_4+0{,}3445\,\bar{y}_5-0{,}0923\,\bar{y}_6+0{,}0248\,\bar{y}_7-0{,}0066\,\bar{y}_8=-0{,}03125$$
$$-26{,}7752\,\bar{y}_0-11{,}9073\,\bar{y}_1+77{,}1752\,\bar{y}_2-10{,}7938\,\bar{y}_3-26{,}7521\,\bar{y}_4-1{,}2058\,\bar{y}_5+0{,}3231\,\bar{y}_6-0{,}0865\,\bar{y}_7+0{,}0232\,\bar{y}_8=0$$
$$-1{,}1996\,\bar{y}_0-26{,}4538\,\bar{y}_1-10{,}7938\,\bar{y}_2+76{,}8769\,\bar{y}_3-10{,}7139\,\bar{y}_4-26{,}7735\,\bar{y}_5-1{,}2000\,\bar{y}_6+0{,}3215\,\bar{y}_7-0{,}0861\,\bar{y}_8=0$$
$$+0{,}3214\,\bar{y}_0-1{,}2857\,\bar{y}_1-26{,}7521\,\bar{y}_2-10{,}7139\,\bar{y}_3+76{,}8555\,\bar{y}_4-10{,}7081\,\bar{y}_5-26{,}7751\,\bar{y}_6-1{,}1996\,\bar{y}_7+0{,}3214\,\bar{y}_8=0$$
$$-0{,}0861\,\bar{y}_0+0{,}3445\,\bar{y}_1-1{,}2058\,\bar{y}_2-26{,}7735\,\bar{y}_3-10{,}7081\,\bar{y}_4+76{,}8539\,\bar{y}_5-10{,}7077\,\bar{y}_6-26{,}7752\,\bar{y}_7-1{,}1996\,\bar{y}_8=0$$
$$+0{,}0231\,\bar{y}_0-0{,}0923\,\bar{y}_1+0{,}3231\,\bar{y}_2-1{,}2000\,\bar{y}_3-26{,}7751\,\bar{y}_4-10{,}7077\,\bar{y}_5+76{,}8538\,\bar{y}_6+10{,}7077\,\bar{y}_7-26{,}7752\,\bar{y}_8=0$$
$$-0{,}0062\,\bar{y}_0+0{,}0248\,\bar{y}_1-0{,}0865\,\bar{y}_2+0{,}3215\,\bar{y}_3-1{,}1996\,\bar{y}_4-26{,}7752\,\bar{y}_5-10{,}7077\,\bar{y}_6+76{,}8538\,\bar{y}_7-10{,}7077\,\bar{y}_8=0$$
$$+0{,}0017\,\bar{y}_0-0{,}0066\,\bar{y}_1+0{,}0232\,\bar{y}_2-0{,}0861\,\bar{y}_3+0{,}3214\,\bar{y}_4-1{,}1996\,\bar{y}_5-26{,}7752\,\bar{y}_6-10{,}7077\,\bar{y}_7+76{,}8538\,\bar{y}_8=0$$

Die Lösung ergibt die dimensionslosen senkrechten Gurtknotenpunktsverschiebungen $\bar{y}$:

Knotenpunkt	0	1	2	3	4	5	6	7	8
Symmetrie	$+4{,}2301$	$+0{,}2474$	$-2{,}7528$	$-0{,}3702$	$+1{,}7056$	$+0{,}3395$	$-0{,}9637$	$-0{,}2087$	$+0{,}4174\cdot10^{-3}$
Antimetrie	$+0{,}8424$	$-0{,}4465$	$+0{,}2260$	$-0{,}1096$	$+0{,}0531$	$-0{,}0242$	$+0{,}0120$	$-0{,}0046$	$+0{,}0027\cdot10^{-3}$
Untergurt	$+5{,}0725$	$-0{,}1991$	$-2{,}5268$	$-0{,}4798$	$+1{,}7587$	$+0{,}3153$	$-0{,}9517$	$-0{,}2133$	$+0{,}4201\cdot10^{-3}$
Obergurt	$+3{,}3877$	$+0{,}6939$	$-2{,}9788$	$-0{,}2606$	$+1{,}6525$	$+0{,}3637$	$-0{,}9757$	$-0{,}2041$	$+0{,}4147\cdot10^{-3}$

c) Eineinhalbfachrautenträger.

Als Beispiel für die Durchführung der statisch unbestimmten Rechnung am Eineinhalbfachrautenträger werden die Störspannungen in einem unendlich langen Träger nach Abb. 26 mit der Kennzahl $\lambda^* = 10^{-3}$ gerechnet. Da der Eineinhalbfachrautenträger nicht symmetrisch zur waagerechten Achse ist, kann man die Störbelastung nicht in Symmetrie und Antimetrie zerlegen, sondern muß Bestimmungsgleichungen für die Knotenpunktsverschiebungen am Ober- und Untergurt ansetzen. Es werden nur sieben Knotenpunktsverschiebungen am Untergurt und zehn Knotenpunktsverschiebungen am Obergurt berücksichtigt; dabei ist willkürlich angenommen, daß in größerer Entfernung die Störkräfte vollkommen abgeklungen sind.

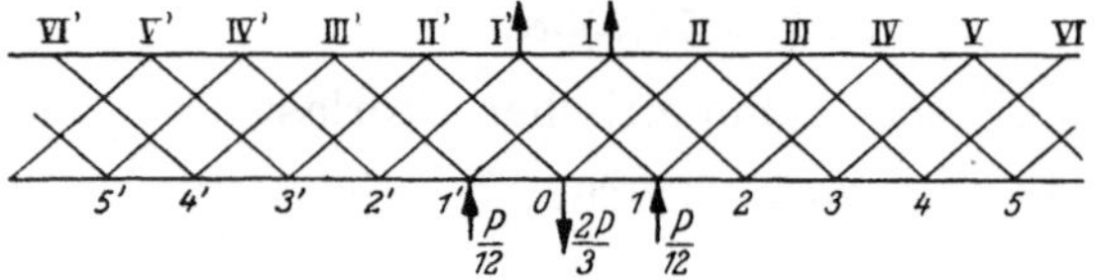

Abb. 26. Eineinhalbfachrautenträger.

Beim Anschreiben des Gleichungssystems müssen die äußeren Kräfte durch

$$\left(\frac{n}{2}\right)^3\frac{E J_s}{a^3}=\frac{27}{8}\,\frac{E J_s}{a^3}$$

dividiert werden.

Knotenpunktsverschiebungen auf verschiedenen Gurten beeinflussen sich nur dann gegenseitig, wenn die betreffenden Knotenpunkte durch eine Diagonale verbunden sind. Folglich sind beim Gleichgewicht jedes Untergurtknotenpunktes nur jeweils zwei Obergurtknotenpunktsverschiebungen zu berücksichtigen und umgekehrt.

Die Matrix des Gleichungssystems lautet:

Gleichung für Punkt	y_0	y_1	y_2	y_3	y_I	y_II	y_III	y_IV	y_V	$\dfrac{P\,e^3}{2\,E\,J}$
0	00	01 + 01′	02 + 02′	03 + 03′		0 II				$+0{,}39506$
1	10	11 + 11′	12 + 12′	13 + 13′	1 I′		1 III			$-0{,}04938$
2	20	21 + 21′	22 + 22′	23 + 23′	2 I			2 IV		0
3	30	31 + 31′	32 + 32′	33 + 33′		3 II			3 V	0
I		I 1′	I 2		I I + I I′	I II + I II′	I III + I III′	I IV + I IV′	I V + I V′	$+0{,}14815$
II	II 0			II 3	II I + II I′	II II + II II′	II III + II III′	II IV + II IV′	II V + II V′	0
III		III 1			III I + III I′	III II + III II′	III III + III III′	III IV + III IV′	III V + III V′	0
IV			IV 2		IV I + IV I′	IV II + IV II′	IV III + IV III′	IV IV + IV IV′	IV V + IV V′	0
V				V 3	V I + V I′	V II + V II′	V III + V III′	V IV + V IV′	V V + V V′	0

Die senkrechte Komponente einer Diagonalkraft ist

$$K=\left(\frac{2}{n}\right)^4\frac{1}{2\,\lambda^*}=\left(\frac{2}{3}\right)^4\frac{1}{2\cdot10^{-3}}=98{,}7654\,.$$

Für alle Z-Werte mit gleichen Indices gilt

$$Z_{mm} = R_{mm} + 2K = 14{,}3538 + 2 \cdot 98{,}7654 = 211{,}8846.$$

Für alle Z-Werte mit verschiedenen Indices gilt, wenn die beiden betrachteten Punkte auf demselben Gurt liegen,

$$Z_{mi} = R_{mi},$$

wenn die beiden betrachteten Punkte auf verschiedenen Gurten liegen,

$$Z_{mi} = 98{,}7654.$$

Man dividiert die erste Gleichung durch 2, damit das Gleichungssystem symmetrisch zur Diagonale und das Auflösen entsprechend einfacher wird.

$$
\begin{aligned}
&+105{,}9423\,\bar{y}_0 - 10{,}7077\,\bar{y}_1 + 4{,}4768\,\bar{y}_2 - 1{,}1996\,\bar{y}_3 & & -98{,}7654\,\bar{y}_{\mathrm{II}} & & & & & &= +0{,}19753\\
&-10{,}7077\,\bar{y}_0 + 216{,}3614\,\bar{y}_1 - 11{,}9073\,\bar{y}_2 + 4{,}7982\,\bar{y}_3 + 98{,}7654\,\bar{y}_{\mathrm{I}} & & & +98{,}7654\,\bar{y}_{\mathrm{III}} & & & &= -0{,}04938\\
&+4{,}4768\,\bar{y}_0 - 11{,}9073\,\bar{y}_1 + 212{,}2060\,\bar{y}_2 - 10{,}7938\,\bar{y}_3 + 98{,}7654\,\bar{y}_{\mathrm{I}} & & & & +98{,}7654\,\bar{y}_{\mathrm{IV}} & & &= 0\\
&-1{,}1996\,\bar{y}_0 + 4{,}7982\,\bar{y}_1 - 10{,}7938\,\bar{y}_2 + 211{,}9077\,\bar{y}_3 & & +98{,}7654\,\bar{y}_{\mathrm{II}} & & & +98{,}7654\,\bar{y}_{\mathrm{V}} &= 0\\
&+98{,}7654\,\bar{y}_1 + 98{,}7654\,\bar{y}_2 & & +201{,}1769\,\bar{y}_{\mathrm{I}} - 6{,}2309\,\bar{y}_{\mathrm{II}} + 3{,}2772\,\bar{y}_{\mathrm{III}} - 0{,}8782\,\bar{y}_{\mathrm{IV}} + 0{,}2353\,\bar{y}_{\mathrm{V}} &= +0{,}14815\\
&+98{,}7654\,\bar{y}_0 & & +98{,}7654\,\bar{y}_3 - 6{,}2309\,\bar{y}_{\mathrm{I}} + 210{,}6850\,\bar{y}_{\mathrm{II}} - 10{,}3863\,\bar{y}_{\mathrm{III}} + 4{,}3907\,\bar{y}_{\mathrm{IV}} - 1{,}1765\,\bar{y}_{\mathrm{V}} &= 0\\
&+98{,}7654\,\bar{y}_1 & & -3{,}2772\,\bar{y}_{\mathrm{I}} - 10{,}3863\,\bar{y}_{\mathrm{II}} + 211{,}7985\,\bar{y}_{\mathrm{III}} - 10{,}6846\,\bar{y}_{\mathrm{IV}} + 4{,}4706\,\bar{y}_{\mathrm{V}} &= 0\\
&+98{,}7654\,\bar{y}_2 & & -0{,}8782\,\bar{y}_{\mathrm{I}} + 4{,}3907\,\bar{y}_{\mathrm{II}} - 10{,}6846\,\bar{y}_{\mathrm{III}} + 211{,}8784\,\bar{y}_{\mathrm{IV}} - 10{,}7060\,\bar{y}_{\mathrm{V}} &= 0\\
&+98{,}7654\,\bar{y}_3 & & +0{,}2353\,\bar{y}_{\mathrm{I}} - 1{,}1765\,\bar{y}_{\mathrm{II}} + 4{,}4706\,\bar{y}_{\mathrm{III}} - 10{,}1060\,\bar{y}_{\mathrm{IV}} + 211{,}8842\,\bar{y}_{\mathrm{V}} &= 0
\end{aligned}
$$

Die Lösung ergibt die dimensionslosen senkrechten Gurtknotenpunktsverschiebungen:

Knotenpunkt	0	1	2	3	I	II	III	IV	V
$\bar{y} \cdot 10^3$	$+4{,}4293$	$-1{,}0815$	$-1{,}1537$	$+1{,}6509$	$+1{,}7449$	$-2{,}7961$	$+0{,}3859$	$+0{,}5838$	$-0{,}7655$

B. Unendlichfach statisch unbestimmtes Ersatzsystem.
(Rechnung nach der Differentialgleichung.)

Der Rautenträger wird für die Rechnung durch ein kontinuierliches System ersetzt mit unendlich dicht stehenden Diagonalen, die je Längeneinheit des Gurtes die Zugsteifigkeit F_d/b haben. Die Biegesteifigkeit der Diagonalen wird als vernachlässigbar klein angenommen. Die Zugsteifigkeit der Gurte wird als unendlich groß angesetzt, so daß deren Längenänderungen als unendlich klein vernachlässigt werden können. Die Biegesteifigkeit der Gurte ist beim endlich statisch unbestimmten und beim kontinuierlichen Ersatzsystem gleich groß.

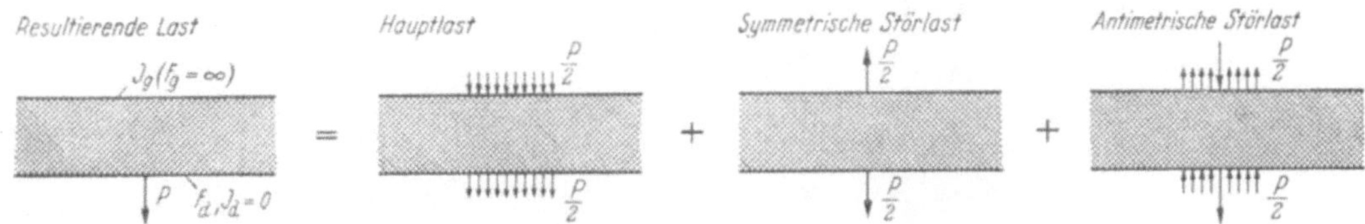

Abb. 27. Kontinuierliches System mit Einzellast.

Bei den folgenden Ableitungen ist angenommen, daß die Belastung am Untergurt angreift. Für obenliegende Fahrbahn gelten grundsätzlich dieselben Überlegungen; es ändert sich nur das Vorzeichen.

1. Kraftzerlegung.

Die Hauptbelastung, die von dem Rautenträger aufgenommen werden kann, ohne daß die Biegesteifigkeit der Gurte zum Mittragen herangezogen werden muß, wurde beim endlichen System definiert als die Belastung, die um die waagerechte Achse antimetrisch sein und allen Diagonalen unmittelbar gleiche Kräfte geben muß. Nach dieser Definition ist die Hauptbelastung beim kontinuierlichen System eine am Ober- und Untergurt nach unten wirkende Belastung $P/2$, die über die Breite a gleichmäßig verteilt angreift.

Die Störlast und infolgedessen auch die **resultierende Ersatzlast** am kontinuierlichen System, die die Einzellast des endlichen Systems ersetzen soll, sind abhängig vom System

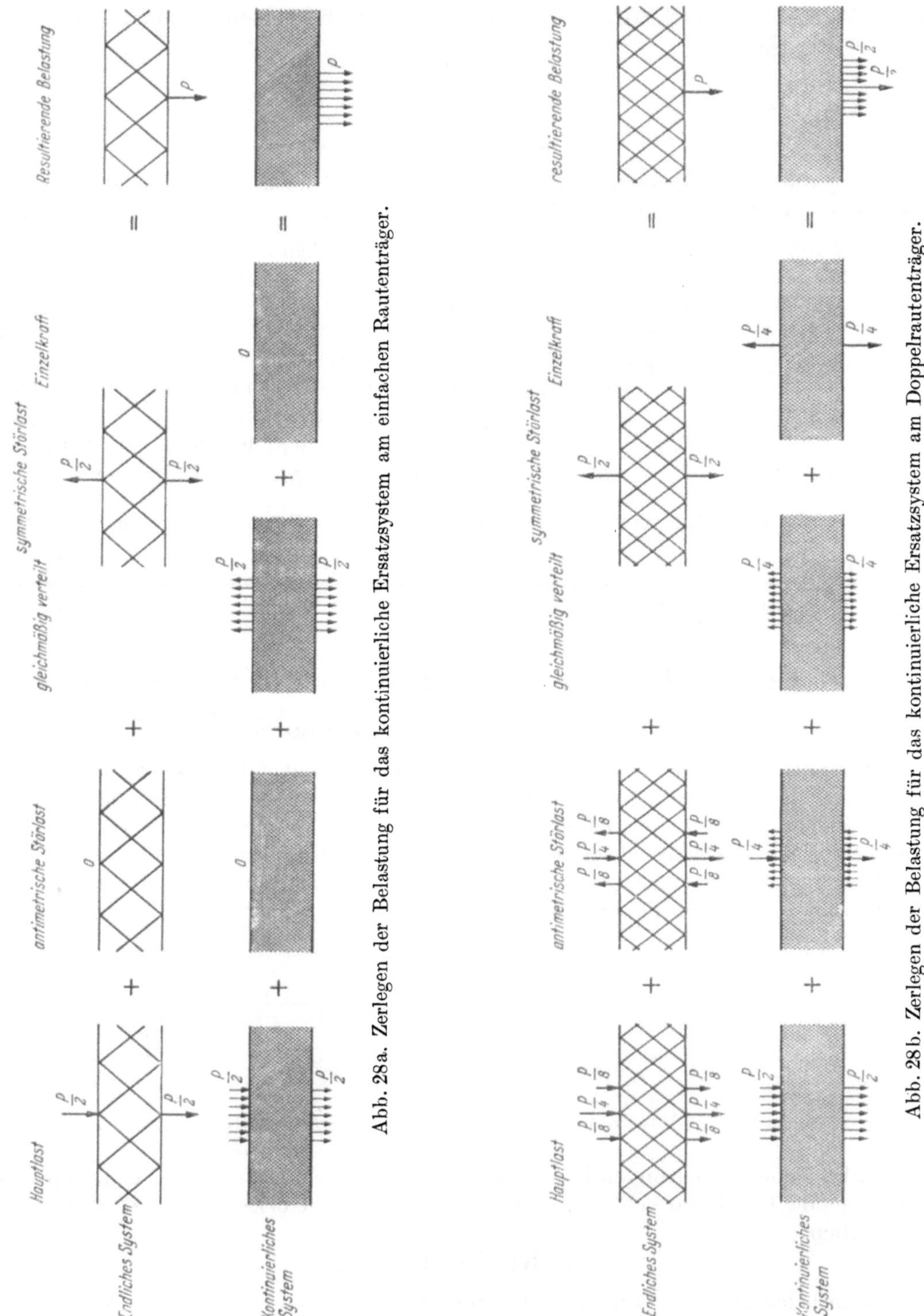

Abb. 28a. Zerlegen der Belastung für das kontinuierliche Ersatzsystem am einfachen Rautenträger.

Abb. 28b. Zerlegen der Belastung für das kontinuierliche Ersatzsystem am Doppelrautenträger.

des endlichen Rautenträgers (einfach, doppelt usw.), der durch den kontinuierlichen Träger ersetzt wird.

Beim endlichen einfachen Rautenträger ist die Störbelastung die zur waagerechten Achse symmetrische Gleichgewichtsgruppe, die zur Hauptbelastung addiert werden muß, damit der

Obergurt kräftefrei wird. Dementsprechend ist die Störbelastung für das kontinuierliche System eine symmetrische, über die Breite a gleichmäßig verteilte Belastung am Ober- und

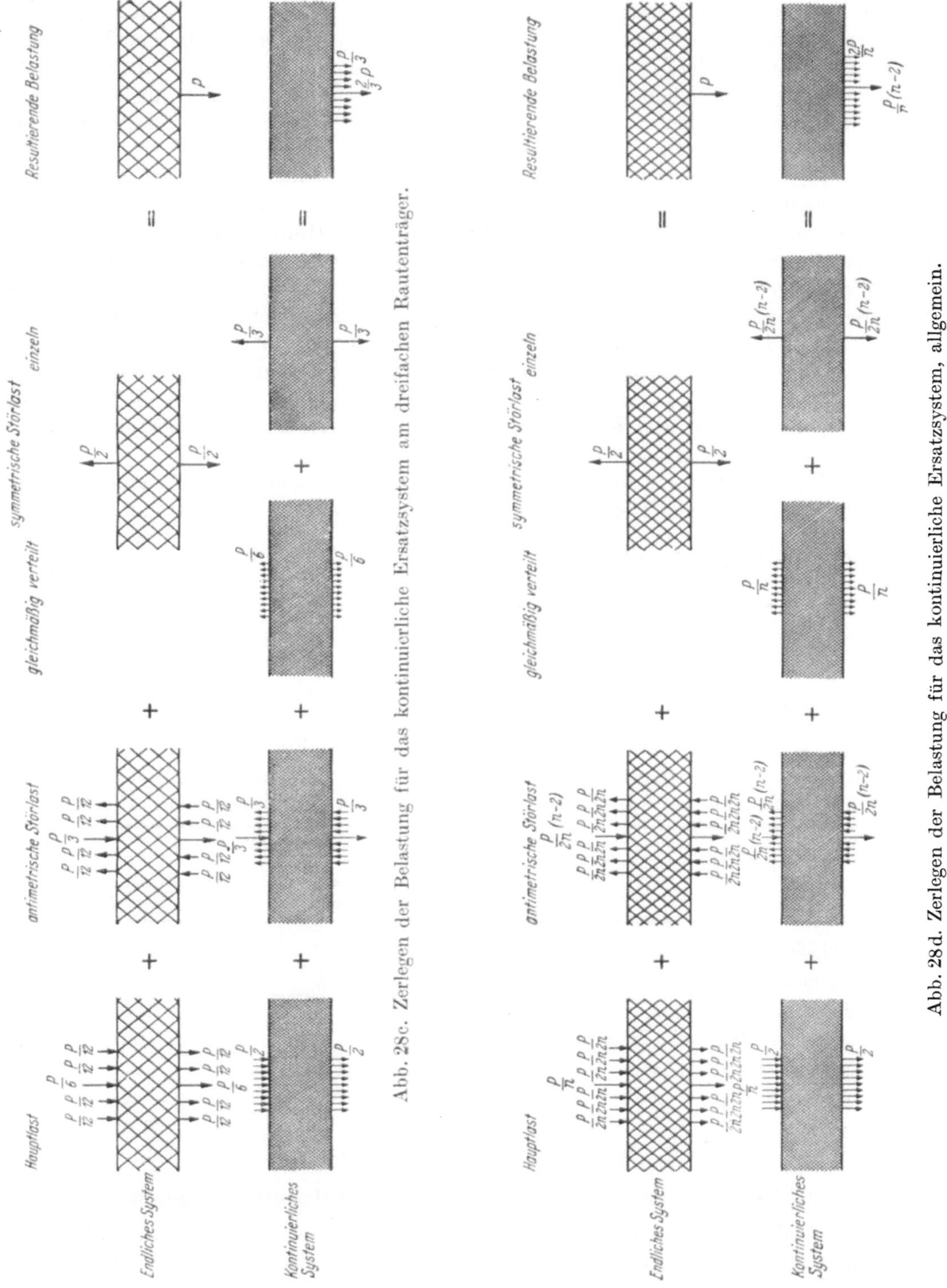

Untergurt, Abb. 28a. Beim Zusammenzählen von Haupt- und Störlast ergibt sich als resultierende Ersatzlast für eine Einzelkraft P an einem Untergurtknotenpunkt des endlichen Systems beim kontinuierlichen System eine über die Breite a gleichmäßig verteilte Belastung am Untergurt.

Der Vielfachrautenträger kommt dem kontinuierlichen System mit unendlich vielen Diagonalen nahe; infolgedessen bleibt die Einzellast am Untergurt näherungsweise auch am kontinuierlichen Ersatzsystem als Einzellast bestehen. Die Störlast ergibt sich als die Differenz zwischen der resultierenden Einzellast am Untergurt und der über die Breite a gleichmäßig verteilten antimetrischen Hauptbelastung nach Abb. 27 als eine antimetrische Belastung $P/2$ (an jedem Gurt eine Gleichgewichtsgruppe für sich) und eine symmetrische Einzellast $P/2$.

Für alle anderen endlichen Rautenträgersysteme liegt die Ersatzlast am kontinuierlichen System zwischen den beiden Extremen, ist also teilweise eine Einzellast und teilweise eine gleichmäßig verteilte Belastung.

Das Gesetz, durch das allgemein die Ersatzlast am kontinuierlichen System bestimmt ist, lautet folgendermaßen:

Man geht von der gleichmäßig verteilten antimetrischen Hauptbelastung aus, addiert dazu die antimetrische Störbelastung, deren Größe vom endlichen System her bekannt ist und die beim kontinuierlichen Träger an jedem Gurt aus einer Einzellast und einer gleich großen entgegengesetzt gerichteten, über die Strecke a gleichmäßig verteilten Belastung besteht, und ergänzt dann die symmetrische Störbelastung derart, daß der Obergurt kräftefrei wird. Die antimetrische Störbelastung gibt den Unterschied zwischen dem belasteten und dem unbelasteten Trägergurt und muß beim kontinuierlichen System erhalten bleiben, damit die errechneten Deformationen und Kräfte jeweils dem endlichen Rautenträger entsprechen, der durch das kontinuierliche System ersetzt wird.

Abb. 28a bis c zeigt die Anwendung dieser Überlegungen auf den einfachen, zweifachen und dreifachen Rautenträger. Die Erweiterung auf den n-fachen Rautenträger ergibt je Gurt

$$
\begin{aligned}
&\text{für die Hauptbelastung} &&\frac{P}{2}, \\
&\text{für die Störbelastung antimetrisch} &&P\,\frac{n-2}{2\,n}, \\
&\text{symmetrisch gleichmäßig verteilt} &&\frac{P}{n}, \\
&\text{symmetrisch als Einzelkraft} &&P\,\frac{n-2}{2\,n}.
\end{aligned}
\tag{49}
$$

Diese Formeln sind nachstehend für die verschiedenen Rautenträger ausgewertet. Man bekommt auf diesem schematischen Wege auch die Werte für die nicht symmetrischen Rautenträger (eineinhalbfach, zweieinhalbfach usw.), die sich nicht unmittelbar ableiten lassen.

Art des Rautenträgers	n	Haupt-belastung	Störbelastung		
			anti-metrisch	symmetrisch verteilt	einzeln
einfach	2	$\frac{1}{2}$	0	$\frac{1}{2}$	0
eineinhalbfach	3	$\frac{1}{2}$	$\frac{1}{6}$	$\frac{1}{3}$	$\frac{1}{6}$
doppelt	4	$\frac{1}{2}$	$\frac{1}{4}$	$\frac{1}{4}$	$\frac{1}{4}$
zweieinhalbfach	5	$\frac{1}{2}$	$\frac{3}{10}$	$\frac{1}{5}$	$\frac{3}{10}$
dreifach	6	$\frac{1}{2}$	$\frac{1}{3}$	$\frac{1}{6}$	$\frac{1}{3}$
unendlich	∞	$\frac{1}{2}$	$\frac{1}{2}$	0	$\frac{1}{2}$

2. Symmetrische Gurtbelastung.

a) Aufstellen und allgemeine Lösung der Differentialgleichung.

Wenn die beiden Gurte eines Trägers symmetrisch belastet sind, sind auch alle Deformationen symmetrisch, und es gilt für beide Gurte dieselbe Differentialgleichung. Diese ergibt sich, wenn auf den Träger nur eine symmetrische Einzelkraft wirkt, aus der Bedingung, daß an jeder beliebigen Stelle, an der die äußere Last nicht angreift, die Gurte nur durch die senkrechten Komponenten der Diagonalkräfte belastet sind, zu

$$
E\,J_g \cdot \frac{d^4 y}{d\,x^4} - (d_r + d_l)\sin\alpha = 0 .
\tag{50}
$$

Wenn man in dieser Gleichung die Diagonalkräfte durch die Längenänderung und diese nach Abb. 29 durch die Gurtdurchbiegungen ausdrückt,

$$d_r = \frac{E F_d}{b} \frac{\Delta s}{s} = -\frac{E F_d}{b s} [y_{(x)} + y_{(x+a)}] \sin \alpha ,$$

$$d_l = \frac{E F_d}{b} \frac{\Delta s}{s} = -\frac{E F_d}{b s} [y_{(x)} + y_{(x-a)}] \sin \alpha , \qquad (51)$$

und die ganze Gleichung durch $\dfrac{E F_d \sin^2 \alpha}{b s}$ dividiert, damit alle konstanten Glieder zusammengefaßt sind, ergibt sich

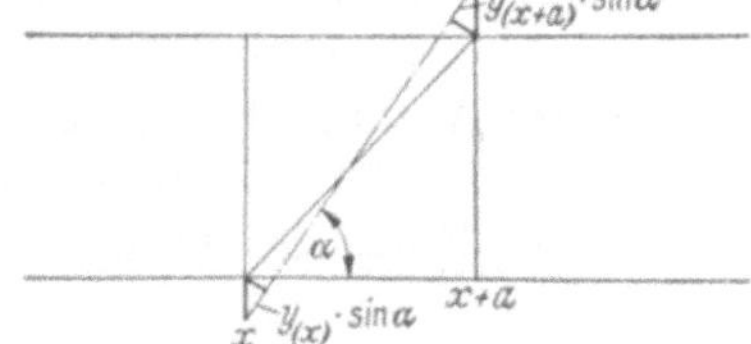

Abb. 29. Diagonalkräfte.

$$\frac{J_g b s}{F_d \sin^2 \alpha} y_{(x)}^{(\mathrm{IV})} + 2 y_{(x)} + y_{(x+a)} + y_{(x-a)} = 0 . \qquad (51\text{a})$$

In diese Gleichung die allgemeine Lösung für eine lineare homogene Differentialgleichung

$$y = A\, e^{\frac{r}{a} x} \qquad (52)$$

eingesetzt, ergibt

$$\frac{J_g b s}{F_d \sin^2 \alpha} \frac{r^4}{a^4} A\, e^{\frac{r x}{a}} + 2 A\, e^{\frac{r x}{a}} + A\, e^{\frac{r x}{a}} e^{r} + A\, e^{\frac{r x}{a}} e^{-r} = 0 ,$$

$$\lambda r^4 + \frac{1}{2} (e^{r} + e^{-r}) + 1 = 0 , \qquad (53)$$

mit der Abkürzung

$$\lambda = \frac{J_g b s}{2 F_d a^4 \sin^2 \alpha} = \frac{J_g b}{2 F_d a^3 \sin^2 \alpha \cos \alpha} . \qquad (54)$$

Wenn man in Gl. (53) für r den komplexen Wert $r = \omega + i \nu$ einsetzt, erhält man

$$\lambda (\omega + i \nu)^4 + \frac{1}{2} (e^{\omega + i \nu} + e^{-\omega - i \nu}) + 1 = 0 ,$$

$$\lambda (\omega^4 + 4 \omega^3 \nu i - 6 \omega^2 \nu^2 - 4 \omega \nu^3 \cdot i + \nu^4) + (\mathfrak{Cof}\, \omega \cos \nu + i\, \mathfrak{Sin}\, \omega \sin \nu) + 1 = 0 .$$

Damit zerfällt Gl. (53) entsprechend ihrem Real- und Imaginärteil in zwei Bestimmungsgleichungen für ω und ν,

$$\lambda (\omega^4 - 6 \omega^2 \nu^2 + \nu^4) + \mathfrak{Cof}\, \omega \cos \nu + 1 = 0 ,$$

$$\lambda \cdot 4 \omega \nu (\omega^2 - \nu^2) + \mathfrak{Sin}\, \omega \sin \nu \quad = 0 . \qquad (55)$$

Die Gleichungen haben unendlich viele Lösungen. Sie lassen sich im allgemeinen in geschlossener Form nicht lösen. Man kann nur einige ausgezeichnete Werte rechnen und damit die Kurven für ω und ν in Abhängigkeit von λ ungefähr aufzeichnen, Abb. 30. Beliebige Lösungen der Gleichungen findet man durch Probieren, indem man geschätzte Werte für ω und ν einsetzt und dann die aus den beiden Gleichungen ausgerechneten λ-Werte miteinander vergleicht.

Es gelten jeweils die Lösungspaare

$$r_1 = -\omega + i \nu , \qquad r_3 = +\omega + i \nu ,$$

$$r_2 = -\omega - i \nu , \qquad r_4 = +\omega - i \nu . \qquad (56)$$

Die vollständige Lösung der Differentialgleichung lautet demnach

$$y = \sum_{i=\infty}^{i=1} \left[A_{1i} e^{\frac{-\omega_i + i \nu_i}{a} x} + A_{2i} e^{\frac{-\omega_i - i \nu_i}{a} x} + A_{3i} e^{\frac{+\omega_i + i \nu_i}{a} x} + A_{4i} e^{\frac{+\omega_i - i \nu_i}{a} x} \right] ,$$

oder in reeller Form angeschrieben

$$y = \sum_{i=\infty}^{i=1} \left[C_{c_i} e^{-\frac{\omega_i x}{a}} \cos \frac{\nu_i x}{a} + C_{s_i} e^{-\frac{\omega_i x}{a}} \sin \frac{\nu_i x}{a} + D_{c_i} e^{+\frac{\omega_i x}{a}} \cos \frac{\nu_i x}{a} + D_{s_i} e^{+\frac{\omega_i x}{a}} \sin \frac{\nu_i x}{a} \right] . \qquad (57)$$

ω bedeutet die Abklinggeschwindigkeit und v die Abklingperiode. Die Werte $e^{-\frac{\omega x}{a}}$ nehmen mit größer werdendem x ab; deswegen dienen die Integrationskonstanten C dazu, Grenzbedingungen am Anfang des Trägers, an der Stelle $x = 0$ zu erfüllen. Die Werte $e^{+\frac{\omega x}{a}}$ nehmen mit kleiner werdendem x ab; deswegen dienen die Integrationskonstanten D dazu, Grenzbedingungen am Ende des Trägers zu erfüllen.

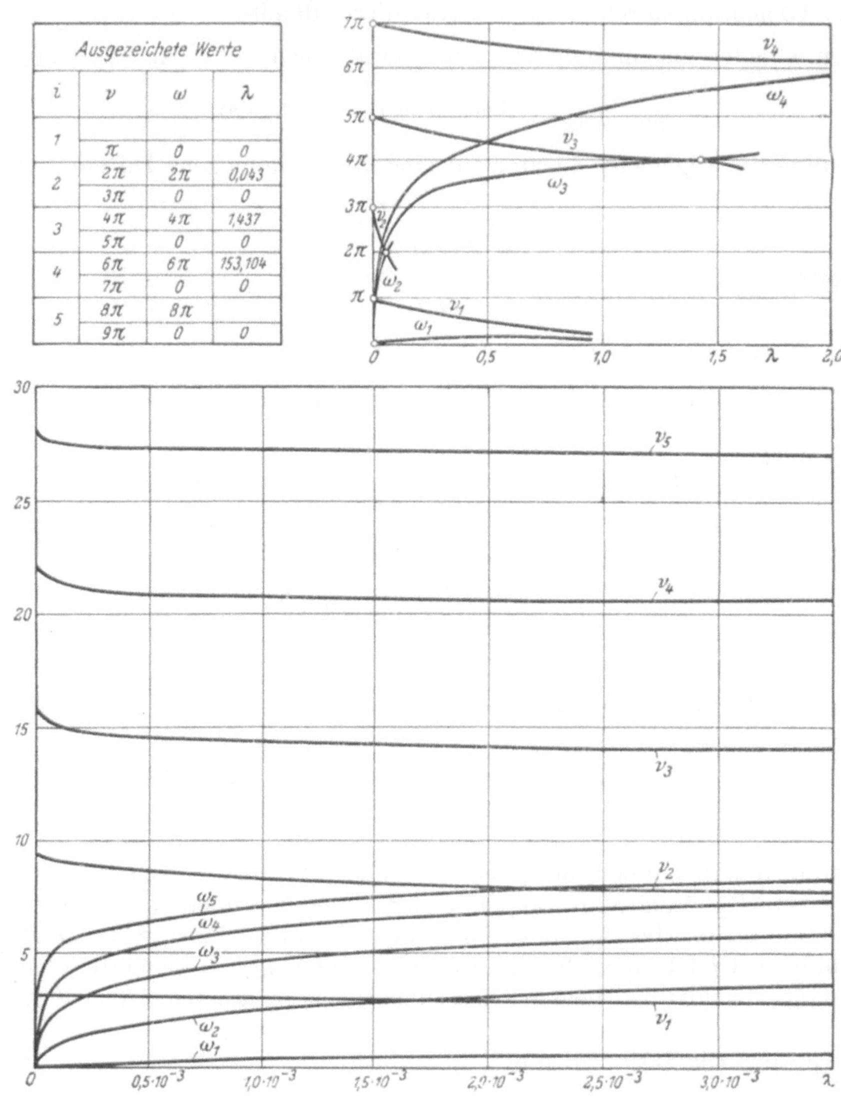

Abb. 30. ω- und v-Werte für das Abklingen der symmetrischen Störlast.

Da die Erfüllung der Randbedingungen für den allgemeinen Fall sehr viel Rechenaufwand erfordern würde, werden die Integrationskonstanten nur für den einfachsten Fall, der möglich ist, bestimmt, für das Abklingen der Störbelastung von der Kraftangriffsstelle aus im unendlich langen Träger, d. h. ohne Berücksichtigung der Störung von den Trägerenden her; die Integrationskonstanten D werden gleich Null gesetzt.

Damit vereinfacht sich die Lösung der Differentialgleichung zu

$$y = \sum_{i=\infty}^{i=1} e^{-\frac{\omega_i x}{a}} \left(C_{c_i} \cos \frac{v_i x}{a} + C_{s_i} \sin \frac{v_i x}{a} \right). \tag{58}$$

In Abb. 31 sind für Träger mit der Kennzahl $\lambda = 10^{-3}$ die Kurven $e^{-\frac{\omega_i\,x}{a}}\cos\frac{v_i\,x}{a}$ bis zur fünften Ordnung, d. h. für $i = 1$ bis 5 aufgetragen. Da die zugehörigen Kurven $e^{-\frac{\omega_i\,x}{a}}\sin\frac{\omega_i\,x}{a}$ nur um die Periode $\pi\,2$ verschoben sind, erübrigt sich deren Auftragen zur Veranschaulichung.

Man sieht, daß die Kurve erster Ordnung $e^{-\frac{\omega_i\,x}{a}}$ mit Abstand am langsamsten abklingt. Sie ist deshalb für die Abklinglänge der inneren Kräfte maßgebend. Die Glieder höherer Ordnung dienen nur dazu, die Grenzbedingungen an der Stelle $x = 0$ zu erfüllen und sind, wie die Bestimmung der Integrationskonstanten später zeigen wird, bis zum ersten Maximum der Hauptkurve, das ungefähr an der Stelle $x = a$ liegt, praktisch abgeklungen.

v_1 ist etwas kleiner als π, so daß die Gurtbiegelinie, die durch die strenge Lösung der Differentialgleichung des kontinuierlichen Systems bestimmt ist, nicht genau periodisch mit dem Schritt der Diagonalen verläuft.

Das der Kraftangriffsstelle zugeordnete Maximum der Kurve $e^{-\frac{\omega_1\,x}{a}}\cos\frac{v_1\,x}{a}$ liegt, wie Abb. 31 zeigt, nicht am Angriffspunkt der Kraft, an der $x = 0$, sondern ist nach den negativen x-Werten zu verschoben. Da die Grenzbedingungen an der Stelle $x = 0$ ein Maximum verlangen, müssen sich die Kurven höherer Ordnung entsprechend überlagern.

Das zweite Maximum liegt beim endlichen System etwa am ersten Knotenpunkt des Lastdiagonalenzugs. Wenn beim kontinuierlichen System die Periode der Gurtbiegelinie mit dem Diagonalenschritt übereinstimmen würde, d. h. wenn $v_1 = \pi$ wäre, würde es hier ein Stück zur Kraftangriffsstelle hin verschoben sein. Dadurch, daß v_1 etwas kleiner als π und die Periode der Biegelinie infolgedessen etwas größer als a ist, rückt der Extremwert an die Angriffsstelle der Lastdiagonalen heran. In größerer Entfernung von der Kraftangriffsstelle dagegen hat die Vergrößerung der Periode zur Folge, daß die Extremwerte gegenüber den Angriffspunkten der Lastdiagonalen sich immer weiter verschieben.

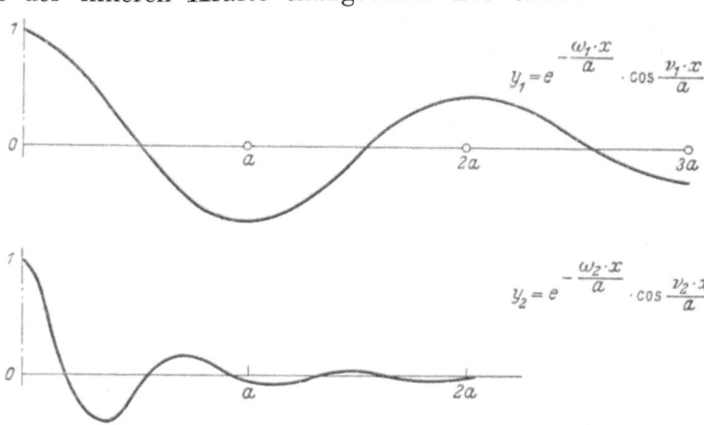

Abb. 31. Abklingfunktionen der symmetrischen Störlast.

Die Periode der Biegelinie des kontinuierlichen Systems entspricht dem Minimum der Formänderungsarbeit. In der Nähe der Kraftangriffsstelle, wo die Deformationen groß sind und der Einfluß des unmittelbar belasteten Diagonalenzuges noch stark ausgeprägt ist, ist es wesentlich, daß die Extremwerte verhältnismäßig gut mit dem Diagonalenschritt übereinstimmen. Die schlechtere Übereinstimmung in größerer Entfernung, wo die Deformationen immer kleiner werden und der Bereich der mittragenden Diagonalen immer breiter wird, beeinflußt die Formänderungsarbeit nur wenig.

b) Grenzbedingungen und Integrationskonstante.

Den Überlegungen des vorhergehenden Abschnittes liegen zwei wichtige Einschränkungen zugrunde: Als Störbelastung wurde eine symmetrische Einzellast angesetzt, so daß man beim Aufstellen der Differentialgleichung davon ausgehen konnte, daß der Gurt kräftefrei ist. Die vereinfachte Lösung gilt nur für den Bereich des Trägers, in dem das Abklingen der inneren Kräfte der Störbelastung durch die Trägerenden nicht mehr beeinflußt wird.

Für den weiteren Rechnungsgang ist entscheidend, daß die Gurtbiegelinie symmetrisch zur Kraftangriffsstelle verlaufen muß, daß aber die Kurve, die der Lösung der Differentialgleichung entspricht,

$$y = \sum_{i=\infty}^{i=1} e^{-\frac{\omega_i x}{a}} \left(C_{c_i} \cos \frac{v_i x}{a} + C_{s_i} \sin \frac{v_i x}{a} \right)$$

durch Bestimmen der Integrationskonstanten nicht symmetrisch gemacht werden kann, weil y immer mit größer werdendem x abnimmt und mit kleiner werdendem x ins Unendliche anwächst. Da die Deformationen der Störlast von der Kraftangriffsstelle $x = 0$ nach beiden

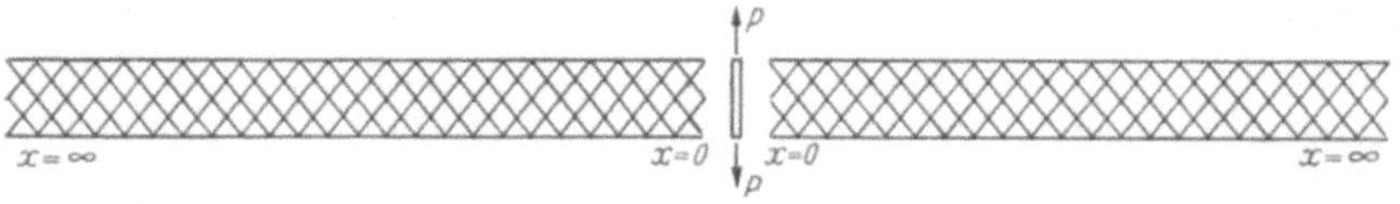

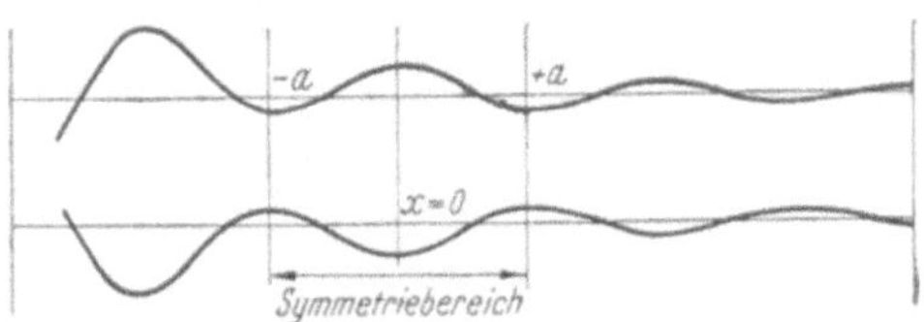

Abb. 32. Der Rechnung zugängliche Einzelteile des kontinuierlichen Rautenträgers.

Seiten hin abklingen, ist die Lösung nur für den halbunendlich langen Träger von der Kraftangriffsstelle $x = 0$ bis $x = \infty$ brauchbar.

Den Kraftverlauf im ganzen Träger bekommt man, wenn man nach Abb. 32 die positiven x-Werte spiegelbildlich auch auf die andere Seite legt und, da die Lösung der Differentialgleichung nur gilt, wo keine äußeren Kräfte angreifen, zwischen den beiden Trägerhälften einen unendlich schmalen Streifen mit der äußeren Belastung annimmt.

Nach dem Vorhergesagten werden für die Bestimmung der Integrationskonstanten nur Grenzbedingungen an der Kraftangriffsstelle aufgestellt: Die Deformationen des Trägers müssen an der Stelle $x = 0$ symmetrisch sein und die inneren Kräfte müssen mit der äußeren Kraft P im Gleichgewicht stehen.

Da die Symmetrieforderung sich nicht nur auf die Gurte, sondern auch auf die Diagonalen erstreckt, genügt es nicht, die Integrationskonstanten so zu bestimmen, daß die Gurttangente an der Stelle $x = 0$ waagerecht wird. Darüber hinaus muß die Gurtbiegelinie von $x = +a$ bis $x = -a$ symmetrisch verlaufen, so weit also, wie sich die Diagonalen erstrecken, die an der Stelle $x = 0$ geschnitten werden, Abb. 33.

Abb. 33. Symmetriebedingung an der Kraftangriffsstelle $x = 0$.

Um die Kurve in dem betrachteten Bereich genau symmetrisch zu machen, wären entsprechend den unendlich vielen Lösungen der Differentialgleichung unendlich viele Integrationskonstanten nötig. Praktisch genügt es, wenn man die Symmetriebedingung mit einer endlichen Zahl von Integrationskonstanten nur näherungsweise erfüllt.

Durch die Symmetriebedingung ist nur das Verhältnis der Integrationskonstanten untereinander, also die Form der Biegelinie bestimmt. Die absolute Größe der Auslenkungen ergibt sich aus der äußeren Belastung.

Weil die Kurve mit einer endlichen Zahl von Integrationskonstanten nur näherungsweise symmetrisch gemacht wird, wird sie im Bereich von $x = 0$ bis $x = a$ etwas wellenförmig verlaufen. Deshalb wäre es zu ungenau, wenn man wie üblich die äußere Kraft durch die Bedingung einführen wollte, daß die Querkraft $Q = EJ y'''$ an der Schnittstelle gleich $P/2$ sein muß. Man macht statt dessen den Ansatz, daß die Arbeit der äußeren Kraft gleich der inneren Formänderungsarbeit ist. Da die Formänderungsarbeit über den ganzen Träger integriert wird, sind die Unregelmäßigkeiten der Kurve an der Kraftangriffsstelle dabei von verhältnismäßig geringem Einfluß.

Mathematisch formuliert verlangt die Symmetriebedingung, daß die Ordinaten der Biegelinie in dem betrachteten Bereich für positive und negative x-Werte gleich sein müssen,

$$y_{(x)} = y_{(-x)} \, . \tag{59}$$

Da die Bedingung durch eine endliche Zahl von Integrationskonstanten nur näherungsweise erfüllt werden kann, müssen diese so bestimmt werden, daß die Differenz der beiden Ordinaten

$$y_x - y_{(-x)} = \sum_{i=n}^{i=1} C_{c_i} \left(e^{-\frac{\omega_i x}{a}} \cos \frac{v_i x}{a} - e^{+\frac{\omega_i x}{a}} \cos \frac{v_i x}{a} \right) + C_{s_i} \left(e^{-\frac{\omega_i x}{a}} \sin \frac{v_i x}{a} + e^{+\frac{\omega_i x}{a}} \sin \frac{v_i x}{a} \right)$$

$$= 2 \sum_{i=n}^{i=1} \left[- C_{c_i} \mathfrak{Sin} \frac{\omega_i x}{a} \cos \frac{v_i x}{a} + C_{s_i} \mathfrak{Cof} \frac{\omega_i x}{a} \sin \frac{v_i x}{a} \right] \tag{59a}$$

für $0 < x < a$ möglichst klein wird. Wenn man die Abklingfunktionen bis zur n-ten Ordnung berücksichtigt, sind $2n$ Integrationskonstanten zu bestimmen. Man behandelt C_{c_1}, das später aus der äußeren Kraft bestimmt werden soll, wie eine gegebene Konstante und stellt für die Berechnung der übrigen $(2n-1)$ Integrationskonstanten $(2n-1)$ Gleichungen auf aus der Bedingung, daß das Integral über das Quadrat der Differenzen $y_x - y_{-x}$ ein Minimum werden muß,

$$\frac{d}{d\,C_i} \int_0^a [y_{(x)} - y_{(-x)}]^2 \, d x = 0 \, . \tag{60}$$

Die Auflösung dieses Gleichungssystems liefert die Integrationskonstanten in Abhängigkeit von C_{c_1}. Für die Berechnung der Formänderungsarbeit ist es günstiger, wenn man als unabhängige Veränderliche die Durchbiegung y_0 an der Kraftangriffsstelle einführt. Hierfür berechnet man mit Hilfe der Gleichung

$$y_0 = \sum_{i=n}^{i=1} C_{c_i} \tag{61}$$

alle Integrationskonstanten in Abhängigkeit von y_0, also $\dfrac{C_{c_i}}{y_0}$ und $\dfrac{C_{s_i}}{y_0}$. Diese Rechnung bei $\lambda = 10^{-3}$ für 2, 4, 6, 8 und 10 Integrationskonstanten durchgeführt, ergibt

		$\dfrac{C_{c_1}}{y_0}$	$\dfrac{C_{s_1}}{y_0}$	$\dfrac{C_{c_2}}{y_0}$	$\dfrac{C_{s_2}}{y_0}$	$\dfrac{C_{c_3}}{y_0}$	$\dfrac{C_{s_3}}{y_0}$	$\dfrac{C_{c_4}}{y_0}$	$\dfrac{C_{s_4}}{y_0}$	$\dfrac{C_{c_5}}{y_0}$	$\dfrac{C_{s_5}}{y_0}$
Zahl der berücksichtigten Integrationskonstanten	2	1,0000	−0,06794								
	4	0,9528	−0,04143	+0,04720	−0,04941						
	6	0,9109	−0,01311	+0,08735	−0,00974	+0,00172	−0,00830				
	8	0,9036	−0,00096	+0,08762	+0,01441	+0,01012	−0,00714	−0,001329	−0,001324		
	10	0,9054	+0,00492	+0,08195	+0,02546	+0,01303	−0,00228	+0,000226	−0,003213	−0,000591	+0,000094

Die Gleichung der Formänderungsarbeit für die Berechnung von y_0 lautet:

$$\frac{1}{2} P y_0 = \int_0^\infty d A \, , \tag{62}$$

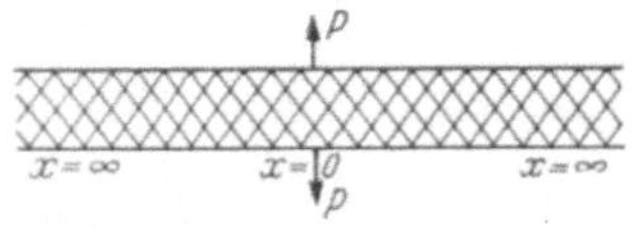

Abb. 34. Formänderungsarbeit.

d. h. die Arbeit einer der beiden symmetrischen Spreizkräfte muß gleich der inneren Arbeit des halben Trägers sein.

Die innere Arbeit setzt sich zusammen aus der Arbeit der Biegungsmomente in den Gurten und aus der Arbeit der Längskräfte in den Diagonalen.

Für die Biegungsarbeit der Gurte gilt

$$A_g = 2 \int_0^\infty \frac{M^2}{2\,E J_g} \, d x = \frac{1}{E J_g} \int_0^\infty (E J_g \, y'')^2 \, d x = E J_g \int_0^\infty y''^2 \, d x = \frac{E J_g}{a^3} \, y_0^2 \, A_g^* \, . \tag{63}$$

Für die Berechnung der dimensionslosen Formänderungsarbeit

$$A^*_g = \frac{a^3}{y_0^2} \int_0^\infty y''^2\, dx = \frac{a^3}{y_0^2} \int_0^a y''^2\, dx + \frac{a^3}{y_0^2} \int_a^\infty y''^2\, dx \tag{63a}$$

wird die Biegelinie im Bereich von $x = 0$ bis $x = a$ ersetzt durch die Kurve

$$\frac{y}{y_0} = \left(\frac{y_a}{y_0}\right)^{\frac{x}{a}} \cos \frac{\pi x}{a}\,. \tag{64}$$

Damit wird der Einfluß des unruhigen Verlaufs der Biegelinie nach Gl. (58) im Bereich der Kraftangriffsstelle ausgeschaltet und die Formeln werden einfacher.

Wenn man diese Näherung in Gl. (63a) einsetzt, ergibt sich für die Biegungsarbeit der Gurte von 0 bis a

$$\left(A^*_g\right)_0^a = \frac{a^3}{y_0^2} \int_0^\infty y''\, dx = \frac{1}{4}\left[\left(\frac{y_a}{y_0}\right)^2 - 1\right] \frac{2\ln^4 \frac{y_a}{y_0} - \ln^2 \frac{y_a}{y_0} + \pi^4}{\ln \frac{y_a}{y_0}}\,. \tag{65}$$

Im Bereich von a bis ∞ darf man die Biegelinie, da bis zur Stelle $x = a$ die Abklingfunktionen höherer Ordnung abgeklungen sind, ersetzen durch die Kurve

$$y = e^{-\frac{\omega_1 x}{a}} \left(C_{c_1} \cos \frac{\nu_1 x}{a} + C_{s_1} \sin \frac{\nu_1 x}{a}\right)\,. \tag{66}$$

Für die Arbeit der Längskräfte in den Diagonalen gilt

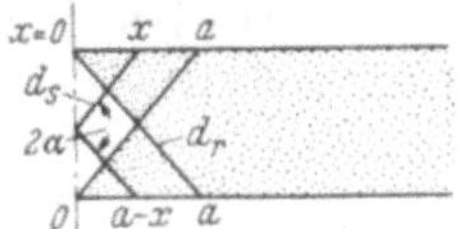

$$A_d = 2 \int_0^\infty \frac{d_r^2\, s\, b}{2 E F_d}\, dx + \int_0^a \frac{d_s^2\, s\, b}{2 E F_d}\, dx\,. \tag{67}$$

Abb. 35.
Diagonalen, die die Symmetrieachse schneiden.

Dabei bedeutet d_r die Längskraft in den rechtsfallenden Diagonalen und aus Symmetriegründen gleichzeitig die Längskraft in den um den Diagonalenschritt a versetzt angreifenden linksfallenden Diagonalen; mit d_s wird die Längskraft in den Diagonalen bezeichnet, die an der Stelle $x = 0$ geschnitten werden bzw., weil der Träger nur bis zur Stelle $x = 0$ gerechnet wird, an der Symmetrieachse um 2α eingewinkelt sind, Abb. 35.

$$d_r = \frac{E F_d}{s\, b}\left(y_x + y_{(x+a)}\right) \sin \alpha\,, \tag{68}$$

$$d_s = \frac{E F_d}{s\, b}\left(y_x + y_{(a-x)}\right) \sin \alpha\,.$$

Diese Formeln in Gl. (67) eingesetzt, gibt

$$A_d = 2\,\frac{s\, b}{2 E F_d}\left(\frac{E F_d}{s\, b}\sin\alpha\right)^2 \left[\int_0^\infty (y_x + y_{(x+a)})^2\, dx + \int_0^a (y_x + y_{(a-x)})^2\, dx\right] \tag{69}$$

$$= \frac{E F_d \sin^2\alpha \cos\alpha}{b}\, y_0^2 \left[\left(A^*_d\right)_0^\infty + \left(A^*_d\right)_0^a\right] = \frac{E F_d \sin^2\alpha \cos\alpha}{b}\, y_0^2\, A^*_d\,.$$

Für das Korrekturglied $\left(A^*_d\right)_0^a$ erhält man, wenn man für die Biegelinie nach Gl. (58) auch hier die Näherung nach Gl. (64) einsetzt,

$$\left(A^*_d\right)_0^a = \frac{1}{2}\left[\left(\frac{y_a}{y_0}\right)^2 - 1\right] \frac{2\ln^2 \frac{y_a}{y_0} + \pi^2}{\ln \frac{y_a}{y_0}\left(\ln^2 \frac{y_a}{y_0} + \pi^2\right)} - \frac{y_a}{y_0}\,. \tag{70}$$

Für die resultierende Formänderungsarbeit des halben Trägers gilt

$$\int_0^\infty dA = \frac{EJ}{a^3}\, y_0^2\, A^*$$

mit der Abkürzung (71)

$$A^* = A_g^* + \frac{F_d\, a^3 \sin^2\alpha \cos\alpha}{J_g\, b}\, A_d^* = A_g^* + \frac{1}{2\lambda}\, A_d^*.$$

A^* ist eine dimensionslose Kennzahl für die Formänderungsarbeit, die nur von λ und der Zahl der berücksichtigten Integrationskonstanten abhängt.

Wenn man A^* in die Bestimmungsgleichung für y_0 einsetzt, ergibt sich

$$\frac{1}{2}\, P y_0 = \frac{E J_g}{a^3}\, y_0^2\, A^*, \qquad y_0 = \frac{P a^3}{2 E J_g}\, \frac{1}{A^*}.$$ (72)

Nachdem y_0 bekannt ist, kann man die Integrationskonstanten endgültig ausrechnen.

$$C_i = \left(\frac{C_i}{y_0}\right) y_0 = \left(\frac{C_i}{y_0}\right) \frac{P a^3}{2 E J_g}\, \frac{1}{A^*}.$$ (73)

Diese Werte in die Lösung der Differentialgleichung (58) eingesetzt, gibt für die Gurtbiegelinie die Gleichung

$$y = \frac{P a^3}{2 E J_g} \sum_{i=n}^{i=1} e^{-\frac{\omega_i x}{a}} \left(y_{c_i} \cos\frac{v_i x}{a} + y_{s_i} \sin\frac{v_i x}{a} \right)$$

mit den Abkürzungen (74)

$$y_{c_i} = \left(\frac{C_{c_i}}{y_0}\right) \frac{1}{A^*}, \qquad y_{s_i} = \left(\frac{C_{s_i}}{y_0}\right) \frac{1}{A^*}.$$

Die Rechnung wurde für $\lambda = 10^{-3}$ für 2, 4, 6, 8 und 10 Integrationskonstanten durchgeführt. Abb. 36 zeigt den Verlauf von y_0, d. h. der resultierenden Durchbiegung an der Kraftangriffsstelle in Abhängigkeit von der Zahl der berücksichtigten Integrationskonstanten. Die Abhängigkeit ist nur gering. Man sieht aber doch, daß y_0 einem Grenzwert zustrebt, der bei 10 Integrationskonstanten praktisch erreicht ist.

Wenn man statt mit der Formänderungsarbeit mit der Querkraftbeziehung arbeitet, ist die Abhängigkeit sehr viel ausgeprägter. Die Konvergenz des Verfahrens tritt viel klarer zutage. Die Ungenauigkeit ist aber bei 10 berücksichtigten Integrationskonstanten noch wesentlich größer.

Die Konstanten y_{c_i} und y_{s_i} für die Biegelinie eines Trägers von der Steifigkeit $\lambda = 10^{-3}$, an dem die symmetrische Einzellast P angreift, ergeben sich aus der Formänderungsarbeit gerechnet zu

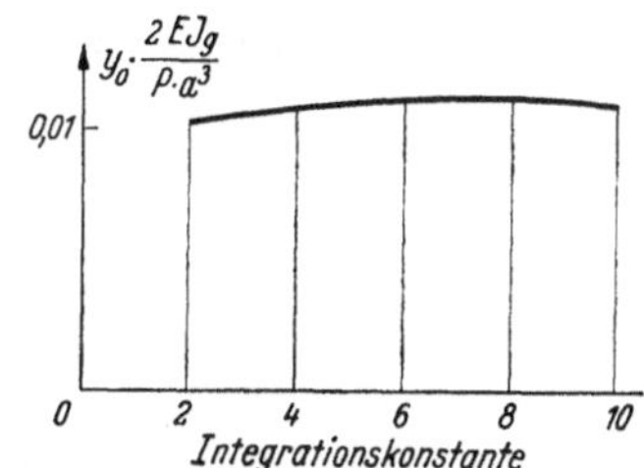

Abb. 36. Durchbiegung an der Kraftangriffsstelle.

Einzellast	y_{c_1}	y_{s_1}	y_{c_2}	y_{s_2}	y_{c_3}	y_{s_3}	y_{c_4}	y_{s_4}	y_{c_5}	y_{s_5}
	$+9{,}9321$	$+0{,}0539$	$+0{,}8990$	$+0{,}2793$	$+0{,}14294$	$-0{,}0248$	$+0{,}00248$	$-0{,}03524$	$-0{,}00649$	$+0{,}00103 \cdot 10^{-3}$

c) Biegelinien für die verschiedenen Rautenträgerformen.

Abb. 37 zeigt die Biegelinien des durch eine symmetrische Einzelkraft P belasteten unendlich langen kontinuierlichen Rautenträgers von der Steifigkeit $\lambda = 10^{-3}$. Man sieht, daß es bei der Berücksichtigung von zehn Integrationskonstanten schon verhältnismäßig gut gelungen ist, die Kurve im Bereich der Kraftangriffsstelle zwischen $+a$ und $-a$ symmetrisch zu machen.

Wenn die Last über die Breite a gleichmäßig verteilt ist, entspricht der Belastung eines unendlich schmalen Streifens die Auslenkung

$$d y = \frac{y}{a}\, d x.$$ (75)

Folglich ergibt sich für die gesamte gleichmäßig verteilte Belastung die Biegelinie

$$y^* = \int\limits_{x-\frac{a}{2}}^{x+\frac{a}{2}} \frac{y}{a}\,dx = \frac{P a^3}{2 E J_g} \sum_{i=10}^{i=1} \int\limits_{x-\frac{a}{2}}^{x+\frac{a}{2}} e^{-\frac{\omega_i x}{a}} \left(y_{c_i} \cos \frac{\nu_i x}{a} + y_{s_i} \sin \frac{\nu_i x}{a} \right) dx$$

$$= \frac{P a^3}{2 E J_g} \sum_{i=10}^{i=1} e^{-\frac{\omega_i x}{a}} \left(y_{c_i}^* \cos \frac{\nu_i x}{a} + y_{s_i}^* \sin \frac{\nu_i x}{a} \right) \tag{76}$$

mit den Abkürzungen

$$y_{c_i}^* = y_{c_i} n_i - y_{s_i} m_i, \qquad n_i = \frac{2}{\omega_i^2 + \nu_i^2} \left(\omega_i \operatorname{\mathfrak{Sin}} \frac{\omega_i}{2} \cos \frac{\nu_i}{2} + \nu_i \operatorname{\mathfrak{Cof}} \frac{\omega_i}{2} \sin \frac{\nu_i}{2} \right),$$

$$y_{s_i}^* = y_{s_i} n_i + y_{c_i} m_i, \qquad m_i = \frac{2}{\omega_i^2 + \nu_i^2} \left(\omega_i \operatorname{\mathfrak{Cof}} \frac{\omega_i}{2} \sin \frac{\nu_i}{2} - \nu_i \operatorname{\mathfrak{Sin}} \frac{\omega_i}{2} \cos \frac{\nu_i}{2} \right).$$

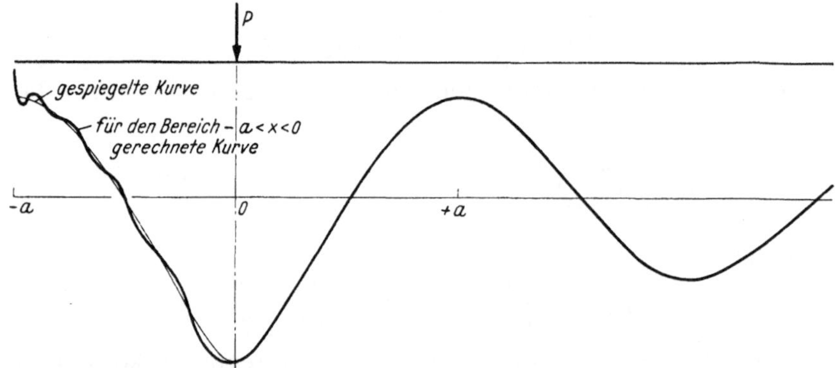

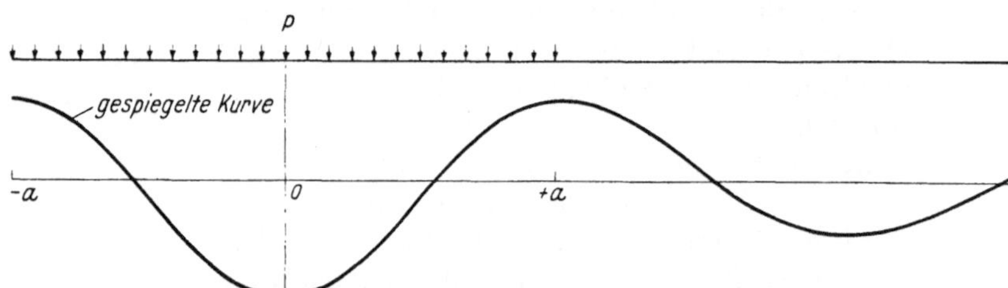

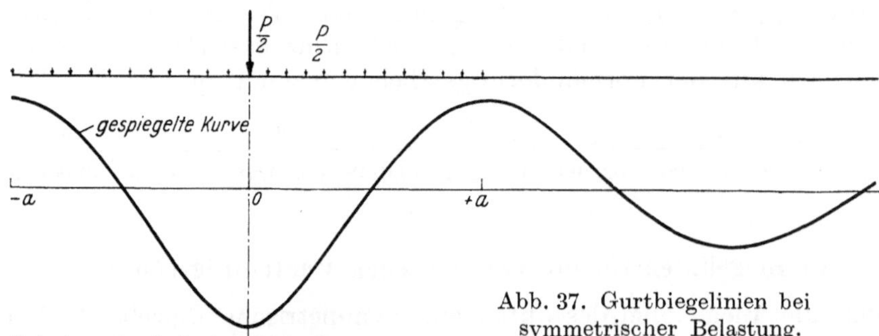

Abb. 37. Gurtbiegelinien bei symmetrischer Belastung.

Die Konstanten $y_{c_i}^*$ und $y_{s_i}^*$ für die Biegelinie eines Trägers von der Steifigkeit $\lambda = 10^{-3}$, an dem eine über die Breite a gleichmäßig verteilte symmetrische Störbelastung von der Größe P am Ober- und Untergurt angreift, sind

Verteilte Last	$y_{c_1}^*$	$y_{s_1}^*$	$y_{c_2}^*$	$y_{s_2}^*$	$y_{c_3}^*$	$y_{s_3}^*$	$y_{c_4}^*$	$y_{s_4}^*$	$y_{c_5}^*$	$y_{s_5}^*$
	+6,5591	+0,7466	−0,3793	−0,0525	+0,08864	−0,04482	+0,00718	+0,03364	−0,00759	+0,00332 · 10⁻³

Die Biegelinie für die über die Breite a gleichmäßig verteilte Belastung zeigt ebenfalls Abb. 37.

Die Deformationen des endlichfachen Rautenträgers, der durch das kontinuierliche System ersetzt werden soll, setzen sich nach Gl. (49) aus den Werten für die Einzellast und für die gleichmäßig verteilte Belastung zusammen.

$$y_r = \frac{n-2}{2\,n}\,y + \frac{1}{n}\,y^* \,. \tag{77}$$

Die Biegelinie für die kombinierte symmetrische Störlast des Doppelrautenträgers, die aus der Einzellast $P/4$ und ·der gleichmäßig verteilten Belastung $P/4$ besteht, ist in Abb. 37 aufgezeichnet.

3. Antimetrische Gurtbelastung.

a) Aufstellen und allgemeine Lösung der Differentialgleichung.

Wenn die beiden Gurte eines Trägers antimetrisch belastet sind, sind auch alle Deformationen antimetrisch und es gilt für beide Gurte die gleiche Differentialgleichung. Diese ergibt sich, wenn auf den Träger nur eine antimetrische Einzelkraft wirkt, aus der Bedingung, daß an jeder beliebigen Stelle, an der die äußere Last nicht angreift, die Gurte nur durch die senkrechten Komponenten der Diagonalkräfte belastet sind, zu

$$E\,J_g \cdot \frac{d^4 y}{d\,x^4} - [d_r + d_l]\sin\alpha = 0 \,. \tag{78}$$

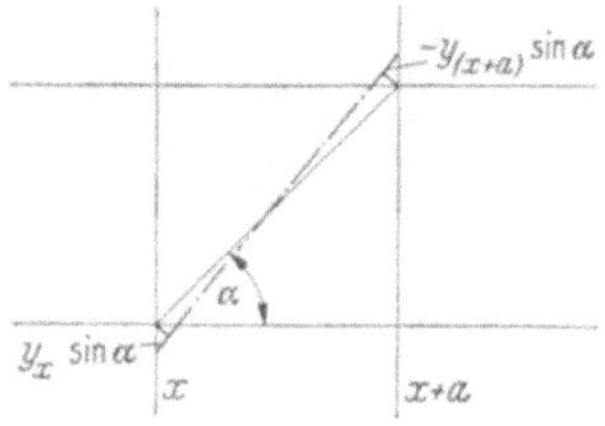

Wenn man in dieser Gleichung die Diagonalkräfte durch die Längenänderung der Diagonalen und diese nach Abb. 38 durch die Gurtdurchbiegungen ausdrückt,

Abb. 38. Diagonalkräfte.

$$d_r = -\frac{E\,F_d}{b\,s}\,[y_{(x)} - y_{(x+a)}]\sin\alpha \,, \qquad d_l = -\frac{E\,F_d}{b\,s}\,[y_{(x)} - y_{(x-a)}]\sin\alpha \,, \tag{79}$$

und die ganze Gleichung durch $\dfrac{E\,F_d \sin^2\alpha}{b\,s}$ dividiert, damit alle konstanten Glieder zusammengefaßt sind, ergibt sich

$$\frac{J_g\,b\,s}{F_d \sin^2\alpha}\,y^{(IV)}_{(x)} + 2\,y_{(x)} - y_{(x+a)} - y_{(x-a)} = 0 \,. \tag{80}$$

Die Differentialgleichung hat die Lösung

$$y = A\,e^{\frac{r}{a}\,x} + B\,x + C\,. \tag{81}$$

Der Unterschied gegenüber der symmetrischen Störbelastung besteht darin, daß die Glieder $B\,x$ und C auftreten. Wenn man die Lösung Gl. (81) in die Differentialgleichung (80) einsetzt, ergibt sich

$$\frac{J_g\,b\,s}{F_d \sin^2\alpha}\,\frac{r^4}{a^4}\,A\,e^{\frac{r\,x}{a}} + 2\left(A\,e^{\frac{r}{a}\,x} + B\,x + C\right)$$

$$- \left(A\,e^{r}\,e^{\frac{r}{a}\,x} + B\,x + B\,a + C\right) - \left(A\,e^{-r}\,e^{\frac{r}{a}\,x} + B\,x - B\,a + C\right) = 0\,.$$

Damit erhält man die Bestimmungsgleichung für r

$$\lambda \cdot r^4 - \frac{1}{2}\,(e^r + e^{-r}) + 1 = 0\,. \tag{82}$$

Dabei bedeutet λ die Trägerkennzahl, die schon aus der Differentialgleichung der symmetrischen Störlast bekannt ist, vergleiche Gl. (54). Wenn man in Gl. (82) für r den komplexen Wert $r = \omega + i\,v$ einsetzt, ergibt sich

$$\lambda\,(\omega + i\,v)^4 - \frac{1}{2}\,(e^{\omega + i\,v} + e^{-\omega - i\,v}) + 1 = 0\,,$$

$$\lambda\,(\omega^4 + 4\,\omega^3\,v\,i - 6\,\omega^2\,v^2 - 4\,\omega\,v^3\,i + v^4) - (\mathfrak{Cof}\,\omega\cos v + i\,\mathfrak{Sin}\,\omega\sin v) + 1 = 0\,.$$

Damit zerfällt Gl. (82) entsprechend ihrem Real- und Imaginärteil in zwei Bestimmungsgleichungen für ω und ν,

$$\lambda\,(\omega^4 - 6\,\omega^2\,\nu^2 + \nu^4) - \mathfrak{Co}\mathfrak{j}\,\omega\,\cos\nu + 1 = 0,$$
$$\lambda\,4\,\omega\,\nu\,(\omega^2 - \nu^2) \quad - \mathfrak{Sin}\,\omega\,\sin\nu \quad = 0. \tag{83}$$

Die Gleichungen haben unendlich viele Lösungen. Sie lassen sich im allgemeinen in geschlossener Form nicht lösen. Man kann nur einige ausgezeichnete Werte rechnen und damit

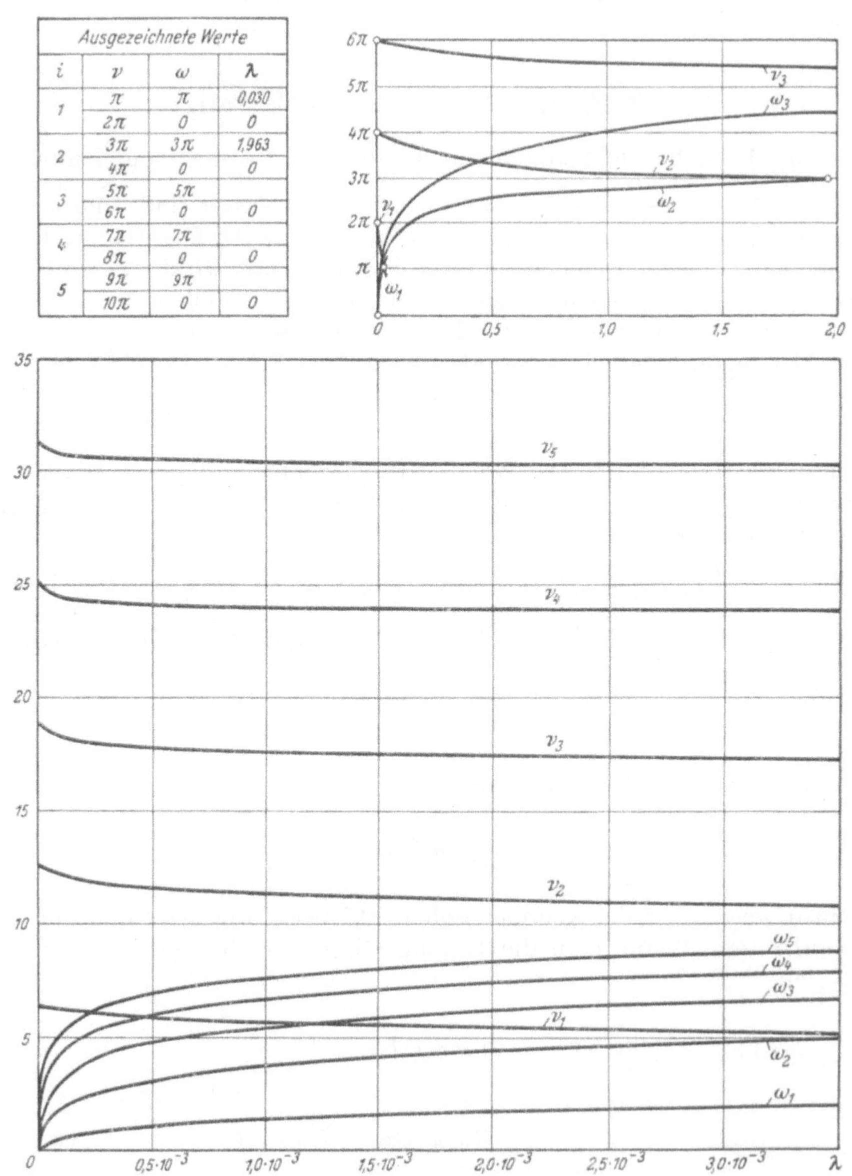

Abb. 39. ω- und ν-Werte für das Abklingen der antimetrischen Störlast.

die Kurven für ω und ν in Abhängigkeit von λ ungefähr aufzeichnen, Abb. 39. Beliebige Lösungen der Gleichungen findet man durch Probieren, indem man geschätzte Werte für ω und ν einsetzt und dann die aus den beiden Gleichungen ausgerechneten λ-Werte miteinander vergleicht.

Es gelten jeweils die Lösungspaare

$$r_1 = -\omega + i\,\nu, \qquad r_3 = +\omega + i\,\nu,$$
$$r_2 = -\omega - i\,\nu, \qquad r_4 = +\omega - i\,\nu. \tag{84}$$

Da hier nur die von der Kraftangriffsstelle abklingenden Störspannungen untersucht werden sollen, werden die mit x größer werdenden Werte gleich Null gesetzt, d. h. alle Glieder mit positiven ω-Werten entfallen. Wenn man weiter berücksichtigt, daß es praktisch nur möglich ist, die Grenzbedingungen mit einer endlichen Zahl von Integrationskonstanten näherungsweise zu erfüllen, und die Lösung statt in komplexer in reeller Form anschreibt, gilt

$$y = \sum_{i=1}^{i=n} e^{-\frac{\omega_i x}{a}} \left[C_{c_i} \cos \frac{v_i x}{a} + C_{s_i} \sin \frac{v_i x}{a} \right] + B x + C. \tag{85}$$

Das Glied $\sum e^{-\frac{\omega_i x}{a}} \left[C_{c_i} \cos \frac{v_i x}{a} + C_{s_i} \sin \frac{v_i x}{a} \right]$ gibt die Störung wieder, die in einiger Entfernung von der Krafteinleitungsstelle abklingt. Das Glied $B x$ entspricht der konstanten Querkraft zwischen Krafteinleitungsstelle und Auflager. Die Konstante C bedeutet nur eine Verschiebung des Koordinatensystems, hat auf die inneren Kräfte keinen Einfluß und wird der Einfachheit halber gleich Null gesetzt.

In Abb. 40 sind für Träger mit der Kennzahl $\lambda = 10^{-3}$ die Kurven $y = e^{-\frac{\omega_i x}{a}} \cos \frac{v_i x}{a}$ bis zur fünften Ordnung, d. h. $i = 1$ bis 5 aufgetragen. Da die zugehörigen Kurven $e^{-\frac{\omega_i x}{a}} \sin \frac{v_i x}{a}$ nur um die Periode $\pi/2$ verschoben sind, wird darauf verzichtet, sie aufzuzeichnen.

Man sieht, daß die Kurve erster Ordnung $e^{-\frac{\omega_i x}{a}} \cos \frac{v_i x}{a}$ mit Abstand am langsamsten abklingt. Sie ist deshalb für die Abklinglänge der inneren Kräfte maßgebend. Die Glieder höherer Ordnung dienen nur dazu, die Grenzbedingungen an der Stelle $x = 0$ zu erfüllen, und sind, wie die Bestimmung der Integrationskonstanten später zeigen wird, bis zum ersten Maximum der Hauptkurve, das ungefähr an der Stelle $x = a/2$ liegt, praktisch abgeklungen.

Da v_1 etwas kleiner als 2π ist, verläuft die Gurtbiegelinie, die durch die strenge Lösung der Differentialgleichung des kontinuierlichen Systems bestimmt ist, nicht genau periodisch mit dem Schritt der Diagonalen.

b) Grenzbedingungen und Integrationskonstante.

Die Differentialgleichung gilt nur für eine antimetrisch angreifende Einzellast. Da beim Aufstellen der Differentialgleichung davon ausgegangen ist, daß der Gurt kräftefrei ist, werden durch die antimetrische Einzellast Gegenkräfte an den Auflagern hervorgerufen. Für die Bestimmung der Integrationskonstanten wird festgelegt, daß die beiden Auflager von der Kraftangriffsstelle gleich weit und unendlich weit entfernt sind.

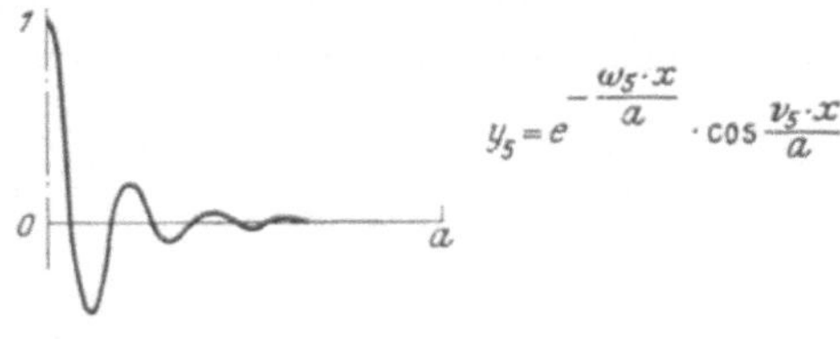

Abb. 40.
Abklingfunktionen der antimetrischen Störlast.

Die gleich große Entfernung der Auflager wird angenommen, damit die Querkraft nach beiden Seiten gleich groß und die Gurtbiegelinie infolgedessen symmetrisch wird. Die unendlich große Entfernung der Auflager wird angenommen, damit die Trägerenden das Abklingen der Krafteinleitungsstörspannungen nicht beeinflussen.

Die Krafteinleitungsspannungen sind zu unterscheiden von den Kraftweiterleitungsspannungen. Letztere sind über die Trägerhöhe und Trägerlänge konstante Zug- und Druckspannungen in den Diagonalen; die Normalspannungen in den Gurten werden vernachlässigt, weil die Annahme gemacht ist, daß die Gurte unendlich längssteif sind. Der Träger erfährt dabei

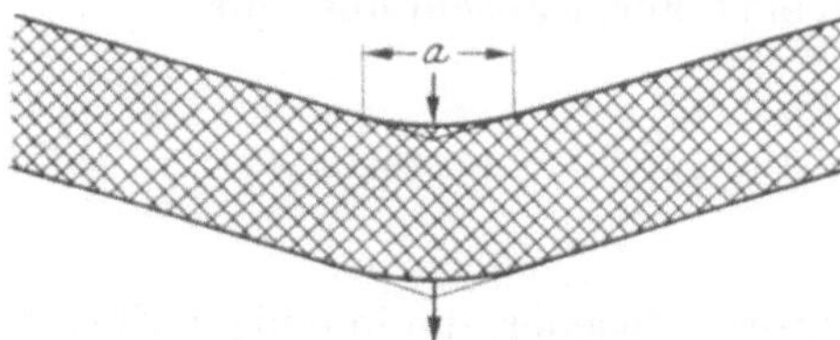

nur Verschiebungsdeformationen. Die beiden Trägerhälften würden an der Krafteinleitungsstelle mit einem scharfen Knick zusammenstoßen, wenn hier nicht die Krafteinleitungsspannungen wirksam wären und für eine Ausrundung sorgten.

Abb. 41. Krafteinleitungsstelle.

Die Krafteinleitungsspannungen sind in erster Linie Gurtbiegungsspannungen, die dadurch zustande kommen, daß die an den Gurten angreifenden Einzelkräfte sich auf die Diagonalen eines Feldes von der Breite a verteilen müssen. Dazu kommt die Störung der Diagonalkräfte an der Krafteinleitungsstelle infolge der Gurtverbiegung, Abb. 41. Im übrigen gilt hier genau so wie bei der symmetrischen Störbelastung, daß die Kurve, die der Lösung der Differentialgleichung entspricht,

$$y = \sum_{i=\infty}^{i=1}{}' e^{-\frac{\omega_i x}{a}}\left(C_{c_i}\cos\frac{v_i x}{a} + C_{s_i}\sin\frac{v_i x}{a}\right) + B x, \qquad (85\,\mathrm{a})$$

durch Bestimmen der Integrationskonstanten nicht symmetrisch gemacht werden kann und infolgedessen nur für den halbunendlich langen Träger von der Stelle $x = 0$ bis $x = \infty$ brauchbar ist. Auch hier wird die Symmetrieforderung an der Krafteinleitungsstelle nur näherungsweise erfüllt, indem man mit einer endlichen Zahl von Integrationskonstanten die Gurtbiegelinie im Bereich von $x = +a$ bis $x = -a$ näherungsweise symmetrisch macht.

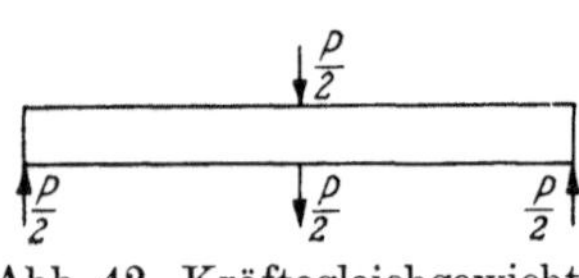

Dadurch wird das Verhältnis der Integrationskonstanten untereinander festgelegt, d. h. man bestimmt alle Konstanten C in Abhängigkeit von der Konstanten B. B berechnet man aus der Bedingung,

Abb. 42. Kräftegleichgewicht.

daß in dem Rautenträger, an dem am Ober- und Untergurt die äußere Kraft $P/2$ angreift, die innere Querkraft an jeder Stelle $P/2$ sein muß, also auch in so großer Entfernung von der Krafteinleitungsstelle, daß alle Störspannungen abgeklungen sind, die der Funktion

$$\sum e^{-\frac{\omega_i x}{a}}\left(C_{c_i}\cos\frac{v_i x}{a} + C_{s_i}\sin\frac{v_i x}{a}\right)$$

entsprechen.

Mathematisch dient zur Erfüllung der Symmetrieforderung auch hier die Bedingung, daß das Integral über das Quadrat der Differenzen $y_x - y_{-x}$ in dem Bereich von $x = 0$ bis $x = a$ ein Minimum sein muß.

Der Unterschied gegenüber der Rechnung für die symmetrische Störbelastung besteht darin, daß hier nicht die Integrationskonstante C_{c_1} festgehalten wird, um später aus der Größe der äußeren Kraft berechnet zu werden, sondern daß die Konstanten C der Kurve

$$y = \sum_{i=n}^{i=1} e^{-\frac{\omega_i x}{a}}\left(C_{c_i}\cos\frac{v_i x}{a} + C_{s_i}\sin\frac{v_i x}{a}\right)$$

so bestimmt werden müssen, daß ihre Überlagerung mit $y = Bx$ zwischen $x = +a$ und $x = -a$ eine symmetrische Kurve ergibt. Wenn man n Abklingfunktionen berücksichtigt, so erhält man $2n$ Gleichungen mit $2n$ Unbekannten von der Form

$$\frac{d}{dC_i}\int_0^a (y_x - y_{-x})^2\,dx = 0. \qquad (86)$$

Die Auflösung des Gleichungssystems liefert die Integrationskonstanten C in Abhängigkeit von B, also $\dfrac{C_{c_i}}{B}$ und $\dfrac{C_{s_i}}{B}$. B wird aus der Bedingung berechnet, daß in dem Träger, dessen Gurtbiegelinie durch die Gleichung $y = Bx$ bestimmt ist, die Querkraft gleich $P/2$ sein muß. Die Gurte haben keinen Anteil an der Querkraft, denn

$$E\,J\,y''' = E\,J\,\frac{d^3\,(B\,x)}{d\,x^3} = 0\,. \tag{87}$$

Für die Querkraft in den Diagonalen an der Stelle x gilt nach Abb. 43

$$Q = \left[\int\limits_{x}^{x+a} d_l\,d_x - \int\limits_{x-a}^{x} d_r\,d_x\right]\sin\alpha\,. \tag{88}$$

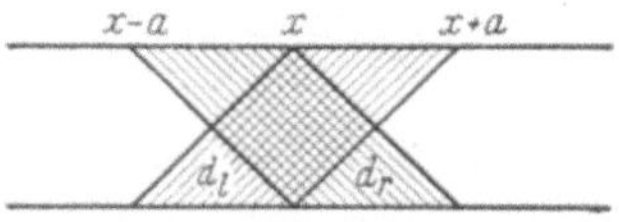

Abb. 43. Trägerquerkraft.

Wenn man für die Diagonalkräfte d_r und d_l die Werte nach Gl. (79) einsetzt und die Integrale auflöst, ergibt sich

$$
\begin{aligned}
Q &= -\frac{E\,F_d}{b\,s}\sin^2\alpha\left[\int\limits_{x}^{x+a}(y_x - y_{(x-a)})\,d\,x - \int\limits_{x-a}^{x}(y_x - y_{(x+a)})\,d\,x\right] \\[2mm]
&= -\frac{E\,F_d}{b\,s}\sin^2\alpha\left[\int\limits_{x}^{x+a}[B\,x - B\,(x-a)]\,d\,x - \int\limits_{x-a}^{x}[B\,x - B\,(x+a)]\,d\,x\right] \tag{89} \\[2mm]
&= -\frac{E\,F_d}{b\,s}\sin^2\alpha\;B\,2\,a^2\,.
\end{aligned}
$$

Damit wird die gesuchte Integrationskonstante

$$B = \frac{Q}{2\,a^2}\,\frac{b\,s}{E\,F_d\sin^2\alpha} = \frac{P}{2\,a}\,\frac{b}{2\,E\,F_d\sin^2\alpha\cos\alpha}\,\frac{E\,J_g}{a^3}\,\frac{a^3}{E\,J_g} = \frac{P}{2}\cdot\lambda\,\frac{a^2}{E\,J_g} = \lambda\,\frac{P\,a^2}{2\,E\,J_g}\,. \tag{90}$$

Hieraus folgt

$$C_{c_i} = \left(\frac{C_{c_i}}{B}\right)\cdot B = \left(\frac{C_{c_i}}{B}\right)\lambda\,\frac{P\,a^3}{2\,E\,J_g}\,. \tag{91}$$

Diese Werte in die Lösung der Differentialgleichung eingesetzt, gibt für die Gurtbiegelinien die Gleichung

$$y = \frac{P\,a^3}{2\,E\,J_g}\left[\lambda\,x + \sum_{i=10}^{i=1}{}' e^{-\frac{\omega_i\,x}{a}}\left(y_{c_i}\cos\frac{v_i\,x}{a} + y_{s_i}\sin\frac{v_i\,x}{a}\right)\right] \tag{92}$$

mit den Abkürzungen

$$y_{c_i} = \frac{C_{c_i}}{B}\,\lambda\,, \qquad y_{s_i} = \frac{C_{s_i}}{B}\,\lambda\,.$$

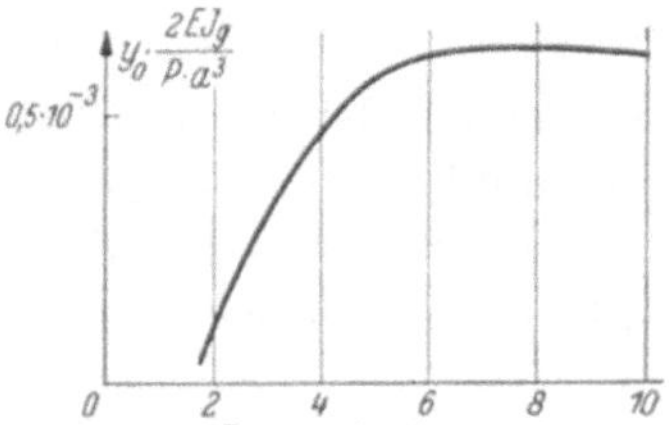

Abb. 44. Durchbiegung an der Kraftangriffsstelle.

Die Rechnung wurde für $\lambda = 10^{-3}$ für 2, 4, 6, 8 und 10 Integrationskonstanten durchgeführt. Abb. 44 zeigt den Verlauf von y_0, d. h. der resultierenden Durchbiegung an der Kraftangriffsstelle in Abhängigkeit von der Zahl der berücksichtigten Integrationskonstanten. Man sieht, daß y_0 einem Grenzwert zustrebt, der bei 10 Integrationskonstanten praktisch erreicht ist.

Die Konstanten y_{c_i} und y_{s_i} für die Biegelinie eines Trägers von der Steifigkeit $\lambda = 10^{-3}$, an dem die antimetrische Einzellast P angreift, sind

Einzellast	y_{c_1}	y_{s_1}	y_{c_2}	y_{s_2}	y_{c_3}	y_{s_3}	y_{c_4}	y_{s_4}	y_{c_5}	y_{s_5}
	+0,5437	+0,0751	+0,0715	+0,0237	+0,0146	−0,0086	−0,0017	−0,0045	−0,0008	$+0,0005\cdot10^{-3}$

c) Biegelinien für die verschiedenen Rautenträgerformen.

Abb. 45 zeigt die Biegelinie des durch eine antimetrische Einzelkraft P belasteten unendlich langen kontinuierlichen Rautenträgers von der Steifigkeit $\lambda = 10^{-3}$. Man sieht, daß

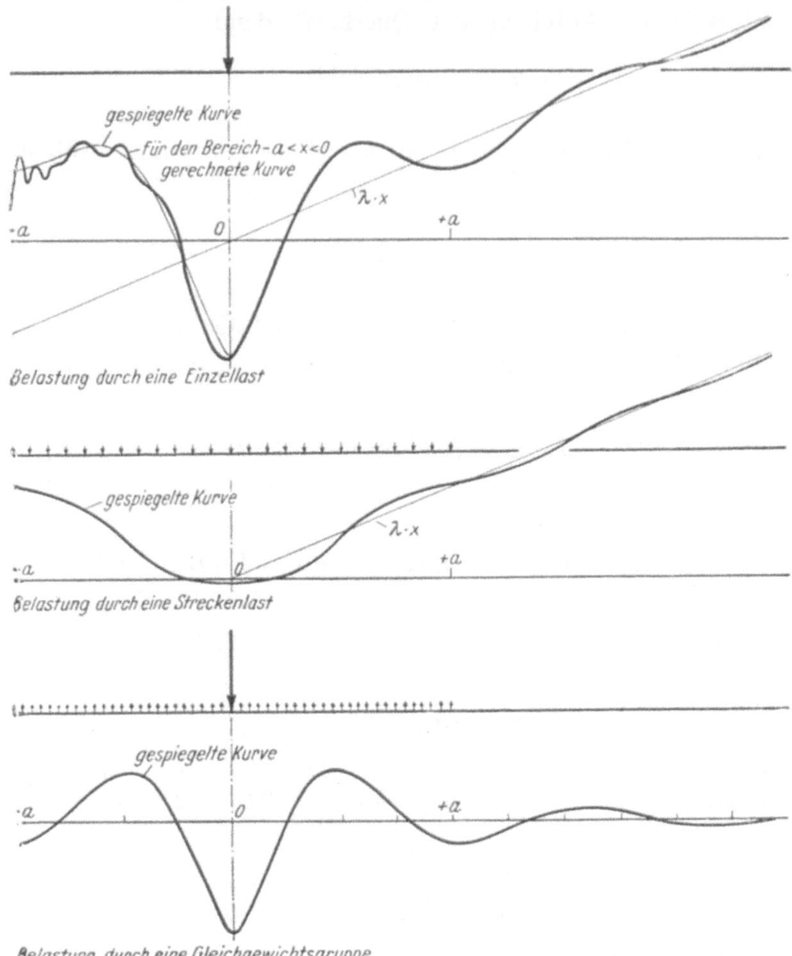

Abb. 45. Gurtbiegelinien bei antimetrischer Belastung.

es bei der Berücksichtigung von 10 Integrationskonstanten schon verhältnismäßig gut gelungen ist, die Kurve im Bereich der Kraftangriffsstelle zwischen $+a$ und $-a$ symmetrisch zu machen.

Wenn die Last über die Breite a gleichmäßig verteilt ist, entspricht der Belastung eines unendlich schmalen Streifens die Auslenkung

$$d\,y = \frac{y}{a}\,d\,x\,.$$

Folglich ergibt sich für die gesamte gleichmäßig verteilte Belastung der Biegelinie

$$y^* = \int\limits_{x-\frac{a}{2}}^{x+\frac{a}{2}} \frac{y}{a}\,d\,x = \frac{P\,a^3}{2\,EJ_g} \int\limits_{x-\frac{a}{2}}^{x+\frac{a}{2}} \left[\lambda x + \sum_{i=n}^{i=1} e^{-\frac{\omega_i x}{a}} \left(y_{c_i}\cos\frac{\nu_i x}{a} + y_{s_i}\sin\frac{\nu_i x}{a}\right)\right] d\,x,$$

$$y^* = \frac{P\,a^3}{2\,EJ_g} \left[\lambda x + \sum_{i=10}^{i=1} e^{-\frac{\omega_i x}{a}} \left(y_{c_i}^x\cos\frac{\nu_i x}{a} + y_{s_i}^x\sin\frac{\nu_i x}{a}\right)\right] d\,x, \tag{93}$$

mit den Abkürzungen gemäß Gl. (76).

Nach Abb. 28 ist die antimetrische Störlast eine Gleichgewichtsgruppe, bei der an jedem Gurt eine Einzellast einer über die Breite a gleichmäßig verteilten Belastung entgegen wirkt. Zu dieser Gleichgewichtsgruppe gehört die Auslenkung

$$y^0 = y - y^*. \tag{94}$$

Wenn man in Gl. (94) die Werte von Gl. (92) und (93) einsetzt, erhält man

$$y' = \frac{P a^3}{2 E J_g}\left[\lambda x - \sum_{i=10}^{i=1} e^{-\frac{\omega_i x}{a}}\left(y_{c_i}\cos\frac{v_i x}{a} + y_{s_i}\sin\frac{v_i x}{a}\right) - \lambda x - \sum_{i=10}^{i=1} e^{-\frac{\omega_i x}{a}}\left(y^*_{c_i}\cos\frac{v_i x}{a} + y^*_{s_i}\sin\frac{v_i x}{a}\right)\right]$$

$$= \frac{P a^3}{2 E J_g}\sum_{i=10}^{i=1} e^{-\frac{\omega_i x}{a}}\left[\left(y_{c_i} - y^*_{c_i}\right)\cos\frac{v_i x}{a} + \left(y_{s_i} - y^*_{s_i}\right)\sin\frac{v_i x}{a}\right] \tag{95}$$

$$= \frac{P a^3}{2 E J_g}\sum_{i=10}^{i=1} e^{-\frac{\omega_i x}{a}}\left(y^0_{c_i}\cos\frac{v_i x}{a} + y^0_{s_i}\sin\frac{v_i x}{a}\right)$$

mit den Abkürzungen

$$\overset{0}{y c_i} = y c_i - y c_i\, n_i + y s_i\, m_i \,,$$

$$\overset{0}{y s_i} = y s_i - y s_i\, n_i - y c_i\, m_i \,.$$

In den Formeln für die Biegelinie der antimetrischen Störlast ist das Glied der Kraftweiterleitung λx fortgefallen; die Auflager bekommen keine Kräfte mehr. Es sind nur noch Glieder vorhanden, die in größerer Entfernung von der Krafteinleitungsstelle auf Null abklingen[1].

Abb. 45 zeigt als Beispiel die Biegelinie des durch eine Einzellast und eine über die Breite a gleichmäßig verteilte Belastung beanspruchten unendlich langen Rautenträgergurtes bei $\lambda = 10^{-3}$.

Für die Berechnung des endlichfachen Rautenträgers, der durch das kontinuierliche System ersetzt werden soll, gilt nach Gl. (49) für die antimetrische Störlast $\frac{n-2}{2 n}$. Da vorstehende Formeln für die antimetrische Störlast $P/2$ je Gurt aufgestellt sind, müssen alle Werte multipliziert werden mit dem Faktor

$$f = \frac{n-2}{n} \,. \tag{96}$$

4. Zusammenfassung der symmetrischen und antimetrischen Teillasten.

Die resultierenden Deformationen aus der ganzen Störbelastung ergeben sich durch Überlagern der im vorhergehenden für die symmetrische und antimetrische Störlast getrennt ermittelten Werte.

Dimensionslose Gurtknotenpunktsverschiebungen $\overline{y}_0 \cdot 10^3$ an der Kraftangriffsstelle für Rautenträger $\lambda = 10^{-3}$.

	Rautenträgerart		
	einfach	eineinhalbfach	doppelt
Symmetrische Einzellast	0	1,83	2,74
Symmetrische verteilte Last	3,13	2,09	1,57
Symmetrische resultierende Last	3,13	3,92	4,31
Antimetrische Last	0	0,40	0,60
Resultierend am Obergurt	3,13	3,52	3,71
Resultierend am Untergurt	3,13	4,32	4,91

---

[1] Damit ist nochmals bewiesen, daß es bei der erweiterten Krabbeschen Methode berechtigt war, auch bei der antimetrischen Störlast die Gurtdurchbiegungen in großer Entfernung von der Kraftangriffsstelle gleich Null zu setzen.

C. Zusammensetzen der Rechenverfahren für das endlichfach und das unendlichfach statisch unbestimmte System (kombiniertes Verfahren).

1. Überblick.

a) Vergleich der Rechnung am endlichfach und am unendlichfach statisch unbestimmten System.

Die Abklingfaktoren $e^{-\omega}$ sind beim kontinuierlichen System für unendlich große Gurtlängs- und vernachlässigbar kleine Diagonalbiegesteifigkeit ermittelt worden in Abhängigkeit von [vgl. Gl. (54)]

$$\lambda = \frac{J_g\, b}{2\,F_d\,a^3\sin^2\alpha\cos\alpha}\,.$$

Zwischen λ und der Kennzahl der Krabbeschen Methode [vgl. Gl. (53)],

$$\lambda^* = \frac{J_s\, b}{2{,}4\,F_d\,a^3\sin^2\alpha\cos\alpha}\left(1 + \frac{F_d}{F_g}\cos^3\alpha\right),$$

besteht die Beziehung

$$\lambda^* = \frac{J_s}{1{,}2\,J_g}\left(1 + \frac{F_d}{F_g}\cos^3\alpha\right)\cdot\lambda. \qquad (97)$$

Der Wert λ^* geht für unendlich große Gurtlängs- und vernachlässigbar kleine Diagonalbiegesteifigkeit in den Wert λ über. Der Gedanke ist naheliegend, daß man deswegen auch beim kontinuierlichen System zur Berücksichtigung der endlichen Gurtlängs- und Diagonalbiegesteifigkeit statt mit λ mit λ^* rechnet. Wir wollen das tun, ohne weiter auf den Beweis einzugehen; denn es ist einleuchtend, daß λ^* der Wirklichkeit besser entspricht als λ.

In Abb. 46 sind die Knotenpunktsverschiebungen aus der Störlast aufgezeichnet für den unendlich langen einfachen, eineinhalbfachen und doppelten Rautenträger von der Steifigkeit $\lambda^* = 10^{-3}$, wie sie am endlichfach und am unendlichfach statisch unbestimmten System ermittelt wurden.

Bei der symmetrischen Störlast — rein symmetrische Störlast wirkt nur am einfachen Rautenträger — stimmen die nach beiden Methoden gerechneten Werte an der

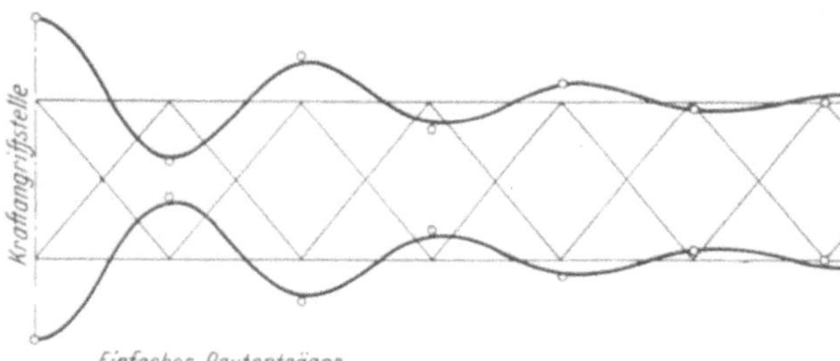

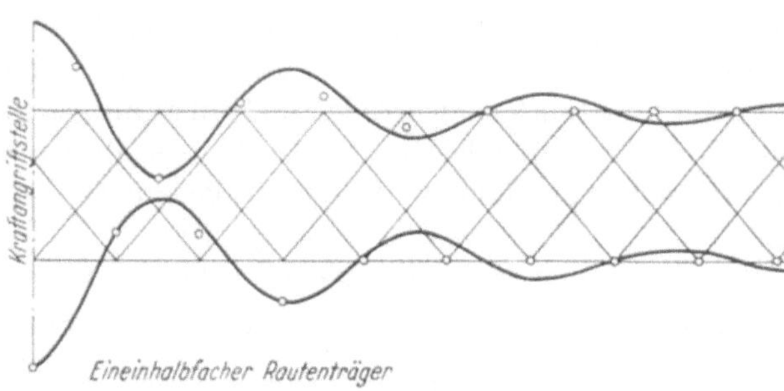

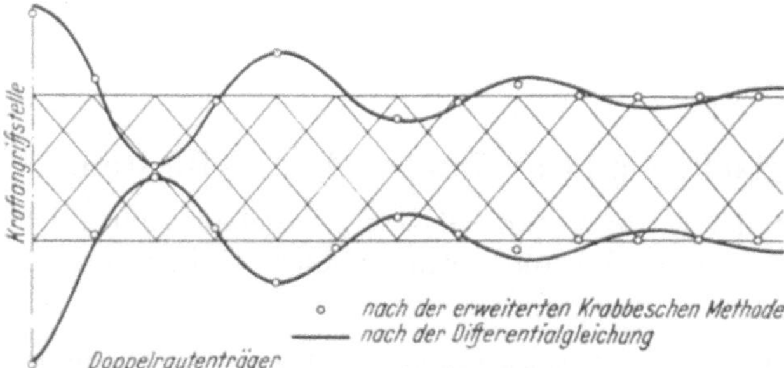

Abb. 46. Gurtbiegelinien für Kraftangriff im mittleren Bereich des unendlich langen Rautenträgers.

Kraftangriffsstelle vollständig überein. Je größer die Entfernung wird, desto größer werden die Abweichungen. Schließlich liefert die Krabbesche Methode gar keine Werte mehr, weil hier willkürlich nur ein kurzes Trägerstück als verformungsfähig angenommen ist, während die nach der Differentialgleichung gerechneten Querverschiebungen der Wirklichkeit entsprechend erst in größerer Entfernung auf vernachlässigbar kleine Werte abklingen.

Bei der antimetrischen Störlast — antimetrische Störlast wirkt im wesentlichen nur beim Doppelrautenträger — sind an der Kraftangriffsstelle die nach der Differentialgleichung gerechneten Werte etwas zu klein. Das kommt daher, daß die gleichmäßig verteilte Gegenkraft aus dem Ansatz der Differentialgleichung kleinere Verbiegungen ergibt als die Gegenkräfte an den Nachbarknotenpunkten beim Krabbeschen Verfahren, Abb. 47. In einiger Entfernung von der Kraftangriffsstelle liefern beide Methoden die Werte Null.

Die Rechnung nach der Differentialgleichung ist in der angegebenen Form nur für den unendlich langen Träger brauchbar. Die erweiterte Krabbesche Methode gilt überall.

Beide Methoden erfordern einen sehr großen Rechenaufwand; die erweiterte Krabbesche Methode, weil sehr viele Knotenpunkte in die Rechnung einbezogen werden müssen, das Verfahren nach der Differentialgleichung, weil für die Erfüllung der Grenzbedingungen an der Kraftangriffsstelle sehr viele Integrationskonstanten bestimmt werden müssen.

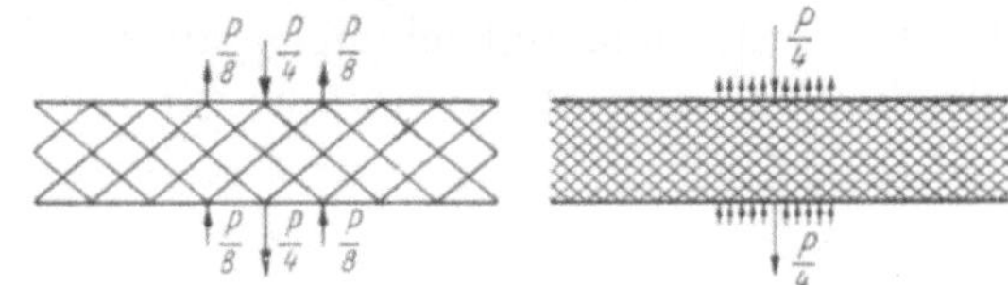

a) Erweiterte Krabbesche b) Differentialgleichung.
Methode.

Abb. 47. Antimetrische Störlast am Doppelrautenträger.

b) Grundgedanke des kombinierten Verfahrens.

Man bekommt mit tragbarem Rechenaufwand brauchbare Werte für die Gurtknotenpunktsverschiebungen im ganzen Träger, wenn man die beiden Verfahren kombiniert, d. h. wenn man im Bereich der Kraftangriffsstelle und zwischen Kraftangriffsstelle und Trägerende, wenn diese Entfernung nur klein ist, nach der erweiterten Krabbeschen Methode rechnet und wenn man das Abklingen der Störung im unendlich langen Träger mit den Formeln, die sich aus der Differentialgleichung ergeben haben, erfaßt. .

Die Glieder höherer Ordnung der Lösung der Differentialgleichung sind bei der symmetrischen Störlast bis zur Stelle $x = a$ und bei der antimetrischen Störlast bis zur Stelle $x = a/2$ abgeklungen; sie entfallen also, wenn man erst hier beginnt, mit der Lösung der Differentialgleichung zu rechnen.

Für das Abklingen der weiteren Deformationen wird bei symmetrischer Störlast der Faktor

$$f_s = e^{-\omega_s \frac{x}{a}} \cos \frac{\pi x}{a}$$

und bei antimetrischer Störlast der Faktor

$$f_a = e^{-\omega_a \frac{x}{a}} \cos \frac{2 \pi x}{a}$$

verwendet, d. h. der Verkleinerungsfaktor über die Strecke a ist bei der symmetrischen Störlast $-e^{-\omega_s}$ und bei der antimetrischen Störlast $+e^{-\omega_a}$. Dabei ist die Lösung der Differentialgleichung dem endlichen System angepaßt, dadurch, daß man bei der symmetrischen Störlast die Frequenz $\nu = \pi$ und bei der antimetrischen Störlast die Frequenz $\nu = 2\pi$ gesetzt hat.

Ein ähnliches Abklinggesetz wie für die Deformationen gilt auch für die Ostenfeldschen Koeffizienten. Vom dritten Knotenpunkt ab klingen alle Koeffizienten von Knotenpunkt zu Knotenpunkt mit dem von den Trägerdimensionen unabhängigen Faktor

$$\varkappa = 0{,}26795$$

ab [vgl. Gl. (48)].

Wenn man diese Beziehungen in den erweiterten Krabbeschen Ansatz einführt, kann man die Gleichungsglieder, die die abklingenden Knotenpunktsverschiebungen enthalten, jeweils als geometrische Reihe anschreiben und mit der Summenformel der geometrischen Reihe zusammenfassen. Diese Reihen beginnen mit dem ersten Gleichungsglied, das den Einfluß der Diagonalzugsteifigkeit nicht enthält im Abstand $x = a$ von der Kraftangriffsstelle, Abb. 48.

c) Abgrenzen der Knotenpunktsverschiebungen, die in die Rechnung eingehen.

Hier sind zwei Fragen zu unterscheiden:

α) Für welche Knotenpunktsverschiebungen müssen bei Kraftangriff in einem bestimmten Punkt Bestimmungsgleichungen aufgestellt werden? Ganz allgemein müssen Bestimmungsgleichungen aufgestellt werden für die Knotenpunktsverschiebungen im Raum zwischen Trägerende und Kraftangriffsstelle — wenn der Abstand so klein ist, daß das Abklingen der Störung durch das Trägerende noch beeinflußt wird — und für die Verschiebungen aller Knotenpunkte rechts von der Kraftangriffsstelle, deren Abstand von der Kraftangriffsstelle kleiner als $2a$ ist, Abb. 49.

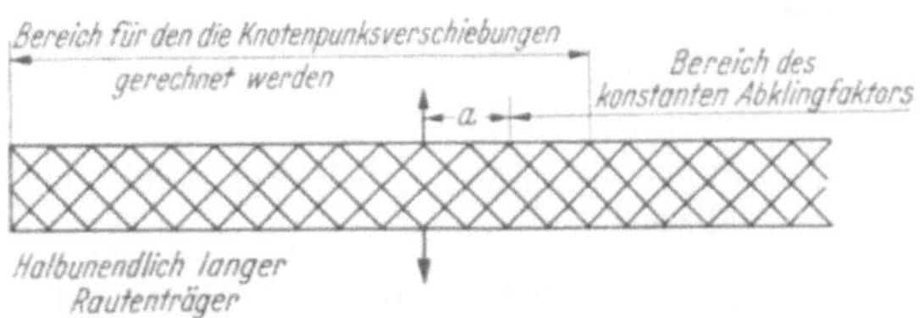

Abb. 49. Knotenpunkte, für die Bestimmungsgleichungen aufgestellt werden.

Beim Aufstellen von Einflußlinien, wenn also die Rechnung für Kraftangriff in jedem Knotenpunkt durchgeführt werden muß, sind die Knotenpunktsverschiebungen zwischen Trägerende und Kraftangriffsstelle nach dem Satz von der Gegenseitigkeit der Verschiebungen bekannt. Dann müssen nur noch die Knotenpunktsverschiebungen von der Kraftangriffsstelle einschließlich bis zum Punkt im Abstand $2a$ rechts von der Kraftangriffsstelle ausschließlich gerechnet werden; das sind für den Einfachrautenträger jeweils 2 und für den Doppelrautenträger jeweils 4 Knotenpunktsverschiebungen.

β) Welche Knotenpunktsverschiebungen müssen in den einzelnen Bestimmungsgleichungen berücksichtigt werden? Die Zahlenrechnung zeigt, daß die Summen der geometrischen Reihen vernachlässigbar klein sind. Demnach müssen in jeder Gleichung nur die Verschiebungen der Knotenpunkte berücksichtigt werden, die in dem Bereich liegen, den die nach außen gehenden Diagonalen der Kraftangriffsstelle und des betrachteten Punktes einschließen, Abb. 48.

Alle Knotenpunktsverschiebungen, für die keine Bestimmungsgleichungen aufgestellt werden, die aber in dem Gleichungsschema vorkommen, werden ausgedrückt durch die Verschiebungen der Punkte, die um die Strecke a näher an der Kraftangriffsstelle liegen, und den Abklingfaktor.

Wenn man Ungenauigkeiten von einigen Prozenten in Kauf nimmt, kann man das Verfahren noch weiter vereinfachen, indem man in jeder Gleichung nur die Verschiebungen derjenigen Knotenpunkte berücksichtigt, die durch Diagonalen mit dem Punkt verbunden sind, für den die Gleichung aufgestellt wird und die innerhalb des Spannraumes dieser Diagonalen liegen. Das kombinierte Verfahren bleibt trotz dieser Vereinfachung noch wesentlich genauer als die Krabbesche Methode, weil keine Knotenpunktsverschiebung gleich Null gesetzt wird, die unmittelbar maßgebend ist für die Größe einer Diagonalkraft, die in die statisch unbestimmte Rechnung eingeht.

d) Schematisierung des kombinierten Verfahrens.

Wenn man öfter Rautenträger zu berechnen hat, wird man sich zweckmäßig die Knotenpunktsverschiebungen $\overline{y}$ für vier bis fünf Kennzahlen ausrechnen und dann im Anwendungsfall die Zwischenwerte für die Kennzahl des zu berechnenden Trägers interpolieren. Die Trägerlänge geht in die Rechnung nicht ein, weil die ausgeführten Träger im allgemeinen so lang sind, daß die Störungen an den Enden sich gegenseitig nicht beeinflussen. Man betrachtet den Träger als halbunendlich lang und berechnet die Knotenpunktsverschiebungen je nach Rautenträgersystem und Kennzahl für 10 bis 20 Kraftangriffsstellen; dann ist der Einfluß des Trägerendes abgeklungen, und die $\overline{y}$-Werte der Kraftangriffsstelle und der benachbarten Knotenpunkte werden konstant und unabhängig von der Lage der Kraftangriffsstelle.

Das vorstehend beschriebene Verfahren zur Berechnung der Knotenpunktsverschiebungen ist zunächst nur für Rautenträger brauchbar, die um die waagerechte Achse symmetrisch sind, weil man nur hier die Störlast in Symmetrie und Antimetrie zerlegen und für jeden Lastfall den entsprechenden Abklingfaktor einsetzen kann. Die Deformationen der nicht symmetrischen Systeme, des eineinhalbfachen, zweieinhalbfachen Rautenträgers usw., bekommt man, indem man vom einfachen und doppelten Rautenträger auf das kontinuierliche System schließt und von diesem wieder auf das zu berechnende.

Die Störlast am kontinuierlichen System setzt sich aus drei Anteilen zusammen, einer antimetrischen Belastung, einer symmetrischen Einzellast und einer symmetrischen gleichmäßig verteilten Belastung. Die antimetrischen Deformationen für den zu berechnenden Rautenträger bekommt man, wenn man die des Doppelrautenträgers mit einem Umrechnungsfaktor nach Gl. (49) multipliziert. Die symmetrischen Deformationen des Doppelrautenträgers entsprechen der symmetrischen Einzellast $P/4$ und der symmetrischen gleichmäßig verteilten Belastung $P/4$ am kontinuierlichen System. Wenn man die symmetrischen Deformationen des Doppelrautenträgers mit dem Umrechnungsfaktor multipliziert, der nach Gl. (49) der symmetrischen Einzellast entspricht, so ist auch deren Einfluß erfaßt. Um auch den Anteil der symmetrischen gleichmäßig verteilten Belastung richtig zu berücksichtigen, werden die Deformationen des Einfachrautenträgers, die ja einer gleichmäßig verteilten Belastung des kontinuierlichen Systems entsprechen, mit einem Umrechnungsfaktor multipliziert, der sich nach Gl. (49) leicht bestimmen läßt, zuaddiert.

Damit sind die Deformationen des kontinuierlichen Ersatzsystems für symmetrische und antimetrische Belastung getrennt für Kraftangriff im Abstand $a/2$, a, $3a/2$ usw. vom Trägeranfang gegeben. Bei den nicht symmetrischen Rautenträgern kommen andere Abstände der Kraftangriffstelle vom Trägeranfang in Frage. Die entsprechenden Verschiebungswerte werden interpoliert.

Damit sind die Deformationen des kontinuierlichen Ersatzsystems für die Abstände der Kraftangriffsstellen vom Trägeranfang, die dem zu berechnenden endlichen System entsprechen, gegeben jeweils an der Kraftangriffsstelle und an den benachbarten Knotenpunkten $m + a/2$, $m + a$ und $m + 3a/2$. Diese Nachbarpunkte sind nicht die Knotenpunkte der zu berechnenden Rautenträger. Die gesuchten Werte können auch hier unschwer interpoliert werden.

Für die Berechnung des eineinhalbfachen Rautenträgers gibt es noch eine andere Methode. Man kann hier mit guter Näherung für das Abklingen der Deformationen die Abklingfunktion der symmetrischen Störlast einsetzen, weil erstens der Anteil der antimetrischen Störlast verhältnismäßig gering ist — an der Kraftangriffsstelle beträgt die antimetrische Querverschiebung etwa 12 % der symmetrischen — und weil zweitens die Knotenpunkte gerade so liegen, daß die symmetrischen und antimetrischen Knotenpunktsverschiebungen am Ober- und Untergurt zusammengezählt werden müssen, Abb. 50. Am Untergurt, wo Symmetrie und Antimetrie addiert werden, haben die Durchbiegungen jeweils gleiches, und am Obergurt, wo Symmetrie und Antimetrie subtrahiert werden, haben sie jeweils verschiedenes Vorzeichen.

Um die Einflußlinien für die Gurtknotenpunktsverschiebungen aus Störlast für einen Träger von endlicher Länge aufzustellen, benutzt man nebenstehendes Schema:

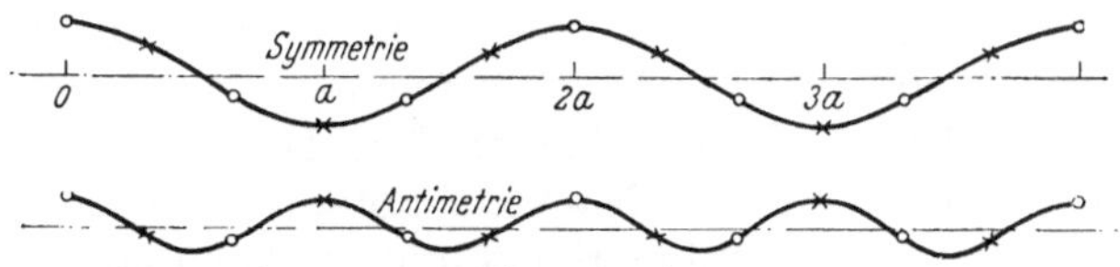

Abb. 50. Abklingfrequenzen des eineinhalbfachen Rautenträgers.

Last an der Stelle	Knotenpunktsverschiebung an der Stelle									
	e	1	2	3	4	4'	3'	2'	1'	e'
1		▨								
2			▨			I				
3				▨						
4	II		III		▨			III		II
4'						▨				
3'							▨			
2'						I		▨		
1'									▨	

Dabei werden zuerst aus der statisch unbestimmten Rechnung, bzw. interpoliert aus den für verschiedene λ^*-Werte vorbereiteten Tabellen, die $\bar{y}$-Werte aller Kraftangriffsstellen und ihrer benachbarten Punkte sowie die x-Werte des Pfostenknotenpunktes bei Kraftangriff im Trägerendbereich eingetragen. Dann werden die abklingenden Werte im Bereich I und II durch Multiplikation der jeweils um die Strecke a vorhergehenden Werte mit den Abklingfaktoren (Tabelle 1) gerechnet. Die Werte im Bereich III ergeben sich nach dem Satz von der Gegenseitigkeit der Verschiebungen. An der Tabellendiagonale treten im Bereich des Trägerendes Unstimmigkeiten auf, weil die Voraussetzung der Rechnung nicht mehr erfüllt ist, daß die Deformationen im halbunendlich langen Träger ungestört abklingen. Die $\bar{y}$-Werte sind aber hier schon so klein, daß diese Störungen das Deformationsbild des ganzen Trägers nicht mehr wesentlich beeinflussen.

Wenn symmetrische und antimetrische Störlasten auftreten, muß man die Tabelle zweimal schreiben. Beim erstenmal werden in jede Zeile die symmetrischen und antimetrischen Knotenpunktsverschiebungen getrennt eingetragen; beim zweitenmal werden in jede Zeile die Ober- und Untergurtknotenpunktsverschiebungen eingetragen.

Wenn die Knotenpunktsverschiebungen bekannt sind, werden die inneren Kräfte nach den Formeln der erweiterten Krabbeschen Methode berechnet.

e) Erweiterung des kombinierten Verfahrens auf Rautenträger mit über die Länge veränderlicher Steifigkeit.

Das vorstehend beschriebene kombinierte Verfahren gilt nur für Rautenträger, bei denen alle Gurte und alle Diagonalen gleiche Querschnitte haben. Wenn die Querschnitte sich über die Länge des Trägers ändern, müßte man, wenn man ganz genau rechnen wollte, die erweiterte Krabbesche Methode verwenden und auch bei der Aufstellung der Ostenfeldschen Koeffizienten die Änderung der Trägheitsmomente über die Trägerlänge berücksichtigen. Da sich der Rechenaufwand hierfür im allgemeinen nicht lohnt, führt man Näherungsmethoden ein, die das kombinierte Verfahren für den allgemeinen Fall sich ändernder Querschnitte erweitern.

Am einfachsten ist es, wenn man bei der Rechnung mit konstanter Dimensionierung bleibt und als Kennzahl des ganzen Trägers einen irgendwie bestimmten Mittelwert einführt.

Wenig aufwendiger, aber genauer wird die Rechnung, wenn man für jeden Knotenpunkt einen besonderen λ^*-Wert berechnet aus dem Mittelwert der Steifigkeiten der Gurt- und Diagonalstäbe, die sich hier treffen. Dann entnimmt man die Verschiebungswerte $\bar{y}$ der Kraftangriffsstelle und der Nachbarknotenpunkte aus den Tabellen, in denen die Ergebnisse der statisch unbestimmten Rechnung in Abhängigkeit von λ^* zusammengestellt sind, jeweils für den λ^*-Wert der Kraftangriffsstelle. Die abklingenden Knotenpunktsverschiebungen im Bereich I des Schemas werden mit dem Abklingfaktor gerechnet, der der Kennzahl der Kraftangriffsstelle entspricht. Die Werte im Bereich III ergeben sich nach dem Satz von der Gegenseitigkeit der Verschiebungen.

Bei der Ermittlung der inneren Kräfte rechnet man an den Kraftangriffsstellen und im Bereich I jeweils mit den Querschnittswerten der betrachteten Stelle. Dabei darf aber nicht jede dimensionslose Knotenpunktsverschiebung $\bar{y}$ durch Multiplikation mit $\dfrac{P\,a^3}{2\,E\,J_s}$ in die wirkliche Verschiebung y umgerechnet werden, weil sich durch die schroffe Änderung der Trägheitsmomente zu große oder zu kleine Verschiebungsdifferenzen und damit zu große oder zu kleine innere Kräfte ergeben würden. Man rechnet die jeweilige Kombination der Verschiebungen aus $\bar{y}$ und bestimmt dann die wirklichen Kräfte durch Multiplikation mit dem Verhältnisfaktor, der der Steifigkeit an der betrachteten Stelle entspricht. Im Bereich II und III rechnet man mit der Systemsteifigkeit der Kraftangriffsstelle und im übrigen ebenfalls mit den Querschnittswerten der betrachteten Stelle.

Es leuchtet ohne weiteres ein, daß die nach diesem Verfahren gerechneten inneren Kräfte an der Kraftangriffsstelle, auf die es am meisten ankommt, annähernd richtig sind.

Für Träger, bei denen die Kennzahl in der Mitte größer ist als an den Enden — das sind fast alle Träger auf zwei Stützen —, kann man zeigen, daß die so gerechneten inneren Kräfte auch in den übrigen Bereichen annähernd stimmen, weil sich immer zwei Fehler gegenseitig aufheben.

Im Bereich I besteht der eine Fehler darin, daß der Ausgangswert y zu klein ist, weil der kleine $\bar{y}$-Wert der Kraftangriffsstelle durch den großen J_s-Wert der betrachteten Stelle dividiert wird; der andere Fehler besteht darin, daß die Abklinggeschwindigkeit zu klein angesetzt ist, weil der Wert der Kraftangriffsstelle verwendet ist, während in Wirklichkeit durch das Stärkerwerden der Gurte nach der Trägermitte zu die Verschiebungen schneller abklingen.

Für die Bereiche II und III gilt Entsprechendes. Der eine Fehler besteht darin, daß die Ausgangswerte y zu klein sind, weil der kleine $\bar{y}$-Wert für die Kennzahl des Trägerendes durch den großen J_s-Wert der Kraftangriffsstelle dividiert ist; der andere Fehler besteht darin, daß die Abklinggeschwindigkeit zu klein angesetzt ist, weil der Wert für die Kennzahl des Trägerendes verwendet ist, während in Wirklichkeit durch das Stärkerwerden der Gurte nach der Trägermitte zu die Verschiebungen schneller abklingen.

Im folgenden wird zunächst die Durchführung der statisch unbestimmten Rechnung zur Ermittlung der Gurtbiegelinie und die Ermittlung der inneren Kräfte im halbunendlich langen Träger mit konstanter Dimensionierung für den einfachen, eineinhalbfachen und doppelten Rautenträger gezeigt.

Die Berechnung von Trägern auf zwei Stützen unter Berücksichtigung der verschiedenen Stabquerschnitte wird im Kapitel II, Rechenanweisung für den Statiker, für die drei Rautenträgersysteme beschrieben und an je einem Zahlenbeispiel durchgeführt.

2. Einfachrautenträger.

a) Statisch unbestimmte Rechnung zur Ermittlung der Gurtbiegelinie.

Das kombinierte Verfahren wird zunächst am ersten Beispiel der erweiterten Krabbeschen Methode, dem Einfachrautenträger mit Halbrautenende von der Steifigkeit $\lambda^* = 10^{-3}$, der an der Stelle 1 durch die Spreizkraft $P/2$ belastet ist, gezeigt.

Nach dem in Abb. 51 wiedergegebenen Schema sind hier nur zwei Gleichungen für die zwei Unbekannten, $\bar{y}_1$ und $\bar{y}_2$ aufzustellen. Wenn man in die ersten zwei Gleichungen der

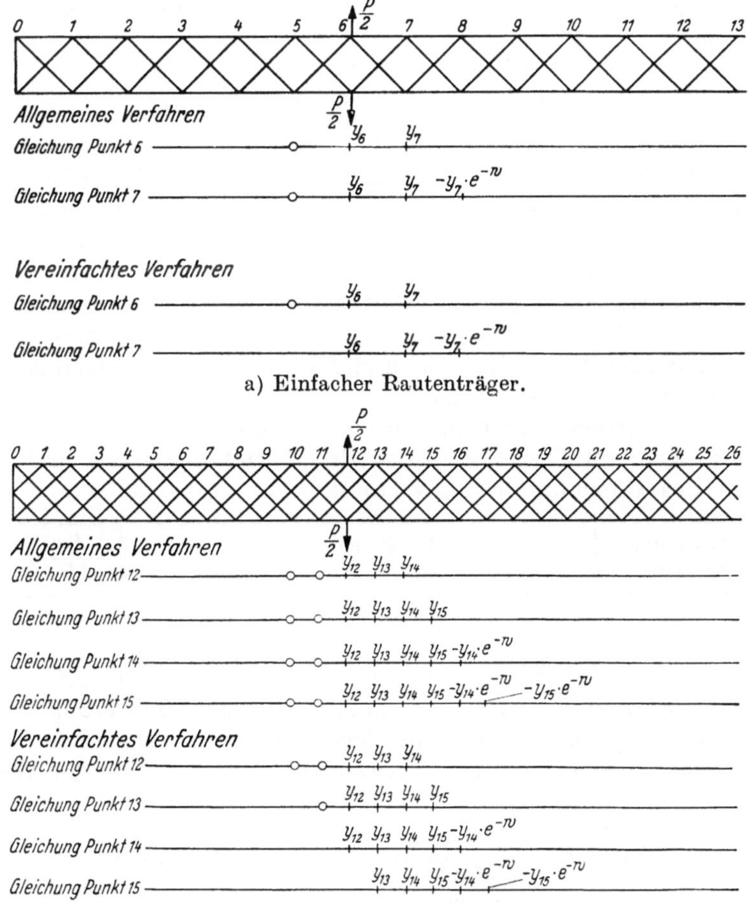

a) Einfacher Rautenträger.

b) Doppelrautenträger.

Abb. 51. Rechenschema des kombinierten Verfahrens für symmetrische Störlast. Die bekannten Knotenpunktsverschiebungen, die in das Gleichungssystem eingehen, sind durch Kreise angedeutet.

Rechnung nach der erweiterten Krabbeschen Methode S. 31 für die Deformationen

$$y_3 = -y_2\, e^{-\omega}, \qquad\qquad y_5 = -y_2\, e^{-3\,\omega},$$
$$y_4 = y_2\, e^{-2\,\omega}, \qquad\qquad y_6 = y_2\, e^{-4\,\omega}$$

und für die Ostenfeldschen Koeffizienten

$$-1{,}1694 = 4{,}3643\,(-\varkappa), \quad -0{,}0840 = 4{,}3643\,(-\varkappa)^3,$$
$$+0{,}3133 = 4{,}3643\,(-\varkappa)^2$$

einsetzt, ergibt sich

$$+1012{,}7855\,\bar y_1 + 489{,}7125\,\bar y_2 - 4{,}3643\,\bar y_2\, e^{-\omega} - 4{,}3643\,\bar y_2\,\varkappa e^{-2\,\omega} - 4{,}3643\,\bar y_2\,\varkappa^2\, e^{-3\,\omega} - 4{,}3643\,\bar y_2\,\varkappa^3\, e^{-4\,\omega} = 1$$
$$+489{,}7125\,\bar y_1 + 1014{,}2472\,\bar y_2 - 489{,}3224\,\bar y_2\, e^{-\omega} + 4{,}4687\,\bar y_2\, e^{-2\,\omega} + 4{,}4687\,\bar y_2\,\varkappa\, e^{-3\,\omega} + 4{,}4687\,\bar y_2\,\varkappa^2\, e^{-4\,\omega} = 0.$$

     Dafür kann man kürzer schreiben

$$+1012{,}7855\,\bar y_1 + 489{,}7125\,\bar y_2 - 4{,}3643\,\frac{e^{-\omega}}{1-\varkappa\, e^{-\omega}}\,\bar y_2 = 1,$$
$$+489{,}7125\,\bar y_1 + 1014{,}2414\,\bar y_2 - 489{,}3224\,\bar y_2\, e^{-\omega} + 4{,}4687\,\frac{e^{-2\,\omega}}{1-\varkappa\, e^{-\omega}}\,\bar y_2 = 0.$$

Für das Beispiel wird

$$4{,}3643\,\frac{e^{-\omega}}{1-\varkappa\, e^{-\omega}} = 4{,}3643\,\frac{0{,}6696}{1-0{,}2679\cdot 0{,}6696} = 3{,}5612 \ll 489{,}7125,$$
$$4{,}4687\,\frac{e^{-2\,\omega}}{1-\varkappa\, e^{-\omega}} = 4{,}4687\,\frac{0{,}6696}{1-0{,}2679\cdot 0{,}6696} = 2{,}4416 \ll 1014{,}2412 - 489{,}3224\cdot 0{,}6696 = 686{,}5909.$$

     Wenn man die Summenwerte vernachlässigt und in der zweiten Gleichung die Glieder mit $\bar y_2$ zusammenfaßt, bekommt man für die Berechnung von $\bar y_1$ und $\bar y_2$ die beiden einfachen Bestimmungsgleichungen

$$+1012{,}7855\,\bar y_1 + 489{,}7125\,\bar y_2 = 1,$$
$$+489{,}7125\,\bar y_1 + 686{,}5909\,\bar y_1 = 0.$$

     Auch bei Kraftangriff an allen folgenden Punkten sind immer nur zwei Gleichungen mit zwei Unbekannten aufzulösen. Denn wenn man dazu übergeht, die Deformationen für Kraftangriff an der Stelle 2 zu bestimmen, ist die Verschiebung an der Stelle 1 aus der vorhergehenden Rechnung nach dem Satz von der Gegenseitigkeit der Verschiebungen bereits bekannt.

     Diese Rechnung wurde für fünf verschiedene λ^*-Werte und Kraftangriff bis zum zehnten Knotenpunkt durchgeführt. Es zeigt sich, daß die Knotenpunktsverschiebungen spätestens hier die Werte des unendlich langen Trägers erreicht haben. Die Ergebnisse dieser Rechnung, die Durchbiegungen an der Kraftangriffsstelle m und an dem benachbarten Knotenpunkt $m+1$, sind in Tabelle 2 (S. 89) zusammengestellt.

     Für den Einfachrautenträger mit Ganzrautenende gelten grundsätzlich die gleichen Überlegungen. Für Kraftangriff im Punkt 1 werden drei Gleichungen mit drei Unbekannten aufgestellt. Die Matrix des Gleichungssystems lautet:

Gleichung für Punkt	Koeffizient vor				$\dfrac{P\,a^3}{2\,E\,J_s}$
	x_e	y_1	y_2	$y_3 = -\,y_2\, e^{-\omega}$	
e	ee	$e\,1$	$e\,2$		0
1	$1e$	11	12		1
2	$2e$	21	22	23	0

     Beim K-Wert für die Enddiagonale $e-1$ muß berücksichtigt werden, daß diese Diagonale nur halb so lang ist wie die andern und daß die Verschiebung x_e waagerecht liegt. Für R werden die Lagerreaktionen aus Tabelle 8 (S. 117) verwendet. Für $\operatorname{tg}\alpha$ wird der Wert 6/7 eingesetzt.

     Für die Z-Werte am Punkt e gilt

$$Z_{ee} = R_{ee} + \frac{2}{\lambda^*\operatorname{tg}^2\varkappa} = +69{,}2487 + 1469{,}388,$$
$$Z_{e1} = R_{e1} + \frac{2}{\lambda^*\operatorname{tg}\varkappa} = +43{,}0980 + 1714{,}286,$$
$$Z_{e2} = R_{e2} \phantom{+ \frac{2}{\lambda^*\operatorname{tg}\varkappa}} = -4{,}8810.$$

Für die Z-Werte am Punkt 1 gilt

$$Z_{1e} = R_{1e} + \frac{1}{\lambda^* \operatorname{tg}\alpha} = +21{,}5488 + 857{,}143 \, ,$$

$$Z_{11} = R_{11} + \frac{1}{\lambda^*} + \frac{1}{2\lambda^*} = +47{,}4558 + 1500{,}000 \, ,$$

$$Z_{12} = R_{12} + \frac{1}{2\lambda^*} = -17{,}7206 + 500{,}000 \, .$$

Für alle übrigen Z-Werte gilt wie beim Einfachrautenträger mit Halbrautenende,

wenn sie gleichen Index haben . . . . $Z_{mm} = R_{mm} + \dfrac{1}{\lambda^*}$,

wenn sie um 1 verschiedenen Index haben . . $Z_{m,\,m+1} = R_{m,\,m+1} + \dfrac{1}{2\lambda^*}$,

in allen übrigen Fällen . . . . $Z_{m,\,i} = R_{m\,i}$.

Um nach dem Satz von· der Gegenseitigkeit der Verschiebungen die waagerechte Verschiebung im Punkt e infolge der senkrechten Spreizkraft $P/2$ an den Gurtknotenpunkten zu bekommen, werden die senkrechten Verschiebungen der Gurtknotenpunkte infolge der waagerechten Kraft $P = 1$ an der Stelle e gerechnet. Die waagerechte Kraft im Punkt e muß doppelt so groß sein wie die entsprechende senkrechte Belastung der Gurtknotenpunkte, weil sich die durch sie hervorgerufene Verschiebung symmetrisch auf zwei Gurtknotenpunkte verteilt.

Diese Rechnung wurde ebenfalls für fünf λ^*-Werte und Kraftangriff bis zum zehnten Knotenpunkt durchgeführt. Die Ergebnisse sind in Tabelle 2 (S. 89) zusammengestellt. Bei der Ermittlung der Tabellenwerte wurde mit $\operatorname{ctg}\alpha = 6/7$ gerechnet.

b) Innere Kräfte.

Die Einflußlinien für die inneren Kräfte werden aus den Einflußlinien für die Knotenpunktsverschiebungen abgeleitet.

Die Normalkräfte in den Diagonalen sind nach Gl. (36) proportional der Summe der Verschiebungen der zu beiden Seiten des betrachteten Feldes liegenden Gurtknotenpunkte,

$$D = \frac{1}{4\lambda^*} \frac{P}{\sin\alpha} \Sigma \overline{y} \, . \tag{98}$$

Für die Halbdiagonale am Ende des Rautenträgers mit Ganzrautenende gilt

$$D_{e1} = \frac{P}{2\lambda^* \sin\alpha} (\overline{y}_1 + \overline{x}_e \operatorname{ctg}\alpha) \, . \tag{99}$$

Die Normalkräfte in den Gurten sind gleich der waagerechten Projektion der Diagonalkräfte in dem betrachteten Feld

$$G = \frac{1}{4\lambda^*} \frac{P}{\operatorname{tg}\alpha} \Sigma \overline{y} \, . \tag{100}$$

Die Biegemomente in den Gurten des halbunendlich langen Trägers erhält man mit einer endlichen Zahl von Gliedern exakt, wenn man in Gl. (38a) die Werte $-e^{-\omega}$ und $\varkappa$ einführt. Das Summenglied darf hier nicht vernachlässigt werden; die genaue Berechnung der Biegemomente ist zeitraubend.

Man rechnet nur die Biegemomente an der Kraftangriffsstelle und am Trägerende, wenn die äußere Kraft in der Nähe des Endes angreift, exakt und begnügt sich im übrigen mit Näherungslösungen. Das ist berechtigt, weil die Gurtbiegespannungen nur einen geringen Prozentsatz der Gesamtspannungen in den Gurten ausmachen.

Beim Einfachrautenträger mit Halbrautenende ergibt sich für die Biegemomente an der Kraftangriffsstelle, wenn man in Gl. (38a) die Werte $-e^{-\omega}$ und $\varkappa$ einführt,

$$M_{11} = \frac{1}{12}\left(+4{,}13\,\overline{y}_{11} - 2{,}71\,\frac{1}{1 - \varkappa e^{-\omega}}\,\overline{y}_{21} \right) 6\,\frac{J_g}{J_s}\,P\,a \, ,$$

$$M_{22} = \frac{1}{12}\left(-2{,}71\,\overline{y}_{12} + 4{,}37\,\overline{y}_{22} - 2{,}78\,\frac{1}{1 - \varkappa e^{-\omega}}\,\overline{y}_{32} \right) 6\,\frac{J_g}{J_s}\,P\,a \, ,$$

usw.

Für das Biegemoment an der Stelle 1 gilt entsprechend

$$M_{11} = \frac{1}{12}\left(4{,}13\,\overline{y}_{11} - 2{,}71\,\frac{1}{1 - \varkappa\,e^{-\omega}}\,\overline{y}_{21}\right) 6\,\frac{J_g}{J_s}\,P\,a\,,$$

$$M_{12} = \frac{1}{12}\left(4{,}13\,\overline{y}_{12} - 2{,}71\,y_{22} + 0{,}72\,\frac{1}{1 - \varkappa\,e^{-\omega}}\,\overline{y}_{32}\right) 6\,\frac{J_g}{J_s}\,P\,a\,,$$

usw.

Die Biegemomente im Endpfosten und in der Ecke zwischen Endpfosten und Gurt ergeben sich aus dem Biegemoment und der Durchbiegung an der Stelle 1, Abb. 52.

$$M_0 = -\frac{1}{11}\,(\overline{y}_1 + 2\,\overline{M}_1)\,6\,\frac{J_g}{J_s}\,P\,a \approx -0{,}1\,(\overline{y}_1 + 2\,\overline{M}_1)\,6\,\frac{J_g}{J_s}\,P\,a\,. \tag{101}$$

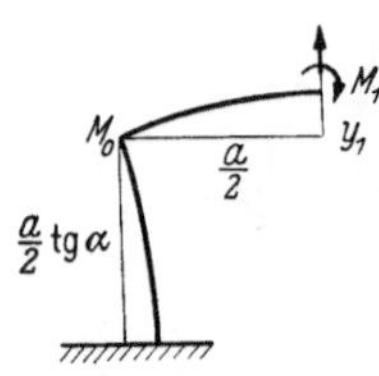

Abb. 52.
Eckbiegemoment.

Für alle übrigen Punkte macht man die vereinfachende Annahme, daß der Gurt in der Mitte zwischen den Knotenpunkten jeweils Gelenke hat, die keine Querverschiebungen erfahren. Das Biegemoment ist dann an jedem Knotenpunkt der Auslenkung proportional,

$$M = \frac{12\,E\,J_s}{a^2}\,y = 12\,\overline{y}\,\frac{J_g}{J_s}\,\frac{P\,a}{2} = \overline{y}\cdot 6\,\frac{J_g}{J_s}\,P\,a\,. \tag{102}$$

Der Vergleich mit der genauen Rechnung für den Einfachrautenträger mit Halbrautenende von der Steifigkeit $\lambda^* = 10^{-3}$, bei dem die Störlast am Knotenpunkt 4 angreift, zeigt, daß die vereinfachte Rechnung bei den Knotenpunkten unmittelbar neben der Kraftangriffsstelle zu große und an allen übrigen Punkten zu kleine Werte liefert, und zwar liegt der Fehler in der Größenordnung von 5 %. An der Kraftangriffsstelle würde die vereinfachte Rechnung viel zu große Biegemomente liefern, weil hier nach Abb. 53 die Stützweite wesentlich größer ist als a.

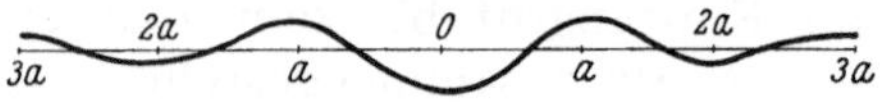

Abb. 53.
Gurtbiegelinie des Einfachrautenträgers.

Die Gurtbiegemomente an den Kraftangriffsstellen und an der Stelle 1 sind für den Einfachrautenträger mit Halbrautenende für fünf verschiedene λ^*-Werte gerechnet und in Tabelle 2 (S. 89) zusammengestellt. Die in die Tabelle eingetragenen dimensionslosen Biegemomentenwerte sind so gewählt, daß der Proportionalitätsfaktor $6\,\frac{J_g}{J_s}\,P\,a$ für das ganze Feld gilt. Aus dieser Momententabelle und den Gurtknotenpunktsverschiebungen werden die Einflußlinien für die Gurtbiegemomente nach demselben Schema zusammengestellt wie die für die $\overline{y}$-Werte.

Beim Einfachrautenträger mit Ganzrautenende ergibt sich für die Biegemomente an den Kraftangriffsstellen, wenn man in Gl. (38a) die Werte $-e^{-\omega}$ und $\varkappa$ einführt,

$$M_{11} = \frac{1}{12}\left(+1{,}52\,\overline{x}_{e1} + 8{,}75\,\overline{y}_{11} - 3{,}71\,\frac{1}{1 - \varkappa\,e^{-\omega}}\,\overline{y}_{21}\right) 6\,\frac{J_g}{J_s}\,P\,a\,,$$

$$M_{22} = \frac{1}{12}\left(-1{,}52\,\overline{x}_{e2} - 3{,}95\,\overline{y}_{12} + 4{,}64\,\overline{y}_{22} - 2{,}85\,\frac{1}{1 - \varkappa\,e^{-\omega}}\,\overline{y}_{32}\right) 6\,\frac{J_g}{J_s}\,P\,a\,,$$

usw.

Für die Biegemomente an der Stelle 0 gilt entsprechend

$$M_{01} = \frac{1}{12}\left(-8{,}29\,\overline{x}_{e1} - 8{,}62\,\overline{y}_{11} + 0{,}78\,\frac{1}{1 - \varkappa\,e^{-\omega}}\,\overline{y}_{21}\right) 6\,\frac{J_g}{J_s}\,P\,a\,,$$

$$M_{02} = \frac{1}{12}\left(-8{,}29\,\overline{x}_{e2} - 8{,}62\,\overline{y}_{12} + 0{,}98\,\overline{y}_{22} - 0{,}26\,\frac{1}{1 - \varkappa\,e^{-\omega}}\,\overline{y}_{32}\right) 6\,\frac{J_g}{J_s}\,P\,a\,,$$

usw.

Die Biegemomente an der Stelle 0 sind sehr klein und dürfen deswegen bei der Berechnung des Biegemomentes an der Stelle e vernachlässigt werden,

$$M_e = \overline{x}_e\,\mathrm{ctg}^2\,\alpha\,6\,\frac{J_g}{J_s}\,P\,a\,. \tag{103}$$

Für alle übrigen Punkte gilt wie beim Träger mit Halbrautenende Gl. (102).

Die Gurtbiegemomente an den Kraftangriffsstellen und an der Stelle 0 sind für den Einfachrautenträger mit Ganzrautenende für fünf verschiedene λ^*-Werte gerechnet und in Tabelle 2 zusammengestellt.

Die Biegemomente in den Diagonalen berechnet man aus der Verschiebung des Diagonalkreuzungspunktes, Gl. (44). Unter der Annahme, daß die Tangenten an allen Knotenpunkten parallel zur Diagonalsehne sind, gilt für das Biegemoment

$$M = \frac{6\,E\,J_d}{(\varDelta s)^2}\,f = \frac{6\,E\,J_d}{\frac{a^2}{2}}\,\frac{\bar{y}_1 - \bar{y}_2}{\sqrt{2}}\,\frac{P\,a^3}{2\,E\,J_s} = (\bar{y}_1 - \bar{y}_2)\,4{,}25\,\frac{J_d}{J_s}\,a\,P\,. \tag{104}$$

Die Diagonalbiegemomente sind also proportional der Differenz der Verschiebungen der zu beiden Seiten des betreffenden Feldes liegenden Gurtknotenpunkte.

Für die Halbdiagonale am Ende des Rautenträgers mit Ganzrautenende gilt

$$M = (\bar{x}_e - \bar{y}_1)\,4{,}25\,\frac{J_d}{J_s}\,a\,P\,. \tag{104a}$$

3. Doppelrautenträger.

a) Statisch unbestimmte Rechnung zur Ermittlung der Gurtbiegelinie.

Nach Abb. 13 ist am Doppelrautenträger die symmetrische Störlast die Spreizkraft $P/2$ und die antimetrische Störlast an jedem Gurt nach unten wirkend die Kraft $P/4$ auf der Wirkungslinie der zerlegten Einzelkraft und nach oben wirkend die Kräfte $P/8$ an den beiden Nachbarknotenpunkten.

Die äußeren Kräfte müssen vor dem Einsetzen in das Gleichungssystem durch

$$\left(\frac{n}{2}\right)^3 \frac{E\,J_s}{a^3} = 8\,\frac{E\,J_s}{a^3}$$

dividiert werden.

Nach Gl. (34) gilt beim Doppelrautenträger für die senkrechte Komponente einer Diagonalkraft bei der Querverschiebung $y = 1$ des einen Endpunktes

$$K = \left(\frac{2}{n}\right)^4 \frac{1}{2\,\lambda^*} = \left(\frac{2}{4}\right)^4 \frac{1}{2\,\lambda^*} = \frac{1}{32\,\lambda^*}\,.$$

Im folgenden sind die Z-Werte für Doppelrautenträger mit Halb- und Ganzrautenende zusammengestellt. Dabei wurde mit $\operatorname{ctg}\alpha = 6/7$ gerechnet.

Doppelrautenträger mit Halbrautenende

Symmetrische Störlast

$$Z_{ee} = R_{ee} + \frac{2}{\operatorname{tg}^2\alpha} + \frac{2}{32\,\lambda^*} = +\ 8{,}7807 + 1{,}469\,388\,\frac{2}{32\,\lambda^*}$$

$$Z_{11} = R_{11} + \frac{2}{32\,\lambda^*} + \frac{1}{32\,\lambda^*} = +\,14{,}2678 + \frac{3}{32\,\lambda^*}$$

$$Z_{22} = R_{22} + \frac{2}{32\,\lambda^*} = +\,14{,}3477 + \frac{2}{32\,\lambda^*}$$

$$Z_{33} = R_{33} + \frac{2}{32\,\lambda^*} = +\,14{,}3533 + \frac{2}{32\,\lambda^*}$$

$$Z_{44} = R_{44} + \frac{2}{32\,\lambda^*} = +\,14{,}3538 + \frac{2}{32\,\lambda^*}$$

$$Z_{e1} = R_{e1} + \frac{2}{\operatorname{tg}\alpha}\,\frac{2}{32\,\lambda^*} = +\ 6{,}8275 + 1{,}714\,286\,\frac{2}{32\,\lambda^*}$$

$$Z_{1e} = R_{1e} + \frac{1}{\operatorname{tg}\alpha}\,\frac{2}{32\,\lambda^*} = +\ 3{,}4139 + 0{,}857\,143\,\frac{2}{32\,\lambda^*}$$

$$Z_{13} = R_{13} + \frac{1}{32\,\lambda^*} = +\ 4{,}4706 + \frac{1}{32\,\lambda^*}$$

$$Z_{24} = R_{24} + \frac{1}{32\,\lambda^*} = +\ 4{,}4765 + \frac{1}{32\,\lambda^*}$$

$$Z_{35} = R_{35} + \frac{1}{32\,\lambda^*} = +\ 4{,}4767 + \frac{1}{32\,\lambda^*}$$

$$Z_{46} = R_{46} + \frac{1}{32\,\lambda^*} = +\ 4{,}4767 + \frac{1}{32\,\lambda^*}$$

$$Z_{57} = R_{57} + \frac{1}{32\,\lambda^*} = +\ 4{,}4767 + \frac{1}{32\,\lambda^*}$$

Antimetrische Störlast

$$Z_{00} = R_{00} + \frac{3}{32\,\lambda^*} = +\ 3{,}9421 + \frac{3}{32\,\lambda^*}$$

$$Z_{11} = R_{11} + \frac{3}{32\,\lambda^*} = +\,13{,}6302 + \frac{3}{32\,\lambda^*}$$

$$Z_{22} = R_{22} + \frac{2}{32\,\lambda^*} = +\,14{,}3018 + \frac{2}{32\,\lambda^*}$$

$$Z_{33} = R_{33} + \frac{2}{32\,\lambda^*} = +\,14{,}3501 + \frac{2}{32\,\lambda^*}$$

$$Z_{44} = R_{44} + \frac{2}{32\,\lambda^*} = +\,14{,}3536 + \frac{2}{32\,\lambda^*}$$

$$Z_{01} = R_{01} - \frac{2}{32\,\lambda^*} = -\ 6{,}6062 - \frac{2}{32\,\lambda^*}$$

$$Z_{02} = R_{02} - \frac{1}{32\,\lambda^*} = +\ 3{,}3779 - \frac{1}{32\,\lambda^*}$$

$$Z_{13} = R_{13} - \frac{1}{32\,\lambda^*} = +\ 4{,}4249 - \frac{1}{32\,\lambda^*}$$

$$Z_{24} = R_{24} - \frac{1}{32\,\lambda^*} = +\ 4{,}4730 - \frac{1}{32\,\lambda^*}$$

$$Z_{35} = R_{35} - \frac{1}{32\,\lambda^*} = +\ 4{,}4766 - \frac{1}{32\,\lambda^*}$$

$$Z_{46} = R_{46} - \frac{1}{32\,\lambda^*} = +\ 4{,}4767 - \frac{1}{32\,\lambda^*}$$

$$Z_{57} = R_{57} - \frac{1}{32\,\lambda^*} = +\ 4{,}4767 - \frac{1}{32\,\lambda^*}$$

Doppelrautenträger mit Ganzrautenende

Symmetrische Störlast | Antimetrische Störlast

$$Z_{ee} = R_{ee} + \frac{1}{\operatorname{tg}^2 \alpha}\left(4 + \frac{4}{3}\right)\frac{1}{32\lambda*}$$
$$= +13{,}8455 + 1{,}959184\,\frac{2}{32\lambda*}$$

$$Z_{ee} = R_{ee} + \frac{1}{\operatorname{tg}^2 \alpha}\left(4 + \frac{4}{3}\right)\frac{1}{32\lambda*}$$
$$= +46{,}9153 + 1{,}959184\,\frac{2}{32\lambda*}$$

$$Z_{00} = R_{00} + \left(4 + \frac{4}{3}\right)\frac{1}{32\lambda*} = +25{,}9348 + \frac{16}{3}\,\frac{1}{32\lambda*}$$

$$Z_{11} = R_{11} + 5\,\frac{1}{32\lambda*} = +44{,}9787 + 5\,\frac{1}{32\lambda*}$$
$$Z_{11} = R_{11} + 5\,\frac{1}{32\lambda*} = +45{,}7407 + 5\,\frac{1}{32\lambda*}$$

$$Z_{22} = R_{22} + \left(1 + \frac{4}{3}\right)\frac{1}{32\lambda*} = +15{,}8088 + \frac{7}{3}\,\frac{1}{32\lambda*}$$
$$Z_{22} = R_{22} + \left(1 + \frac{4}{3}\right)\frac{1}{32\lambda*} = +15{,}8185 + \frac{7}{3}\,\frac{1}{32\lambda*}$$

$$Z_{33} = R_{33} + 2\,\frac{1}{32\lambda*} = +14{,}4583 + 2\,\frac{1}{32\lambda*}$$
$$Z_{33} = R_{33} + 2\,\frac{1}{32\lambda*} = +14{,}4589 + 2\,\frac{1}{32\lambda*}$$

$$Z_{44} = R_{44} + 2\,\frac{1}{32\lambda*} = +14{,}3615 + 2\,\frac{1}{32\lambda*}$$
$$Z_{44} = R_{44} + 2\,\frac{1}{32\lambda*} = +14{,}3615 + 2\,\frac{1}{32\lambda*}$$

$$Z_{55} = R_{55} + 2\,\frac{1}{32\lambda*} = +14{,}3544 + 2\,\frac{1}{32\lambda*}$$
$$Z_{55} = R_{55} + 2\,\frac{1}{32\lambda*} = +14{,}3544 + 2\,\frac{1}{32\lambda*}$$

$$Z_{66} = R_{66} + 2\,\frac{1}{32\lambda*} = +14{,}3538 + 2\,\frac{1}{32\lambda*}$$
$$Z_{66} = R_{66} + 2\,\frac{1}{32\lambda*} = +14{,}3538 + 2\,\frac{1}{32\lambda*}$$

$$Z_{e0} = R_{e0} + \frac{1}{\operatorname{tg}\alpha}\left(-4 + \frac{4}{3}\right)\frac{1}{32\lambda*}$$
$$= -18{,}1212 - 1{,}142858\,\frac{2}{32\lambda*}$$

$$Z_{1} = R_{e1} + \frac{1}{\operatorname{tg}\alpha}\,4\,\frac{1}{32\lambda*}$$
$$= +14{,}3736 + 1{,}714286\,\frac{2}{32\lambda*}$$

$$Z_{e1} = R_{e1} + \frac{1}{\operatorname{tg}\alpha}\,4\,\frac{1}{32\lambda*}$$
$$= +19{,}8986 + 1{,}714286\,\frac{2}{32\lambda*}$$

$$Z_{e2} = R_{e2} + \frac{1}{\operatorname{tg}\alpha}\,\frac{4}{3}\,\frac{1}{32\lambda*}$$
$$= -1{,}6278 + 0{,}571429\,\frac{2}{32\lambda*}$$

$$Z_{e2} = R_{e2} - \frac{1}{\operatorname{tg}\alpha}\,\frac{4}{3}\,\frac{1}{32\lambda*}$$
$$= -2{,}2536 - 0{,}571429\,\frac{2}{32\lambda*}$$

$$Z_{01} = R_{01} - 4\,\frac{1}{32\lambda*} = -33{,}1860 - 4\,\frac{1}{32\lambda*}$$

$$Z_{02} = R_{02} - \frac{4}{3}\,\frac{1}{32\lambda*} = +9{,}1942 - \frac{4}{3}\,\frac{1}{32\lambda*}$$

$$Z_{13} = R_{13} + \frac{1}{32\lambda*} = +6{,}2807 + \frac{1}{32\lambda*}$$
$$Z_{13} = R_{13} - \frac{1}{32\lambda*} = +6{,}3040 - \frac{1}{32\lambda*}$$

$$Z_{24} = R_{24} + \frac{1}{32\lambda*} = +4{,}5813 + \frac{1}{32\lambda*}$$
$$Z_{24} = R_{24} - \frac{1}{32\lambda*} = +4{,}5821 - \frac{1}{32\lambda*}$$

$$Z_{35} = R_{35} + \frac{1}{32\lambda*} = +4{,}4844 + \frac{1}{32\lambda*}$$
$$Z_{35} = R_{35} - \frac{1}{32\lambda*} = +4{,}4844 - \frac{1}{32\lambda*}$$

$$Z_{46} = R_{46} + \frac{1}{32\lambda*} = +4{,}4773 + \frac{1}{32\lambda*}$$
$$Z_{46} = R_{46} - \frac{1}{32\lambda*} = +4{,}4773 + \frac{1}{32\lambda*}$$

$$Z_{57} = R_{57} + \frac{1}{32\lambda*} = +4{,}4767 + \frac{1}{32\lambda*}$$
$$Z_{57} = R_{57} - \frac{1}{32\lambda*} = +4{,}4767 + \frac{1}{32\lambda*}$$

Bei symmetrischer Störlast lautet die Matrix des Gleichungssystems für Träger mit Halb- und Ganzrautenende für Last im Punkt 1:

Gleichung für Punkt	Koeffizient vor							$\dfrac{P\,a^3}{2\,E\,J_s}$
	gesucht				abgeleitet			
	x_e	y_1	y_2	y_3	y_4	$y_5 = -y_3 e^{-\omega}$	$y_6 = -y_4 e^{-\omega}$	
e	ee	$e1$	$e2$	$e3$				0
1	$1e$	11	12	13				0,125
2	$2e$	21	22	23	24			0
3		31	32	33	34	35		0
4			42	43	44	45	46	0

Wenn man die Einflußlinien für den ganzen Träger aufstellt, sind jeweils die Verschiebungen zwischen Trägeranfang und Kraftangriffsstelle aus der vorhergehenden Rechnung nach dem Satz von der Gegenseitigkeit der Verschiebungen bekannt.

Abb. 51 gibt eine Zusammenstellung der Knotenpunktsverschiebungen, die beim Doppelrautenträger beim allgemeinen und vereinfachten Verfahren in den einzelnen Bestimmungsgleichungen berücksichtigt werden müssen. Demnach lautet z. B. für Last im Punkt 5 die Matrix:

Gleichung für Punkt	Koeffizient vor								$\dfrac{P\,a^3}{2\,E\,J_s}$
	bekannt		gesucht				abgeleitet		
	y_3	y_4	y_5	y_6	y_7	y_8	$y_9=-y_7\,e^{-\omega}$	$y_{10}=-y_8\,e^{-\omega}$	
5	53	54	55	56	57				0,125
6		64	65	66	67	68			0
7			75	76	77	78	79		0
8				86	87	88	89	810	0

Um nach dem Satz von der Gegenseitigkeit der Verschiebungen die waagerechten Verschiebungen im Punkt e infolge der senkrechten Spreizkraft $P/2$ in den Gurtknotenpunkten zu bekommen, werden die senkrechten Verschiebungen der Gurtknotenpunkte gerechnet beim Träger mit Halbrautenende infolge der waagerechten Kraft $P = 1$ im Punkt e und beim Träger mit Ganzrautenende infolge der waagerechten Kräfte $P = \frac{1}{2}$ in den beiden Punkten e.

Die Rechnung der Gurtknotenpunktsverschiebungen aus symmetrischer Störlast für Doppelrautenträger mit Halb- und Ganzrautenende wurde für vier λ^*-Werte und Kraftangriff bis zum 20. Knotenpunkt durchgeführt. Es zeigt sich, daß die Knotenpunktsverschiebungen spätestens hier die Werte des unendlich langen Trägers erreicht haben. Die Ergebnisse der Rechnung, die Durchbiegungen an den Kraftangriffsstellen m und an den Nachbarknotenpunkten $m + a/2$, $m + a$ und $m + 3a/2$ sind in Tabelle 4 und 5 (S. 104 u. f.) zusammengestellt. Bei der Ermittlung der Tabellenwerte wurde mit $\operatorname{ctg}\alpha = \frac{6}{7}$ gerechnet.

Bei antimetrischer Störlast lautet die Matrix des Gleichungssystems für Träger mit Halbrautenende für Last im Punkt 1:

Gleichung für Punkt	Koeffizient vor								$\dfrac{P\,a^3}{2\,E\,J_s}$
	gesucht					abgeleitet			
	y_0	y_1	y_2	y_3	y_4	$y_5=y_3\,e^{-\omega}$	$y_6=y_4\,e^{-\omega}$		
0	00	01	02						−0,031 25
1	10	11	12	13					+0,062 50
2	20	21	22	23	24				−0,031 25
3		31	32	33	34	35			0
4			42	43	44	45	46		0

und für Träger mit Ganzrautenende für Last im Punkt 1:

Gleichung für Punkt	Koeffizient vor								$\dfrac{P\,a^3}{2\,E\,J_s}$
	gesucht						abgeleitet		
	x_e	y_0	y_1	y_2	y_3	y_4	$y_5=y_3\,e^{-\omega}$	$y_6=y_4\,e^{-\omega}$	
e	$e\,e$	$e\,0$	$e\,1$	$e\,2$					0
0	$0\,e$	00	01	02					−0,062 50
1	$1\,e$	10	11	12	13				+0,093 75
2	$2\,e$	20	21	22	23	24			−0,031 25
3			31	32	33	34	35		0
4				42	43	44	45	46	0

An der Stelle 1 des Trägers mit Ganzrautenende kann nicht die normale antimetrische Störlast angreifen, weil die Entfernung vom Lastknotenpunkt bis zum Trägerende nur $a/4$ beträgt. Maßgebend für das Festlegen der antimetrischen Störlast ist auch hier die Bedingung, daß die Einzelkraft so zerlegt werden muß, daß aus der Hauptlast alle Diagonalen unmittelbar, d. h. ohne daß die Gurtbiegesteifigkeit mitwirken muß, gleich große Kräfte bekommen. Abb. 54.

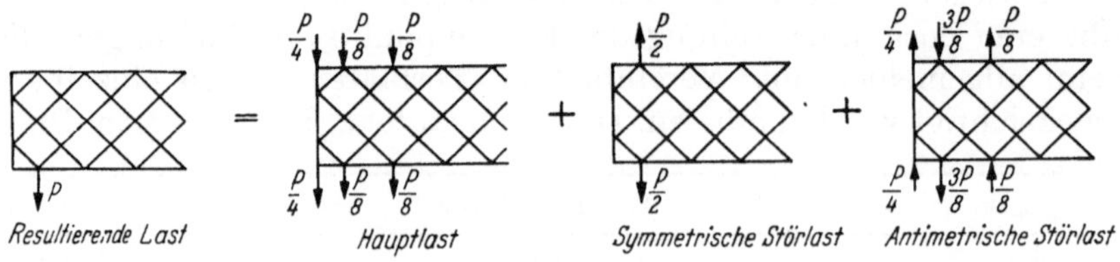

Abb. 54. Last im Punkt 1 am Doppelrautenträger mit Ganzrautenende.

Der einfache Satz von der Gegenseitigkeit der Verschiebungen gilt bei der antimetrischen Störlast nicht, weil hier nicht eine Einzelkraft, sondern eine Kräftegruppe von drei zueinander parallelen Kräften wirkt. Man muß also theoretisch bei Kraftangriff an der Stelle m im mittleren Trägerbereich die Verschiebungen der Knotenpunkte zwischen 0 und m mitberücksichtigen. Praktisch sind bei der Berechnung der antimetrischen Deformationen nicht mehr Gleichungen aufzulösen als bei der der symmetrischen. Die unbekannten Knotenpunktsverschiebungen werden aus dem Gleichungssystem von der Stelle 0 her eliminiert. Wenn die Last um einen Knotenpunktsabstand weiterrückt, wird jeweils eine weitere Knotenpunktsverschiebung vor der Kraftangriffsstelle in die Rechnung einbezogen und eine weitere Knotenpunktsverschiebung hinter der Kraftangriffsstelle eliminiert.

Die Rechnung der Gurtknotenpunktsverschiebungen aus antimetrischer Störlast für Doppelrautenträger mit Halb- und Ganzrautenende wurde für vier λ^*-Werte und Kraftangriff bis zum zehnten Knotenpunkt durchgeführt. Es zeigt sich, daß die Knotenpunktsverschiebungen spätestens hier die Werte des unendlich langen Trägers erreicht haben. Die antimetrischen Deformationen klingen ungefähr doppelt so schnell ab wie die symmetrischen. Die Ergebnisse der Rechnung, die Durchbiegungen an den Kraftangriffsstellen m und an den Nachbarknotenpunkten $m - a/2$, $m + a/2$ und $m + a$ sind in Tabelle 4 und 5 (S. 104 u. f.) zusammengestellt. Die $\bar{y}$-Werte im Punkt 0 sind bei Kraftangriff an allen Knotenpunkten vernachlässigbar klein. Bei der Ermittlung der Tabellenwerte wurde mit $\operatorname{ctg}\alpha = \dfrac{6}{7}$ gerechnet.

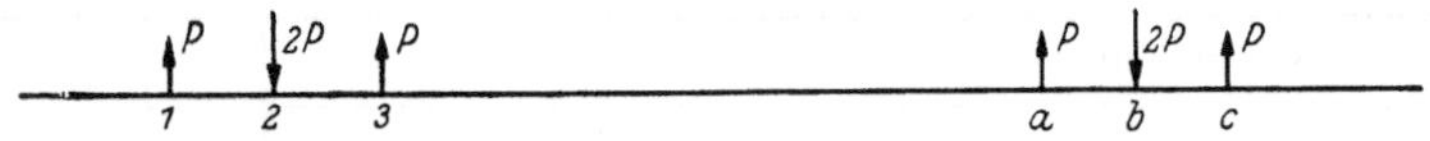

Abb. 55. Gegenseitigkeit der Verschiebungen bei antimetrischer Störlast.

Für das Aufstellen der Schemas der Gurtknotenpunktsverschiebungen im ganzen Träger wird der Satz von der Gegenseitigkeit der Verschiebungen wieder gebraucht; er kann für die Kräftegruppe der antimetrischen Störlast umgeformt werden.

Nach Abb. 55 gilt für die Durchbiegungen an den Stellen a, b, c aus der Kräftegruppe an den Stellen 1, 2, 3

$$f_a = \quad 1 f_{a1} - 2 f_{a2} + 1 f_{a3},$$
$$-2 f_b = -2 f_{b1} + 4 f_{b2} - 2 f_{b3},$$
$$f_c = \quad 1 f_{c1} - 2 f_{c2} + 1 f_{c3},$$

und für die Durchbiegungen an den Stellen 1, 2, 3 aus der Kräftegruppe an den Stellen a, b, c

$$f_1 = \quad 1 f_{1a} - 2 f_{1b} + 1 f_{1c},$$
$$-2 f_2 = -2 f_{2a} + 4 f_{2b} - 2 f_{2c},$$
$$f_3 = \quad 1 f_{3a} - 2 f_{3b} + 1 f_{3c}.$$

Die Summen der rechten Seiten dieser beiden Gleichungssysteme sind gleich; die horizontalen Reihen des einen Systems entsprechen jeweils den vertikalen des anderen. Infolgedessen sind auch die linken Seiten gleich;

$$f_a - 2 f_b + f_c = f_1 - 2 f_2 + f_3.$$

Wenn man einführt, daß y_{mi} die Durchbiegung an der Stelle m bedeuten soll aus der antimetrischen Doppelrautenträger-Kräftegruppe, deren Mittelkraft an der Stelle i steht, kann man dafür allgemein schreiben

$$f_{(m-1)i} = f_{(i-1)m} - 2 f_{im} + f_{(i+1)m} + 2 f_{mi} - f_{(m+1)i}. \tag{105}$$

Nach dieser Formel ergibt sich der gesuchte Verschiebungswert als Differenz von fünf Zahlen. Die Rechnung ist empfindlich gegen kleine Ungenauigkeiten. Man kann sie in dem Näherungsverfahren nur für ein bis zwei abklingende Werte verwenden; dann wird der Fehler zu groß. Die exakte Zahlenrechnung zeigt, daß in einiger Entfernung von der Kraftangriffsstelle der einfache Satz von der Gegenseitigkeit der Verschiebungen auf die Mittelkraft der antimetrischen Kräftegruppe angewandt, genauere Werte liefert. Er wird deswegen im folgenden bei antimetrischer Störlast als Näherung verwendet.

b) Innere Kräfte.

Die Einflußlinien für die inneren Kräfte werden aus den Einflußlinien für die Knotenpunktsverschiebungen abgeleitet.

Die **Normalkräfte in den Diagonalen** sind nach Gl. (36) proportional der Summe der Querverschiebungen der Diagonalendpunkte

$$D = \frac{P}{2 n \lambda^* \sin\alpha} \sum \overline{y} = \frac{P}{8 \lambda^* \sin\alpha} \sum \overline{y}. \tag{106}$$

Beim Doppelrautenträger mit Halbrautenende gilt für die Halbdiagonale

$$D = \frac{P}{8 \lambda^* \sin\alpha} \, 2 \, (\overline{y}_1 + \overline{x}_e \operatorname{ctg}\alpha). \tag{106 a}$$

Beim Doppelrautenträger mit Ganzrautenende gilt für die Viertelsdiagonale

$$D = \frac{P}{8 \lambda^* \sin\alpha} \, 4 \, (\overline{y}_1 + \overline{x}_e \operatorname{ctg}\alpha) \tag{106 b}$$

und für die Dreiviertelsdiagonale

$$D = \frac{P}{8 \lambda^* \sin\alpha} \, \frac{4}{3} \, (\overline{y}_2 + \overline{x}_e \operatorname{ctg}\alpha). \tag{106 c}$$

Für die Berechnung der Diagonalkräfte werden zweckmäßig die resultierenden Knotenpunktsverschiebungen, also Symmetrie und Antimetrie zusammengefaßt, verwendet.

Die **Normalkräfte in den Gurten** ergeben sich durch Aufstellen der Gleichgewichtsbedingungen für den Trägerquerschnitt in Gurtmitte. Man führt die allgemeine Beziehung ein

$$G = \overline{G} \, \frac{1}{8 \lambda^*} \, \frac{P}{\operatorname{tg}\alpha}. \tag{107}$$

Nach Abb. 56 gilt für einen beliebigen Gurtstab bei symmetrischer Störlast

$$G_{s_{23}} = -\frac{3}{4} (D_{13} + D_{24}) \cos\alpha - \frac{1}{4} (D_{24} + D_{13}) \cos\alpha = -(\overline{y}_1 + \overline{y}_2 + \overline{y}_3 + \overline{y}_4) \frac{1}{8 \lambda^*} \frac{P}{\operatorname{tg}\alpha}$$

$$\overline{G}_s = -(\overline{y}_1 + \overline{y}_2 + \overline{y}_3 + \overline{y}_4)_s \tag{107 a}$$

und bei antimetrischer Störlast

$$G_{a_{23}} = -\frac{3}{4} (D_{r_{13}} + D_{l_{24}}) \cos\alpha - \frac{1}{4} (D_{l_{13}} + D_{r_{24}}) \cos\alpha - \frac{(M_{u2} + M_{u3}) - (M_{o2} + M_{o3})}{2h}$$

$$= \left[-\frac{3}{4} (-\overline{y}_1 + \overline{y}_3 + \overline{y}_2 - \overline{y}_4) - \frac{1}{4} (\overline{y}_1 - \overline{y}_3 - \overline{y}_2 + \overline{y}_4) \right] \frac{1}{8 \lambda^*} \frac{P}{\operatorname{tg}\alpha}$$

$$- (\overline{M}_{u2} + \overline{M}_{u3} - \overline{M}_{o2} - \overline{M}_{o3}) \frac{6 P}{2 \operatorname{tg}\alpha}$$

$$= +\frac{1}{2} (\overline{y}_1 - \overline{y}_2 - \overline{y}_3 + \overline{y}_4) \frac{1}{8 \lambda^*} \frac{P}{\operatorname{tg}\alpha} - (\overline{M}_{u2} + \overline{M}_{u3} - \overline{M}_{o2} - \overline{M}_{o3}) \, 24 \, \lambda^* \frac{1}{8 \lambda^*} \frac{P}{\operatorname{tg}\alpha}$$

$$\overline{G}_a = \tfrac{1}{2} (\overline{y}_1 - \overline{y}_2 - \overline{y}_3 + \overline{y}_4)_a - (\overline{M}_{u2} + \overline{M}_{u3} - \overline{M}_{o2} - \overline{M}_{o3}) \, 24 \, \lambda^*. \tag{107 b}$$

Für die Gurtstäbe neben der Kraftangriffsstelle ist die Formel der symmetrischen Gurtkraft dieselbe wie beim beliebigen Gurtstab. Bei der Berechnung der antimetrischen Gurtkraft muß der Einfluß der äußeren antimetrischen Belastung berücksichtigt werden;

$$G_{na} = G_a + \frac{2P}{8}\,\frac{a}{4}\,\frac{1}{h} = G_a + \frac{P}{16\,\mathrm{tg}\,\varkappa} = G_a + \frac{\lambda^*}{2}\,\frac{1}{8\,\lambda^*}\,\frac{P}{\mathrm{tg}\,\alpha}$$

$$\bar{G}_a = \frac{1}{2}(\bar{y}_1 - \bar{y}_2 - \bar{y}_3 + \bar{y}_4)a - (\bar{M}_{u2} + \bar{M}_{u3} - \bar{M}_{o2} - \bar{M}_{o3})\,24\,\lambda^* + \frac{\lambda^*}{2}. \qquad (107\,\mathrm{c})$$

Wenn man nicht nur die Kraft in einem Gurtstab sucht, sondern die Einflußlinien für alle Gurtstäbe aufstellen will, kommt man schneller voran, wenn man die Gurtkräfte vom Trägerende her anfangend aus der Differenz der waagerechten Komponenten der Diagonalkräfte rechnet. Die Anfangskräfte ergeben sich dabei, indem man die waagerechten Komponenten der Diagonalkräfte, die am Pfostenknotenpunkt angreifen, nach dem Hebelgesetz auf die beiden Gurte verteilt. Das antimetrische Biegemoment in der Ecke von Pfosten und Gurt kann dabei außer acht bleiben, weil es nur klein ist. Für die Änderung der Gurtkräfte durch die Diagonalen gilt nach Gl. (37)

$$\Delta G = D \cdot \cos\alpha = \frac{1}{8\,\lambda^*}\,\frac{P}{\mathrm{tg}\,\alpha}\,\sum \bar{y}\,.$$

Die Biegemomente in den Gurten ergeben sich exakt nach Gl. (38a) in Verbindung mit Tabelle 7 und 8 (S. 116 u. 117). Nach dieser Rechenvorschrift sind die symmetrischen und antimetrischen Biegemomente in der Ecke von Gurt und Pfosten, die antimetrischen Biege-

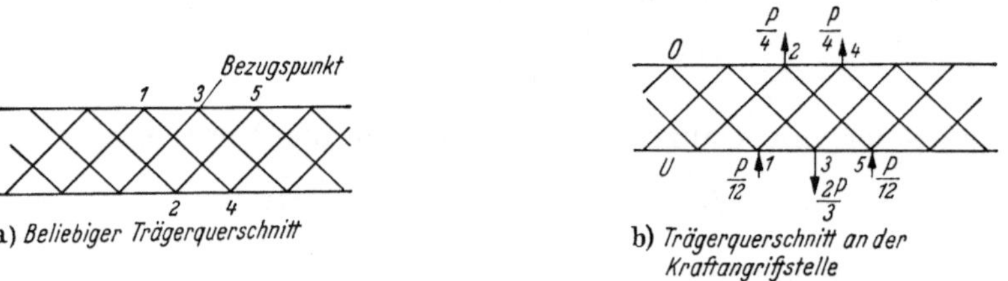

Abb. 56. Berechnung der Gurtlängskräfte im Doppelrautenträger.

momente an der Kraftangriffsstelle im mittleren Trägerbereich und an der Stelle 1 des Doppelrautenträgers mit Halbrautenende gerechnet und in Tabelle 4 und 5 (S. 104 u. f.) in Abhängigkeit von λ^* zusammengestellt. Für die Berechnung der übrigen Biegemomente werden Näherungslösungen verwendet.

Man schreibt allgemein

$$M_g = \bar{M}_g\,\frac{J_g}{J_s}\,6\,a\,P. \qquad (108)$$

Beim Doppelrautenträger mit Halbrautenende kann man bei symmetrischer Störlast für die Biegemomente an den Anschlußpunkten der Lastdiagonalen setzen

$$M_{g_s} = \bar{y}_s; \qquad (109)$$

vergleiche Gl. (102). Damit vereinfacht sich die Beziehung für das Biegemoment am Zwischendiagonalenanschlußpunkt nach Abb. 17 im allgemeinen zu

$$\bar{M}_{2\,s} = (2\,\bar{y}_2 - \bar{y}_1 - \bar{y}_3)\,\frac{1}{8}\left(\frac{4}{2}\right)^2 - \frac{\bar{y}_1 + \bar{y}_3}{4} = \bar{y}_2 - \frac{3}{4}(\bar{y}_1 + \bar{y}_3). \qquad (109\,\mathrm{a})$$

Für Punkt 1 gilt, wenn es ein Zwischendiagonalenanschlußpunkt ist, die besondere Formel

$$\bar{M}_{1\,s} = \bar{y}_1 - \frac{3}{4}\,\bar{y}_2 - \frac{\bar{M}_o}{4}\,. \qquad (109\,\mathrm{b})$$

Das Biegemoment am Diagonalenanschlußpunkt des Pfostens ist nach Gl. (42a)

$$\bar{M}_{e\,s} \approx 0{,}7\,\bar{x}_e - \frac{1}{2}\,\bar{M}_o\,. \qquad (109\,\mathrm{c})$$

Bei antimetrischer Störlast gilt für die Biegemomente an allen Knotenpunkten außer 0, 1
und den Kraftangriffsstellen

$$\overline{M}_a = 4\,\overline{y}_a\,, \tag{110}$$

vergleiche Gl. (102) und (109); die antimetrische Gurtbiegelinie hat die halbe Wellenlänge
der symmetrischen. Das Biegemoment der Kraftangriffsstelle nach Tabelle 4 gilt für alle
Knotenpunkte außer 1. Am Diagonalen-
anschlußpunkt des Pfostens tritt kein
Biegemoment auf.

Beim Doppelrautenträger mit Ganzrautenende müssen bei symmetrischer Störlast für die Biegemomente in den Last-
diagonalenanschlußknotenpunkten die Proportionalitätsfaktoren nach Abb. 17 eingeführt werden,

$$\overline{M}_g = f\,\overline{y}\,. \tag{111}$$

Für die Biegemomente an den Anschlußpunkten der Zwischendiagonalen müssen
im Endbereich ebenfalls die ausführlichen
Beziehungen nach Abb. 17 verwendet
werden. Im Mittelteil des Trägers wird
der Proportionalitätsfaktor für die Biegemomente in den Lastdiagonalenanschluß-
punkten gleich 1; dann kann man für die
Biegemomente an den Zwischendiagonalen-
anschlußpunkten wie beim Träger mit Halbrautenende die vereinfachte Gl. (109a) verwenden.

Für das Biegemoment am Diagonalenanschlußpunkt des Pfostens gilt nach
Gl. (42c), wenn man den kleinen Einfluß
des Eckmomentes ganz vernachlässigt,

$$\overline{M}_e \approx 0{,}7\,\overline{x}_e\,, \tag{111a}$$

Bei antimetrischer Störlast gelten in
dem Bereich, in dem der Proportionalitätsfaktor der symmetrischen Biegemomente
an den Lastdiagonalenanschlüssen gleich 1
gesetzt ist, dieselben Formeln wie beim
Träger mit Halbrautenende, an den Kraftangriffsstellen der Tabellenwert und an
allen übrigen Stellen Gl. (110).

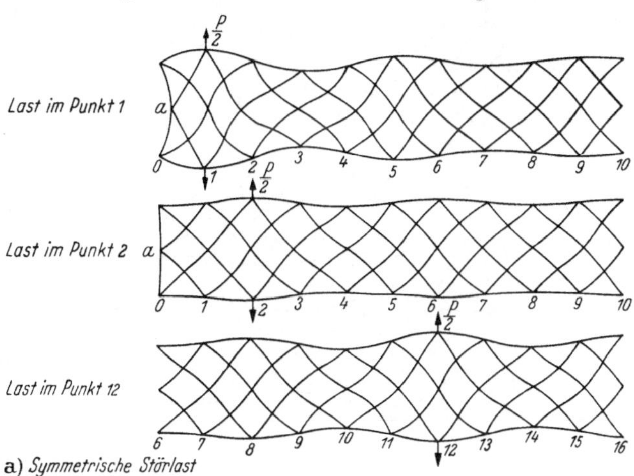

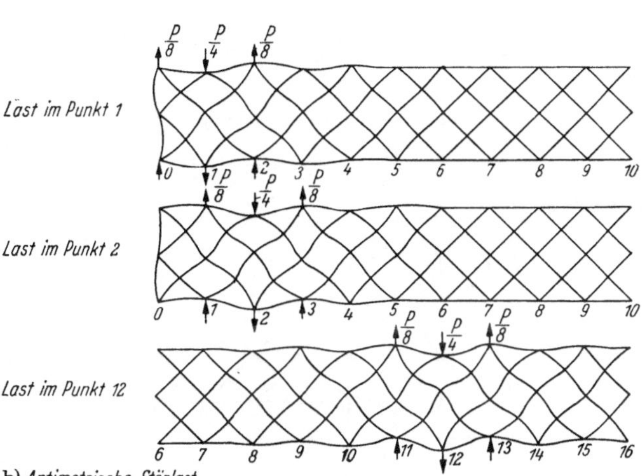

Abb. 57. Deformationen des Doppelrautenträgers mit Halbrautenende.
Der Maßstab der antimetrischen Verschiebungen ist 5mal
größer als der der symmetrischen.

Im Bereich des Trägerendes werden die Proportionalitätsfaktoren für die Kraftangriffsstellen nach Abb. 17 gerechnet; das gleiche gilt für Knotenpunkt 1 unabhängig davon,
ob es ein Last- oder Zwischendiagonalenanschlußpunkt ist. Für die übrigen Punkte im
Bereich des Trägerendes gilt ebenfalls Gl. (110).

Das Biegemoment am Diagonalenanschlußpunkt des Pfostens wird nach Gl. (42d), wenn
man den kleinen Einfluß des Eckmomentes ganz vernachlässigt,

$$\overline{M}_e \approx 3\,\overline{x}_e\,. \tag{112}$$

Die Biegemomente in den Diagonalen werden aus den exakt gerechneten Verschiebungen der Kreuzungspunkte und aus abgeschätzten Einspannbedingungen ermittelt.

Um einen Überblick über die Biegelinienform der Diagonalen zu bekommen, sind für
$\lambda^* = 10^{-3}$ die Durchbiegungsdifferenzen der einzelnen Diagonalabschnitte nach Gl. (46) und (47)
ausgerechnet und in Abb. 57 und 58 aufgezeichnet. Beim Zeichnen der Biegelinien der Diagonalen wurde der Einfachheit halber angenommen, daß die einzelnen Diagonalen zwar über

die ganze Länge biegungssteif durchlaufen, daß im übrigen aber alle Kreuzungs- und Gurtanschlußpunkte gelenkig sind.

Beim Träger mit Halbrautenende gehen bei symmetrischer Störlast bei den Lastdiagonalen alle Knotenpunktsverschiebungen jeweils nach derselben Seite; die mittlere ist
ungefähr doppelt so groß als die beiden äußeren.
Bei den Zwischendiagonalen liegen die Verschiebungen der beiden äußeren Kreuzungspunkte nach verschiedenen Seiten; der mittlere verschiebt sich fast überhaupt nicht.

Im folgenden werden die verschiedenen
Einspannmöglichkeiten diskutiert; dann werden aus den Grenzfällen Schlüsse auf die sich
tatsächlich einstellende Biegelinienform ge-
zogen.

a) Wenn die Diagonalen über die ganze
Länge biegesteif durchlaufen, an den Gurten
biegesteif angeschlossen, in den Kreuzungspunkten aber nur gelenkig miteinander verbunden sind, ergeben sich die Biegelinien und
Momentenflächen nach Abb. 59a; dabei ist
angenommen, daß die Gurtneigung an den
Anschlußpunkten der Zwischendiagonalen gerade so liegt, daß trotz der starren Einspannung
kein Einspannmoment auftritt.

b) Wie a), aber biegungsstarre Verbindung
der Diagonalen an den mittleren Kreuzungspunkten. Diese können, da sie auf der Symmetrieachse liegen, keinerlei Verdrehung erfahren. Es ergeben sich die Biegelinien und
Momentenflächen nach Abb. 59 b. Bei den
Lastdiagonalen hat sich nichts geändert. Bei
den Zwischendiagonalen entsteht am mittleren
Kreuzungspunkt ein Einspannmoment, das
etwa 1,7 mal so groß ist wie die Biegemomente
an den äußeren Kreuzungspunkten nach
Fall a); die Biegemomente dort sind jetzt
etwa 1,4 mal so groß wie nach a). Am Mittelknotenpunkt halten sich die Biegemomente
der sich kreuzenden Diagonalen exakt das
Gleichgewicht.

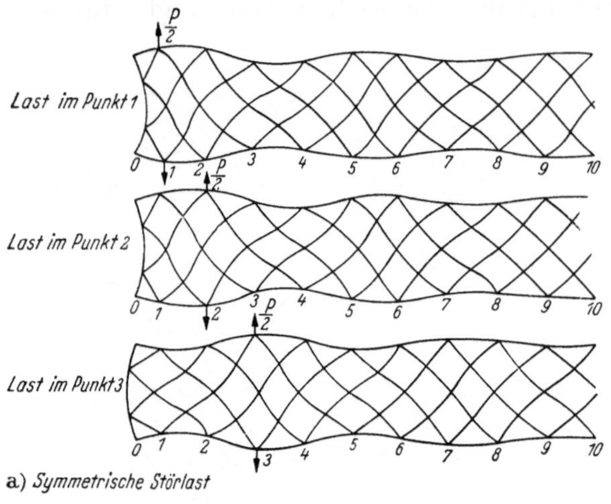

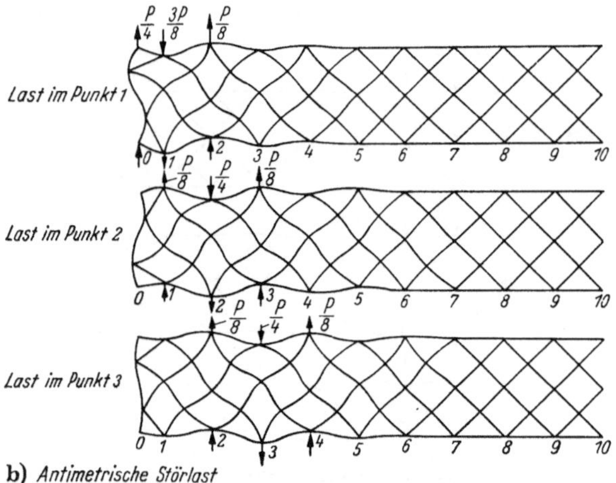

Abb. 58. Deformationen des Doppelrautenträgers mit
Ganzrautenende.
Der Maßstab der antimetrischen Verschiebungen ist 5 mal
größer als der der symmetrischen.

c) Wie b), aber biegungsstarre Verbindung der Diagonalen auch in den äußeren Kreuzungspunkten. Es ergeben sich die Biegelinien und Momentenflächen nach Abb. 59 c. Die äußeren
Kreuzungspunkte werden verdreht. Da die dort in die Diagonalen eingeleiteten Biegemomente
an den Verschiebungen der Kreuzungspunkte nichts ändern, müssen sie zu den benachbarten
Knotenpunkten hin so abnehmen, daß die Krümmungsflächen sich umgekehrt proportional
wie die Schwerpunktsabstände verhalten. Demnach beträgt bei den Lastdiagonalen die Vergrößerung der Biegemomente am Gurtanschluß- und am mittleren Kreuzungspunkt jeweils
die Hälfte des am äußeren Kreuzungspunkt in dem betreffenden Diagonalabschnitt eingeleiteten
Biegemomentes und somit ein Viertel des ganzen Korrekturmoments. Aus Gleichgewichtsgründen muß an den äußeren Kreuzungspunkten der Zwischendiagonalen ein gleich großes
Gegenmoment eingeleitet werden. Das bewirkt, daß die Biegemomente sich in den Mittel-
abschnitten vergrößern und in den Außenabschnitten verkleinern. Diese Einspannverhältnisse
entsprechen etwa der Wirklichkeit; nur dürfte die Annahme, daß die Zwischendiagonalen an
den Gurten keine Einspannung erfahren, zu günstig sein.

d) Wie c), aber die äußeren Kreuzungspunkte und die Anschlußpunkte der Zwischendiagonalen an den Gurten verdrehen sich zunächst nicht. Dabei ergeben sich die Biegelinien und Momentenflächen nach Abb. 59d. Dieser Deformationszustand wird eingeführt, weil er die einfachsten Rechengrundlagen liefert. In jedem Diagonalabschnitt wirkt nur ein Biege-

moment, das an den beiden Enden des Abschnitts entgegengesetzt gleich groß ist. Die Biegemomente von zwei Diagonalabschnitten stimmen im allgemeinen an den Stoßstellen, den Kreuzungspunkten nicht miteinander überein. Die Differenz muß auf die Gegendiagonale abgesetzt werden. Das geht an den Mittelkreuzungspunkten in Ordnung, weil sich dort zwei symmetrische Diagonalen schneiden, deren frei werdende Momente sich exakt gerade aufheben. An den äußeren Kreuzungspunkten, wo sich Last- und Zwischendiagonalen schneiden, ist die Gleichgewichtsbedingung nicht erfüllt, weil bei der Annahme, daß die Kreuzungspunkte sich nicht verdrehen, in den Zwischendiagonalen fast keine, in den Lastdiagonalen dagegen erhebliche Biegemomentendifferenzen auftreten.

Um Gleichgewicht zu bekommen, muß man die Momentendifferenz der Lastdiagonalen mit entgegengesetztem Vorzeichen dem vorhandenen Kräftebild an den äußeren Kreuzungspunkten überlagern. Das Moment verteilt sich dann zu gleichen Teilen auf die Last- und Zwischendiagonalen. Dadurch vermindert sich in den Lastdiagonalen das Biegemoment in den äußeren Kreuzungspunkten auf 0,5 und im Mittelkreuzungspunkt und an den Gurtanschlußpunkten auf 0,75 mal dem unter der Annahme verdrehungssteifer Einspannung gerechneten Wert. Im Mittelabschnitt der Zwischendiagonalen dagegen vergrößern sich die Biegemomente, an den äußeren Kreuzungspunkten auf 1,5 und am Mittelkreuzungspunkt auf 1,25 mal dem früheren Wert. In den äußeren Abschnitten der Zwischendiagonalen verkleinern sich die Biegemomente, so daß sie nicht weiter rechnerisch verfolgt werden müssen.

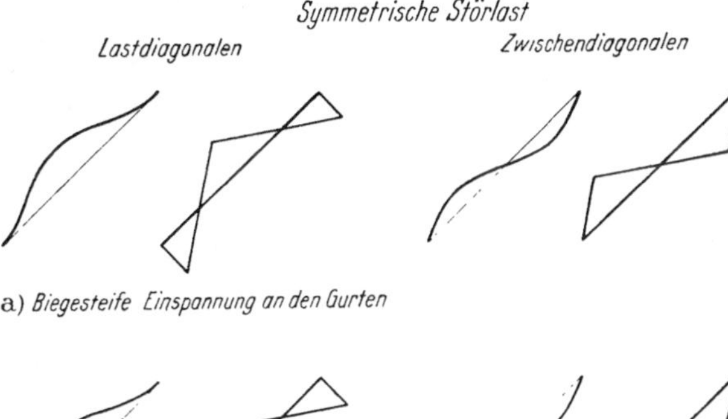

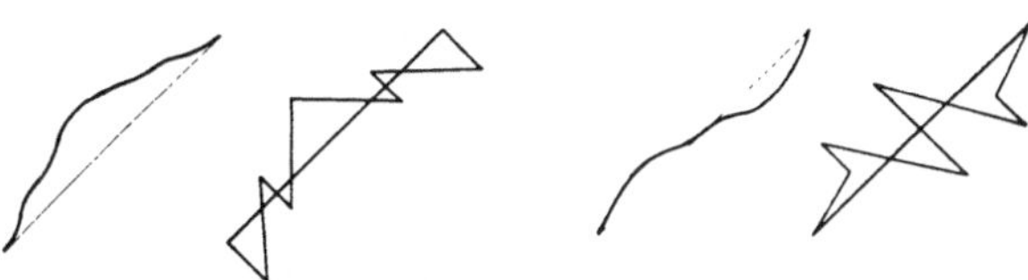

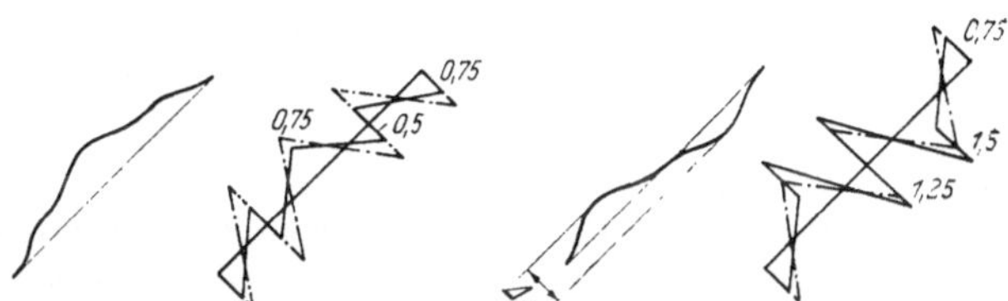

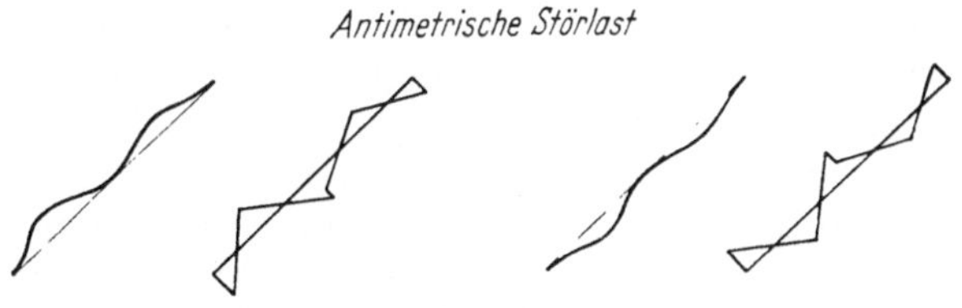

Abb. 59.
Diagonalen des Doppelrautenträgers mit Halbrautenende.

Für die zahlenmäßige Rechnung wird zur Vereinfachung von der Tatsache Gebrauch gemacht, daß die Durchbiegungsdifferenzen der einzelnen Abschnitte der Lastdiagonalen annähernd gleich groß sind. Man ermittelt die Durchbiegung des Mittelkreuzungspunktes gegenüber der Verbindungslinie der Endpunkte nach Gl. (46a)

$$\Delta f = \frac{y_1 - y_3}{\sqrt{2}} \, ,$$

berechnet daraus das Biegemoment unter der Annahme starrer Einspannung an den Kreuzungs- und Gurtknotenpunkten

$$M_d = \frac{6\,E\,J_d}{(\Delta s)^2}\,\frac{\Delta f}{2} = \frac{6\,E\,J_d}{\left(\frac{a\sqrt{2}}{4}\right)^2}\,\frac{\Delta \bar{f}}{2}\,\frac{P\,a^3}{2\,E\,J_s} = \frac{J_d}{J_s}\,\Delta \bar{f}\,12\,P\,a \tag{113}$$

und vermindert dann dieses Moment zur Berücksichtigung des Wegdrehens der äußeren Knotenpunkte mit dem Faktor $0{,}7 = \sqrt{2}/2$. Damit ergibt sich zusammenfassend für das Biegemoment in den Lastdiagonalen

$$M_d = \frac{J_d}{J_s} \frac{\bar{y}_1 - \bar{y}_2}{\sqrt{2}} 12 \frac{\sqrt{2}}{2} P a = 6 \frac{J_d}{J_s} (\bar{y}_1 - \bar{y}_3) P a. \tag{113a}$$

Bei den Zwischendiagonalen wird ebenfalls für die ganze Diagonale nur ein Wert ausgerechnet. Man berechnet die Durchbiegungsdifferenz Δf zwischen den beiden äußeren Kreuzungspunkten. Die Verschiebung der äußeren Kreuzungspunkte senkrecht zur Diagonalsehne ist für die beiden sich kreuzenden Diagonalen jeweils gleich. Wenn man voraussetzt, daß bei den Lastdiagonalen die Auslenkung der äußeren Kreuzungspunkte genau gleich der Hälfte von der des Mittelkreuzungspunktes ist, gilt für die gesuchte Durchbiegungsdifferenz der Zwischendiagonalen

$$\Delta f_{2-4} = \frac{y_1 - y_3}{2\sqrt{2}} - \frac{y_3 - y_5}{2\sqrt{2}}, \tag{113b}$$

d. h. die ganze Durchbiegungsdifferenz der Zwischendiagonalen ist gleich der halben Summe der Verschiebungen der Mittelkreuzungspunkte der benachbarten Lastdiagonalen. Bei den Zwischendiagonalen wird das Biegemoment, das starrer Einspannung an den Knotenpunkten entspricht, zur Berücksichtigung des Verdrehens der äußeren Kreuzungspunkte mit dem Korrekturfaktor $1{,}4 = \sqrt{2}$ vergrößert. Damit ergibt sich zusammenfassend für das Biegemoment in den Zwischendiagonalen

$$M_d = \frac{J_d}{J_s} \left(\frac{\bar{y}_1 - \bar{y}_3}{2\sqrt{2}} - \frac{\bar{y}_3 - \bar{y}_5}{2\sqrt{2}} \right) 12 \sqrt{2}\, a\, P = 6 \frac{J_d}{J_s} [(\bar{y}_1 - \bar{y}_3) - (\bar{y}_3 - \bar{y}_5)]\, a\, P, \tag{113c}$$

d. h. man erhält genau die Summe der Biegemomente in den beiden die Zwischendiagonale kreuzenden Lastdiagonalen.

Für die Diagonale 0—2 gilt, wenn es eine Lastdiagonale ist, die normale Formel und wenn es eine Zwischendiagonale ist, der doppelte Wert der Lastdiagonale 1—3 mit umgekehrtem Vorzeichen.

Die gerechneten Biegemomente gelten näherungsweise für die vier Abschnitte der Lastdiagonalen und die zwei inneren Abschnitte der Zwischendiagonalen. Die Biegemomente in den äußeren Abschnitten der Zwischendiagonalen sind nur halb so groß; da für den Festigkeitsnachweis nur jeweils das größte Biegemoment jeder Diagonale gebraucht wird, darf man sich auf die Berechnung der Biegemomente in den inneren Abschnitten beschränken. Demnach ist beim Aufstellen der Einflußlinien für die Diagonalbiegemomente aus symmetrischer Störlast für die rechts- und linksfallenden Diagonalen eines Feldes nur ein Biegemoment zu rechnen, genau so, wie es in jedem Feld nur eine symmetrische Längskraft gibt. Die Biegemomente in den Zwischendiagonalen werden positiv oder negativ eingesetzt, je nachdem, was ungünstiger ist; das bedeutet, daß man entweder den oberen oder den unteren inneren Diagonalabschnitt rechnet.

Für das Biegemoment der Halbdiagonale am Trägerende wird, wenn es eine Zwischendiagonale ist, nach Gl. (46c) und (113) der Wert

$$M_d = 6 \frac{J_d}{J_s} (-2 \bar{x}_e - 2 \bar{y}_1 - \bar{y}_2)\, a\, P \tag{114}$$

eingesetzt. Wenn es eine Lastdiagonale ist, ist die Durchbiegung in der Mitte vernachlässigbar klein gegenüber der Verbiegung, die die Diagonale dadurch erfährt, daß die Punkte e und 1 sich verschieben, die Diagonalsehne somit um den Winkel

$$\Delta \alpha \approx \frac{2\, x_e \cos \alpha}{s/2}$$

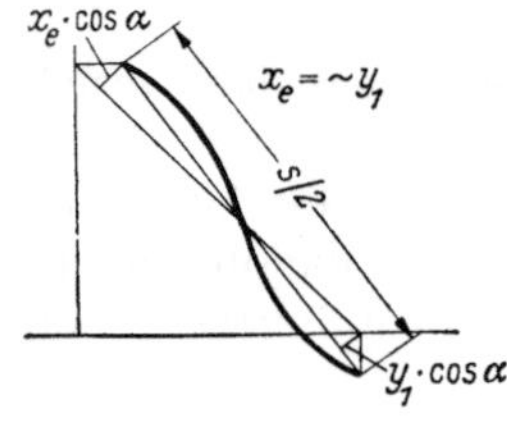

Abb. 60. Verbiegung
der Halbdiagonale.

gedreht wird, während die Tangenten an den Diagonalenden sich nicht mit verdrehen, weil die Gurte in den Punkten e und 1 keine Winkeländerung erfahren. Wenn man $x_e = y_1$ setzt, so daß die Diagonalbiegelinie genau antimetrisch wird, kann man für das Biegemoment an den Gurtanschlußpunkten schreiben

$$M_d = 6\,\frac{J_d}{J_s}\,a\,(-1,4\,\bar{y}_1)\,P. \tag{114a}$$

Bei antimetrischer Störlast ist zwischen Last- und Zwischendiagonalen kein Unterschied. Die Verschiebungen der beiden äußeren Kreuzungspunkte liegen immer nach derselben Seite; der mittlere Kreuzungspunkt erfährt exakt keine Verschiebung.

Das Abschätzen der Einspannbedingungen für die Berechnung der Biegemomente ist sehr einfach. Es wird angenommen, daß die Tangente an allen Knotenpunkten parallel zur Verbindungslinie der Endpunkte der betrachteten Diagonale verläuft, Abb. 57 u. 58. Nach Gl. (41) und (113) ist das Biegemoment

$$M = \frac{J_d}{J_s}\,12\,P\,a\,\frac{1}{2\sqrt{2}}\,(-\bar{y}_1 + 3\,\bar{y}_2 - 3\,\bar{y}_3 + \bar{y}_4) = 4{,}25\,\frac{J_d}{J_s}\,(-\bar{y}_1 + 3\,\bar{y}_2 - 3\,\bar{y}_3 + \bar{y}_4)\,a\,P. \tag{115}$$

Das Biegemoment ist in den vier Diagonalabschnitten, die an einem äußeren Kreuzungspunkt zusammenstoßen, gleich groß, weil für alle vier Fälle die gleiche Knotenpunktsverschiebung maßgebend ist; die Gleichgewichtsforderung ist also erfüllt. Die obere und untere Hälfte einer durchlaufenden Diagonale erfährt entsprechend den Verschiebungen der beiden äußeren Kreuzungspunkte Biegemomente von verschiedener Größe. Der Unterschied macht ziemlich viel aus, weil die antimetrische Belastung schnell abklingt.

Die antimetrischen Diagonalbiegemomente sind nur etwa den vierten Teil so groß wie die symmetrischen. Sie werden beim Aufstellen der Einflußlinien vernachlässigt. Das ist zulässig, weil die Diagonalanschlüsse genietet sind und weil bei genieteten Konstruktionen die bei der Ableitung der Formeln angenommene unendlich große Biegesteifigkeit aller Knotenpunktsanschlüsse nicht vorhanden ist.

Beim Träger mit Ganzrautenende sind bei symmetrischer Störlast, wenn die Last im Punkt 1 angreift, die Biegelinien der Last- und Zwischendiagonalen von nahezu gleicher Gestalt, Abb. 58. Die Durchbiegungsdifferenz ist im äußeren Abschnitt fast Null, hat im anschließenden Mittelabschnitt einen sehr großen Wert, wird dann wieder fast Null und ist im letzten Außenabschnitt umgekehrt gleich groß wie im ersten Mittelabschnitt, Abb. 61.

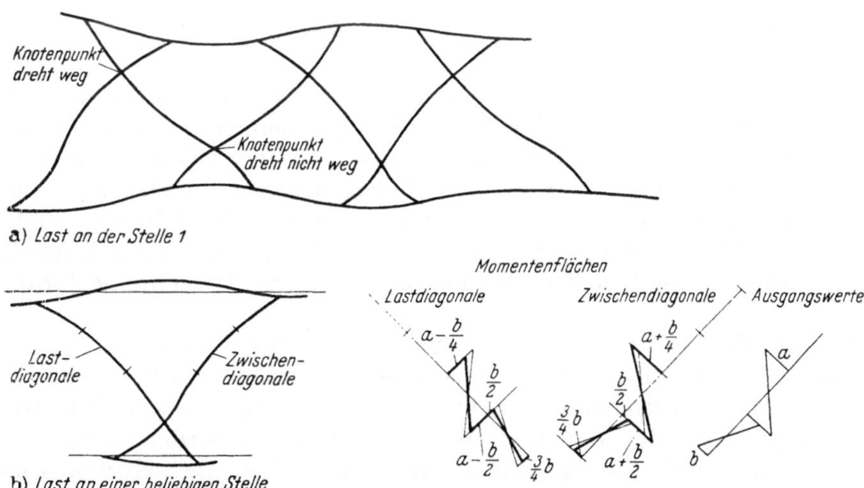

Abb. 61. Diagonalen des Doppelrautenträgers mit Ganzrautenende.

Die mittleren Kreuzungspunkte können aus Symmetriegründen nicht wegdrehen. Die äußeren Kreuzungspunkte mit großer seitlicher Verschiebung drehen weg, ohne daß die sich hier kreuzenden Diagonalen Biegemomente aufeinander übertragen, weil beide die Tendenz haben, in derselben Richtung zu drehen. Die äußeren Kreuzungspunkte mit der seitlichen Verschiebung Null drehen nicht weg, weil das Gebilde um die senkrechte Achse annähernd symmetrisch ist; die Einspannmomente der sich kreuzenden Last- und Zwischendiagonalen halten sich gegenseitig das Gleichgewicht.

Das größte Biegemoment jeder Diagonale ergibt sich in dem Mittelabschnitt auf der Seite des nicht wegdrehenden äußeren Knotenpunktes zu

$$M_d = \frac{E J_d}{\left(\frac{s}{4}\right)^2} \, \Delta \bar{f} \, \frac{P a^3}{2 E J_s} = \frac{J_d}{J_s} \, \Delta \bar{f} \, 24 \, P a \, . \tag{116}$$

Wenn man annimmt, daß die Verschiebung des äußeren Knotenpunktes exakt Null ist, kann man für die Verschiebungsdifferenz im Mittelabschnitt der Lastdiagonalen die ganze Verschiebung des Mittelkreuzungspunktes nach Gl. (46a) einsetzen. Dann wird das Biegemoment

$$M_d = \frac{J_d}{J_s} \, \frac{\bar{y}_1 - \bar{y}_3}{\sqrt{2}} \, 24 \, P a = \frac{4}{\sqrt{2}} \left[6 \, \frac{J_d}{J_s} \, (\bar{y}_1 - \bar{y}_3) \, P a \right] . \tag{117}$$

Das Biegemoment in den Lastdiagonalen des Trägers mit Ganzrautenende bei Lastangriff an der Stelle 1 ist

$$f = \frac{4}{\sqrt{2}} \, \frac{\sqrt{2}}{2 \cdot 0{,}75} = 2{,}67 \tag{117a}$$

mal so groß wie das nach den einfachen Formeln des Halbrautenträgers für dieselbe Stelle gerechnete Moment; dabei ist berücksichtigt, daß beim Träger mit Halbrautenende bei den Lastdiagonalen statt des exakten Verkleinerungsfaktors 0,75 zur Berücksichtigung des Wegdrehens der äußeren Knotenpunkte der Wert $\sqrt{2}/2$ eingesetzt worden ist, damit die Formeln einfacher werden.

Für die Durchbiegungsdifferenz der Zwischendiagonalen in dem entsprechenden Diagonalenabschnitt kann auch hier mit guter Näherung der Wert nach Gl. (113b) eingesetzt werden. Dann wird das Biegemoment

$$M_d = \frac{J_d}{J_s} \left[\frac{\bar{y}_1 - \bar{y}_3}{2 \sqrt{2}} - \frac{\bar{y}_3 - \bar{y}_5}{2 \sqrt{2}} \right] 24 \, P a = \frac{2}{\sqrt{2}} \left[6 \, \frac{J_d}{J_s} \left[(\bar{y}_1 - \bar{y}_3) - (\bar{y}_3 - \bar{y}_5) \right] P a \right] . \tag{118}$$

Der Korrekturfaktor gegenüber den Formeln des Halbrautenträgers ist

$$f = \frac{2}{\sqrt{2}} \cdot \frac{\sqrt{2}}{1{,}5} = 1{,}33 \, ; \tag{118a}$$

dabei ist berücksichtigt, daß dort statt des Vergrößerungsfaktors 1,5 der Wert $\sqrt{2}$ eingesetzt worden ist.

Die vorstehend abgeleiteten Formeln gelten nur für den Fall, daß die äußere Kraft an der Stelle 1 angreift. Wenn die äußere Kraft im mittleren Bereich des Trägers angreift, so weit vom Trägerende entfernt, daß dieses keinen Einfluß mehr auf das Abklingen der Störspannungen hat, sind die Formeln für Träger mit Halb- und Ganzrautenende die gleichen, d. h. die Korrekturfaktoren, die den Träger mit Ganzrautenende mit dem mit Halbrautenende vergleichen [siehe Gl. (117a) und (118a)], sind gleich 1. Im Zwischenbereich werden sich für die Korrekturfaktoren Zwischenwerte einstellen, für die im folgenden die Berechnungsformeln abgeleitet werden.

Die Durchbiegungsdifferenz des inneren Diagonalabschnittes wird mit a, die des äußeren mit b bezeichnet, Abb. 61. Die Ableitung des Korrekturfaktors wird in zwei Schritten vorgenommen. Erst wird das Verhältnis der Durchbiegungsdifferenz a des Mittelabschnittes zur Gesamtverschiebung $a + b$ des mittleren Kreuzungspunktes berücksichtigt unter der Annahme verdrehungssteifer Kreuzungspunkte; dieser erste Teil des Korrekturfaktors ist für Last- und Zwischendiagonalen gleich. Dann wird der Einfluß des Wegdrehens des äußeren Knotenpunktes untersucht; dadurch wird der Korrekturfaktor für die Lastdiagonalen vergrößert und für die Zwischendiagonalen verkleinert.

Beim Träger mit Halbrautenende wurde die Querverschiebung $a + b$ des Mittelkreuzungspunktes ausgerechnet und dann die Durchbiegungsdifferenz eines mittleren Diagonalabschnittes mit $\frac{a + b}{2}$ eingesetzt. Das ist exakt, wenn $a = b$ ist; wenn $a > b$ ist, muß die nach den Formeln des Halbrautenträgers gerechnete Durchbiegungsdifferenz multipliziert werden mit $a \big/ \frac{a + b}{2}$.

Nach Abb. 61b ist die Momentendifferenz am äußeren Kreuzungspunkt unter der Annahme, daß die Kreuzungspunkte sich nicht verdrehen, bei den Lastdiagonalen proportional $a + b$ und bei den Zwischendiagonalen proportional $a - b$. Das frei werdende Moment ist demnach proportional $(a + b) - (a - b) = 2b$. Dieses Moment wird entsprechend den Überlegungen beim Träger mit Halbrautenende als äußeres Moment an dem Kreuzungspunkt angebracht; es verteilt sich zu gleichen Teilen auf die Last- und Zwischendiagonalen. Dadurch verkleinert sich das Biegemoment bei den Lastdiagonalen am äußeren Kreuzungspunkt mit dem Faktor $\dfrac{a - b/2}{a}$ und am Mittelkreuzungspunkt mit dem Faktor $\dfrac{a - b/4}{a}$. Bei den Zwischendiagonalen vergrößert sich das Biegemoment am äußeren Kreuzungspunkt mit dem Faktor $\dfrac{a + b/2}{a}$ und am Mittelkreuzungspunkt mit dem Faktor $\dfrac{a + b/4}{a}$.

Es wird die Verhältniszahl eingeführt

$$p = \frac{a}{a + b} \qquad \text{bzw.} \qquad \frac{b}{a} = \frac{1}{p} - 1 . \tag{119}$$

Damit wird der resultierende Korrekturfaktor für die Biegemomente der Diagonalen im Träger mit Ganzrautenende gegenüber den Formeln, die für den Träger mit Halbrautenende abgeleitet worden sind,

bei den Lastdiagonalen

$$fL = \frac{a}{\dfrac{a + b}{2}} \, \frac{\dfrac{a - b/4}{a}}{0{,}75} = \frac{2}{0{,}75} \, \frac{4a - b}{4(a + b)} = \frac{2}{3} \, \frac{4 - b/a}{1 + b/a} = \frac{2}{3} \, \frac{4 - 1/p + 1}{1\,p} = \frac{10\,p - 2}{3} , \tag{120}$$

bei den Zwischendiagonalen

$$fZ = \frac{a}{\dfrac{a + b}{2}} \, \frac{\dfrac{a + b/2}{a}}{1{,}50} = \frac{2}{1{,}5} \, \frac{2a + b}{2(a + b)} = \frac{2}{3} \, \frac{2 + b/a}{1 + b/a} = \frac{2}{3} \, \frac{2 + 1/p - 1}{1/p} = \frac{2\,p + 2}{3} . \tag{121}$$

Wie man sich leicht überzeugen kann, gehen diese Formeln für den mittleren Trägerbereich $p = 1/2$ für Last- und Zwischendiagonalen in den Grenzwert 1 über. Bei Kraftangriff an der Stelle 1, $p = 1$, ergibt sich für die Lastdiagonalen 2,67 und für die Zwischendiagonalen 1,33; das sind dieselben Werte, die vorstehend unmittelbar ausgerechnet worden sind.

Bei der zahlenmäßigen Durchrechnung wird zunächst für alle Lastdiagonalen nach Gl. (46) und (46a) das Durchbiegungsverhältnis gerechnet,

$$p24 = \frac{y_1 + 3\,y_2 - 3\,y_3 - y_4}{4\,y_2 - 4\,y_4}$$

oder

$$p24 = 1 - \frac{y_1 + 3\,y_2 - 3\,y_3 - y_4}{4\,y_2 - 4\,y_4} , \tag{122}$$

je nachdem, welcher Ausdruck p größer als 0,5 wird. Dann rechnet man aus p den Korrekturfaktor für die Lastdiagonalen nach Gl. (120). Der Korrekturfaktor für die Zwischendiagonalen nach Gl. (121) wird aus dem mittleren p-Wert der beiden benachbarten Lastdiagonalen gerechnet.

Für die Diagonale 1—3 gilt, wenn es eine Lastdiagonale ist, die normale Formel. Wenn es eine Zwischendiagonale ist, gilt für die Durchbiegung der doppelte Wert der Lastdiagonale 2—4 mit umgekehrtem Vorzeichen [vgl. Gl. (113b)] und für den Korrekturfaktor der Grenzwert 1,33.

Die gerechneten Biegemomente gelten für den am meisten beanspruchten Innenabschnitt der Last- und Zwischendiagonalen. Da für den Festigkeitsnachweis nur jeweils das größte Biegemoment gebraucht wird, darf man sich auf die Berechnung dieses Biegemomentes beschränken. Demnach ist beim Aufstellen der Einflußlinien für die Diagonalbiegemomente aus symmetrischer Störlast auch beim Träger mit Ganzrautenende für die rechts- und linksfallenden Diagonalen eines Feldes nur ein Biegemoment zu rechnen.

Für das Biegemoment in der Dreiviertelsdiagonale am Trägerende wird, wenn es eine Lastdiagonale ist, der Differenzenwert nach Gl. (46 g) und der Korrekturfaktor $k = \sqrt{2}$ eingesetzt;

$$M_{d_{e_2}} = 6\,\frac{J_d}{J_s}\left[\frac{1}{2}\left(3\,\overline{y}_1 - \overline{y}_3 - \frac{4}{3}\,\overline{x}_e\right)\sqrt{2}\,a\,P = 6\,\frac{J_d}{J_s}\,\frac{\sqrt{2}}{2}\left(3\,\overline{y}_1 - \overline{y}_3 - \frac{4}{3}\,\overline{x}_e\right)a\,P\,. \tag{123}$$

Wenn es eine Zwischendiagonale ist, gilt

$$M_d = 6\,\frac{J_d}{J_s}\left(3\,\overline{y}_1 - \overline{y}_3 - \frac{4}{3}\,\overline{x}_e\right)a\,P\,. \tag{123a}$$

Die Viertelsdiagonale am Trägerende erfährt Biegemomente nur daraus, daß die Tangenten an den Diagonalenden sich nicht im gleichen Maße verdrehen wie die Diagonalsehne. Nach Abb. 62 gilt für die Verdrehung der Diagonalsehne

$$\Delta\alpha = \frac{2\,x_e\cos\alpha}{s/4}$$

und für die Verdrehung der Diagonalenden

$$\Delta\alpha = -\frac{3\,x_e}{s/\cos\alpha}\,.$$

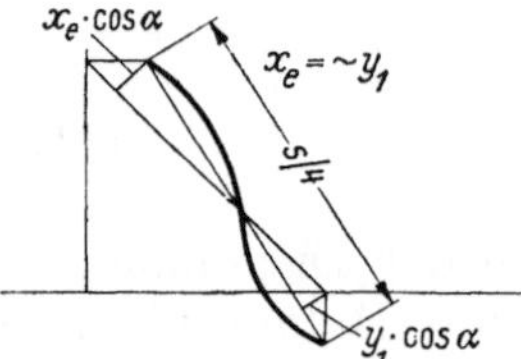

Abb. 62. Verbiegung der Viertelsdiagonale.

Damit wird das Einspannmoment der Diagonale, wenn $x_e = y_1$ gesetzt wird,

$$M = 6\,\frac{J_d}{J_s}\,a\,(3{,}5\,y_1)\,P\,. \tag{124}$$

Bei der antimetrischen Störlast gelten dieselben Einspannbedingungen wie beim Träger mit Halbrautenende. Die antimetrischen Biegemomente werden auch hier vernachlässigt.

4. Eineinhalbfachrautenträger.

a) Ermittlung der Gurtbiegelinie aus den Werten des Doppelrautenträgers und des Einfachrautenträgers.

Für die Berechnung der Deformationen des Eineinhalbfachrautenträgers aus symmetrischer Störlast müssen alle Werte der symmetrischen Gurtbiegelinie des Doppelrautenträgers mit einem Korrekturfaktor multipliziert werden, der dem Verhältnis der symmetrischen Einzelstörlast beim Eineinhalbfach- und Doppelrautenträger entspricht. Dieser Faktor ist nach Gl. (49)

$$f_d = \frac{1/6}{1/4} = \frac{2}{3}\,.$$

Damit ist aber nicht nur der Anteil der Einzelkraft auf 1/6 reduziert, sondern gleichzeitig der Anteil der gleichmäßig verteilten Belastung, der nach Gl. (49) 1/3 sein sollte. Um auch diesen Anteil zu berichtigen, werden die Werte des einfachen Rautenträgers mit dem Umrechnungsfaktor

$$f_e = \frac{1/6}{1/2} = \frac{1}{3}$$

multipliziert und dazugezählt, Abb. 63.

Wenn man die Doppelrautenträgerwerte der Träger mit Halb- und Ganzrautenende verwendet, erhält man die Gurtdurchbiegungen des kontinuierlichen Trägers für Kraftangriff im Abstand $x = 0$, $a/4$, $a/2$ usw. vom Trägeranfang. Wenn man die Einfachrautenträgerwerte der Träger mit Halb- und Ganzrautenende verwendet, erhält man die Gurtdurchbiegungen des kontinuierlichen Trägers nur für Kraftangriff im Abstand $x = 0$, $a/2$, a usw. vom Trägeranfang. Der Korrekturzuschlag ist also nur für die Hälfte der Punkte gegeben. Man rechnet sich hier das Verhältnis von Zuschlag zu Grundwert aus und vergrößert dann die Durchbiegungen für Kraftangriff an den Zwischenpunkten jeweils entsprechend dem mittleren Verhältniswert der beiden einschließenden Punkte, so daß zum Beispiel für die Stelle $x = 3a/4$ ein Zuschlag gemacht wird, der dem Mittelwert von $x = a/2$ und $x = a$ entspricht.

Der Einfachrautenträger liefert nicht nur bezüglich des Abstandes vom Trägerende nur halb so viel Punkte wie der Doppelrautenträger, sondern auch die Werte der Biegelinien für eine feste Kraftangriffsstelle sind entsprechend den Knotenpunktsabständen beim einfachen Rautenträger in doppelt so großem Abstand gegeben wie beim doppelten. Auch hier rechnet man

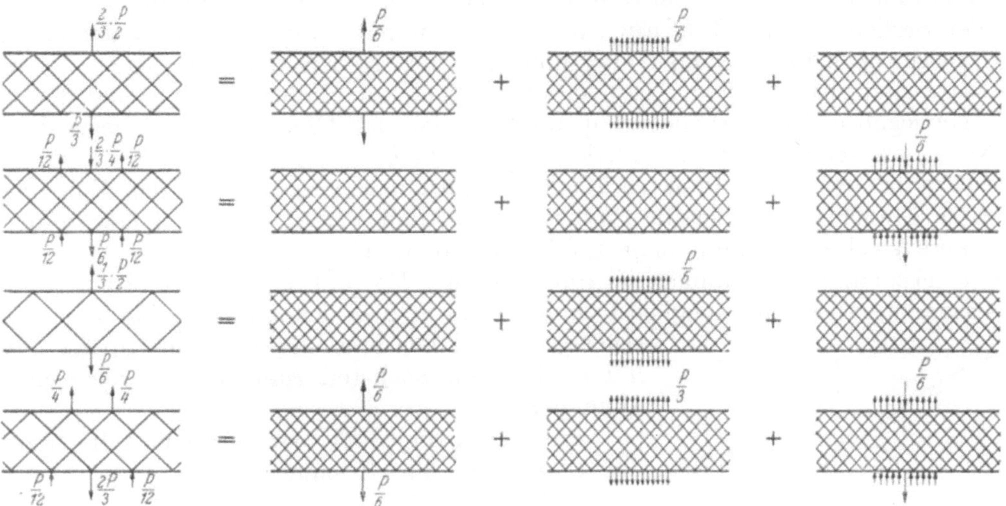

Abb. 63. Zusammensetzen der Störlast am Eineinhalbfachrautenträger.

für die Zwischenpunkte jeweils mit dem mittleren Verhältniswert der beiden einschließenden Punkte, so daß zum Beispiel an der Stelle $m + a/2$ ein Zuschlag gemacht wird, der dem Mittelwert von m und $m + a$ entspricht.

Alle diese Zuschläge unterscheiden sich voneinander nur um 1 bis 2 %, so daß der Fehler, der in diesen Schätzungen liegt, nicht groß sein kann. Es ist aber notwendig, die Zuschläge so sorgfältig abzustimmen, damit sich die Durchbiegungswerte der verschiedenen Rautenträgersysteme harmonisch zusammenfügen.

Man hat somit Kurven für die Durchbiegungen an der Kraftangriffsstelle m und an den Nachbarknotenpunkten $m+a/2$, $m+a$ und $m + 3a/2$ in Abhängigkeit vom Abstand x der Kraftangriffsstelle vom Trägeranfang. Abb. 64 zeigt als Beispiel die Durchbiegungen an der Kraftangriffsstelle m beim kontinuierlichen Träger von der Steifigkeit $\lambda^* = 10^{-3}$, der mit der symmetrischen Störlast belastet ist, die dem Eineinhalbfachrautenträger entspricht.

Diese Kurven gehen in großer Entfernung vom Trägerende, wenn dieses keinen Einfluß mehr auf das Abklingen der Störspannungen hat, in Gerade über.

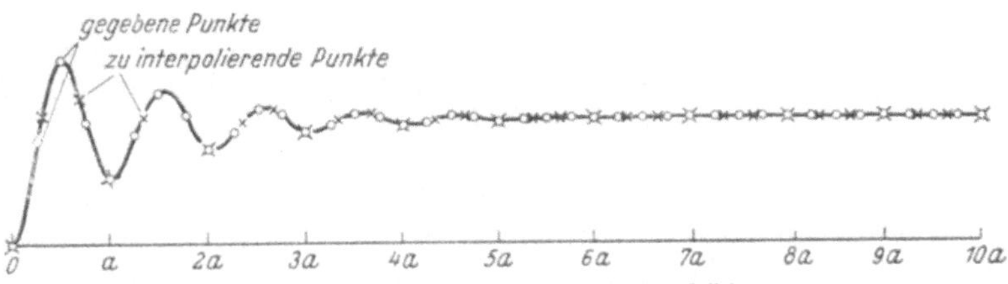

a) Durchbiegung an der Kraftangriffstelle bei symmetrischer Störlast

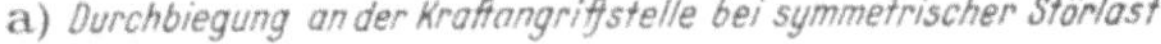

b) Biegelinie für Last im Punkt $\frac{2}{3}a$ bei symmetrischer Störlast

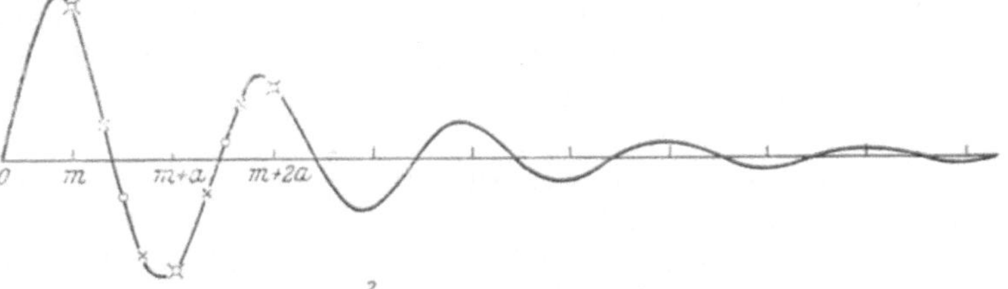

c) Durchbiegung an der Kraftangriffstelle bei antimetrischer Störlast

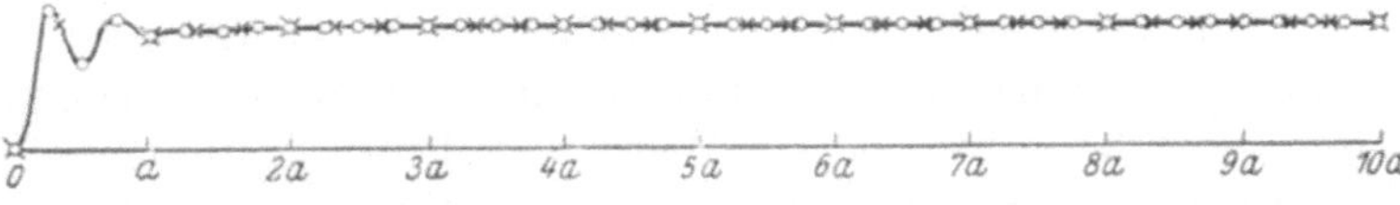

d) Biegelinie für Last im Punkt $\frac{2}{3}a$ bei antimetrischer Störlast

Abb. 64. Interpolationskurven für den eineinhalbfachen Rautenträger $\lambda^* = 10^{-3}$.

Der Maßstab der antimetrischen Verschiebungen ist 5mal größer als der der symmetrischen.

Am Trägerende sind es verzerrte Sinuslinien, die abklingend um die Werte des mittleren Trägerbereichs schwingen. Für die Knotenpunktsverschiebungen der Kraftangriffsstellen ergeben sich Maxima immer dann, wenn der Lastdiagonalenzug in der Mitte des Endpfostens einmündet, also an den Stellen $x = a/2$, $3a/2$ usw., und Minima immer dann, wenn der Lastdiagonalenzug in der Ecke zwischen Pfosten und Gurt einmündet, also an den Stellen $x = 0$, a, $2a$ usw. Die Extremwerte sind also durch den Doppelrautenträger mit Halbrautenende und den Einfachrautenträger gegeben. Die Werte des Doppelrautenträgers mit Ganzrautenende liegen dazwischen in der Nähe der Geraden für den mittleren Trägerbereich.

Die Kurven sind in den Punkten $x = 0$, $a/4$, $a/2$ usw. gegeben. Für den Eineinhalbfachrautenträger braucht man aber die Punkte im Abstand $x = 0$, $a/3$, $2a/3$ usw. vom Trägeranfang. Diese Punkte bekommt man durch Interpolation.

Die Interpolation wird numerisch durchgeführt. Um dabei möglichst wenig Punkte berücksichtigen zu müssen und möglichst einfache Formeln zu bekommen, benutzt man Kurvenstücke, die sich dem Kurvenverlauf gut anpassen, Kosinuslinien, die vom höchsten zum tiefsten gegebenen Punkt abklingen.

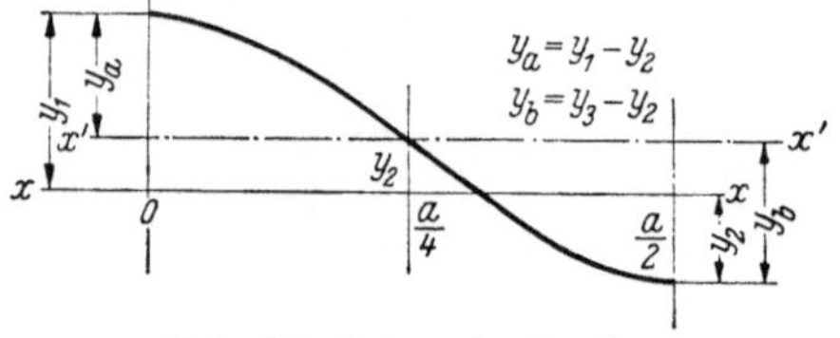

Abb. 65. Interpolationskurve.

Für die Kosinuslinie nach Abb. 65 gilt, bezogen auf die Abszisse x', die Gleichung

$$y_{x'} = y_a \left(\frac{y_b}{y_a} \right)^{\frac{2x}{a}} \cos \frac{2\pi x}{a}. \tag{125}$$

Interpolierte Werte werden nur an den Stellen $a/6$ und $a/3$ gebraucht.

$$y_{\left(\frac{a}{6}\right)'} = y_a \left(\frac{y_b}{y_a} \right)^{\frac{1}{3}} \cos \frac{\pi}{3} = \frac{1}{2} \sqrt[3]{y_a^2 y_b} \approx \frac{1}{2} \left[y_a - \frac{y_a - y_b}{3} \right],$$

$$y_{\left(\frac{a}{3}\right)'} = y_a \left(\frac{y_b}{y_a} \right)^{\frac{2}{3}} \cos \frac{2\pi}{3} = - \frac{1}{2} \sqrt[3]{y_a y_b^2} \approx - \frac{1}{2} \left[y_b + \frac{y_a - y_b}{3} \right]. \tag{126}$$

Die Näherungsformel, mit der man das Wurzelziehen beim Interpolieren sparen kann, ist nur dann gültig, wenn die Differenz $y_a - y_b$ verhältnismäßig klein ist; das ist bei fast allen Punkten der Fall.

Nun sind die Biegelinien des kontinuierlichen Systems gegeben für Kraftangriff an den Stellen, die dem endlichen Eineinhalbfachrautenträger entsprechen. Abb. 64 zeigt als Beispiel die Biegelinie des kontinuierlichen Trägers von der Steifigkeit $\lambda^* = 10^{-3}$, der an der Stelle $x = 2a/3$ durch die symmetrische Störlast belastet ist, die dem Eineinhalbfachrautenträger entspricht.

Die Kurven sind in den Punkten m, $m + a/2$, $m + a$ usw. gegeben. Für den Eineinhalbfachrautenträger braucht man aber die Werte an den Stellen $m + a/3$, $m + 2a/3$ usw. Diese bekommt man durch Interpolation mit denselben Formeln wie oben.

Für ein vollständiges Deformationsbild genügt es nicht, die Gurtbiegelinien zu bestimmen, sondern man muß auch die Verschiebung des Punktes e in $1/3$ bzw. $2/3$ Pfostenhöhe berechnen.

Die Verschiebungen in Pfostenmitte für Kraftangriff im Abstand $x = a/2$, a usw. erhält man, wenn man den mit $2/3$ multiplizierten Werten des Doppelrautenträgers mit Halbrautenende die mit $1/3$ multiplizierten Werte des Einfachrautenträgers mit Ganz- und Halbrautenende überlagert. Die Verschiebung x_e des Einfachrautenträgers mit Halbrautenende berechnet man dabei aus dem Pfostenbiegemoment nach der Formel

$$x_{\frac{1}{2}} = - \frac{P h^3}{48 E J_g} = - \frac{M_0 a^2 \operatorname{tg}^2 \alpha}{12 E J_g},$$

$$\overline{x}_{\frac{1}{2}} = x_{\frac{1}{2}} \frac{2 E J_g}{P a^3} = - \frac{\overline{M}_0 6 P a a^2 \operatorname{tg}^2 \alpha}{12 E J_g} \frac{2 E J_g}{P a^3} = - \overline{M}_0 \operatorname{tg}^2 \alpha. \tag{127}$$

Wenn man annimmt, daß die Pfostenbiegelinie eine Parabel ist, ergibt sich für die Verschiebung an der Stelle e des Eineinhalbfachrautenträgers

$$x_{\frac{1}{3}} = \frac{8}{9} x_{\frac{1}{2}}. \tag{128}$$

Für Kraftangriff im Abstand $x = a/4$, $3a/4$ usw. erhält man die Verschiebung in $^1/_4$ Pfostenhöhe, wenn man die Werte des Doppelrautenträgers mit Ganzrautenende mit $2/3$ multipliziert und dann einen Zuschlag zuaddiert, der die Werte des Einfachrautenträgers berücksichtigt; man verwendet am besten den Verhältniswert, der vorher für Kraftangriff an der Stelle $x = a/2$ berechnet wurde. Wenn man annimmt, daß die Pfostenbiegelinie eine Parabel ist, ergibt sich für die Verschiebung an der Stelle e des Eineinhalbfachrautenträgers

$$x_{\frac{1}{3}} = \frac{32}{27}\, x_{\frac{1}{4}}\,. \tag{129}$$

Damit sind die Verschiebungen am Pfostenknotenpunkt des Eineinhalbfachrautenträgers gegeben für Kraftangriff im Abstand $x = a/4$, $a/2$ usw. vom Trägeranfang. Die Verschiebungen für die dem System des Eineinhalbfachrautenträgers entsprechenden Abstände vom Trägeranfang $x = a/3$, $2a/3$ usw. werden interpoliert. Die Kurve hat doppelt so große Frequenz wie alle bisher interpolierten Kurven der symmetrischen Störlast. Man kann deswegen die Interpolationsformel Gl. (126) nicht verwenden, sondern muß auf die allgemein bekannten Formeln, die man in der „Hütte" findet, zurückgehen.

Die Rechnung wurde für vier λ^*-Werte und Kraftangriff bis zum 15-ten Knotenpunkt durchgeführt. Die Ergebnisse der Rechnung, die Durchbiegungen an der Kraftangriffsstelle m und an den Nachbarknotenpunkten $m + a/3$, $m + 2a/3$, $m + a$, $m + 4a/3$ und $m + 5a/3$ sowie am Pfostenknotenpunkt e sind in Tabelle 3 (S. 94) zusammengestellt. Bei der Ermittlung der Tabellenwerte wurde mit $\operatorname{ctg}\alpha = 6/7$ gerechnet.

Für die Berechnung der Deformationen des Eineinhalbfachrautenträgers aus antimetrischer Störlast müssen alle Werte der antimetrischen Gurtbiegelinie des Doppelrautenträgers nach Gl. (49) multipliziert werden mit dem Korrekturfaktor

$$fd = \frac{1/6}{1/3} = \frac{2}{3}\,,$$

vergleiche auch Abb. 63.

Wenn man die Doppelrautenträgerwerte der Träger mit Halb- und Ganzrautenende verwendet, erhält man die Kurven für die Durchbiegungen an der Kraftangriffsstelle m und an den Nachbarknotenpunkten $m - a/2$, $m + a/2$ und $m + a$ in Abhängigkeit vom Abstand x der Kraftangriffsstelle vom Trägeranfang. Abb. 64 zeigt als Beispiel die Durchbiegungen an der Kraftangriffsstelle m beim kontinuierlichen Träger von der Steifigkeit $\lambda^* = 10^{-3}$, der mit der antimetrischen Störlast belastet ist, die dem Eineinhalbfachrautenträger entspricht.

Die Kurven gehen in großer Entfernung vom Trägerende, wenn dieses keinen Einfluß mehr auf das Abklingen der Störspannungen hat, in Gerade über. Am Trägerende sind es verzerrte Sinuslinien, die abklingend um die Werte des mittleren Trägerbereichs schwingen. Für die Knotenpunktsverschiebungen der Kraftangriffsstellen ergeben sich Minima immer dann, wenn die Lastdiagonalenzüge der Kraftangriffspunkte am Ober- und Untergurt in der Ecke zwischen Gurt und Pfosten oder in Mitte Endpfosten einmünden; im letzteren Fall heben sich die waagerechten Komponenten der Diagonalkräfte gegenseitig auf. Minima sind also an den Kraftangriffspunkten des Trägers mit Halbrautenende $x = a/2$, a usw. Die Maxima liegen dazwischen, also an den Kraftangriffspunkten des Trägers mit Ganzrautenende $x = a/4$, $3a/4$ usw. Die Kurven der antimetrischen Störlast haben die doppelte Frequenz wie die der symmetrischen.

Beim Interpolieren von den Werten $x = a/4$, $a/2$ usw. des Doppelrautenträgers auf die Punkte $a/3$, $2a/3$ usw. des Eineinhalbfachrautenträgers geht man wieder von der Kosinuslinie Abb. 65 aus. Weil der mittlere Punkt y_2 hier nicht gegeben ist, setzt man willkürlich $y_a = y_b$ und vereinfacht somit die Interpolationsformel zu

$$y\left(\frac{a}{6}\right)' = \frac{y_a}{2}\,, \qquad y\left(\frac{a}{3}\right)' = -\frac{y_a}{2}\,. \tag{130}$$

Die Interpolation ist nicht sehr empfindlich gegenüber der geschätzten Kurvenform, weil die Nullinie verhältnismäßig weit von dem wellenförmigen Kurvenzug entfernt liegt.

Wenn diese Interpolation durchgeführt ist, sind die Biegelinien des kontinuierlichen Systems gegeben für Kraftangriff an den Stellen, die dem endlichen Eineinhalbfachrautenträger entsprechen, an den Punkten m, $m + a/2$, $m + a$ usw. Abb. 64 zeigt als Beispiel die Biegelinie am kontinuierlichen Träger von der Steifigkeit $\lambda^* = 10^{-3}$, der an der Stelle $x = 2a/3$ durch die antimetrische Störlast belastet ist, die dem Eineinhalbfachrautenträger entspricht.

Da die Biegelinie der antimetrischen Störlast die doppelte Frequenz hat wie die der symmetrischen, sind nur die Extremwerte gegeben, und die Interpolationsformel Gl. (126) kann auch hier nicht ohne weiteres verwendet werden. Die Interpolation ist sehr empfindlich gegenüber der angenommenen Kurvenform, weil die Nullinie den wellenförmigen Kurvenzug in der Nähe der gesuchten Punkte schneidet. Einen Anhaltspunkt für die Lage der Nullpunkte gibt der Vergleich mit der Biegelinie der antimetrischen Störlast, wie sie für den unendlich langen Träger aus der Differentialgleichung gerechnet worden ist, Abb. 45. Man erkennt, daß der erste Nullpunkt neben der Kraftangriffsstelle genau bei $m + a/4$ liegt, während alle weiteren Nullpunkte ein Stück weit nach der Seite der abklingenden Werte zu verschoben sind.

Demnach wird beim Interpolieren des ersten Punktes $m + a/3$ neben der Kraftangriffsstelle der Wert $y_2 = 0$ gesetzt, so daß die Interpolationsformel (126) übergeht in

$$y_{(a/3)} = -\frac{1}{2}\left(y_3 + \frac{y_1 - y_3}{3}\right). \tag{131}$$

Für alle weiteren Punkte wird mit der ungedämpften Kosinuslinie gerechnet, so daß die Interpolationsformel (126) übergeht in Gl. (130).

Um das vollständige Deformationsbild zu bekommen, muß man auch die Verschiebung des Punktes e am Pfosten berechnen. Für Kraftangriff an der Stelle $a/2$, a usw. ergibt sich die Verschiebung x_e aus dem mit $1/3$ multiplizierten Biegemoment in der Ecke zwischen Pfosten und Gurt des Doppelrautenträgers mit Halbrautenende

$$x_e = -\frac{M_0\,h^2}{81\,E\,J_g} = \overline{x}_e\,\frac{P\,a^3}{2\,E\,J_g},$$

$$\overline{x}_e = -\frac{2\,E\,J_g}{P\,a^3}\,\frac{\overline{M}_0\,a^2\,\mathrm{tg}^2\,\alpha}{81\,E\,J_g}\,6\,P\,a = -\frac{4\,\mathrm{tg}^2\,\alpha}{27}\,\overline{M}_0. \tag{132}$$

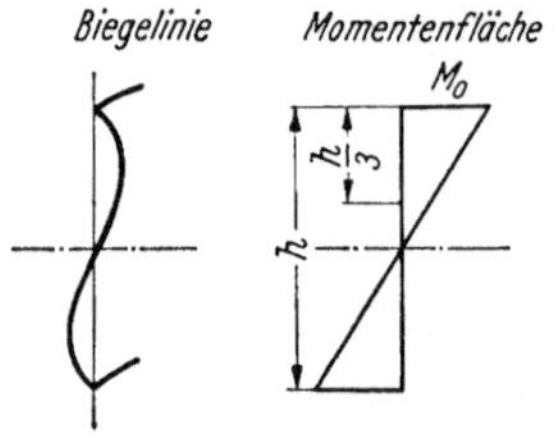

Abb. 66. Pfostenverbiegung.

Für Kraftangriff an der Stelle $a/4$, $3a/4$ usw. ergibt sich die Verschiebung x_e aus der mit $2/3$ multiplizierten Verschiebung des Pfostenknotenpunkts am Doppelrautenträger mit Ganzrautenende unter der Annahme, daß die Biegelinie des Pfostens eine Sinuslinie ist, zu

$$x_{\frac{1}{3}} = \sin\frac{\pi}{3}\,x_{\frac{1}{4}} = 0{,}809\,x_{\frac{1}{4}}. \tag{133}$$

Damit sind die Verschiebungen des Pfostenknotenpunkts des Eineinhalbfachrautenträgers gegeben für Kraftangriff im Abstand $x = a/4$, $a/2$ usw. vom Trägeranfang. Die Verschiebungen für die dem System des Eineinhalbfachrautenträgers entsprechenden Abstände vom Trägeranfang $x = a/3$, $2a/3$ usw. werden interpoliert; dabei müssen auch hier die Interpolationsformeln aus der „Hütte" verwendet werden.

Die Rechnung wurde für vier λ^*-Werte und Kraftangriff bis zum 15ten Knotenpunkt durchgeführt. Die Ergebnisse der Rechnung, die Durchbiegungen an der Kraftangriffsstelle m und an den Nachbarknotenpunkten $m - 2a/3$, $m - a/3$, $m + a/3$, $m + 2a/3$, $m + a$ und $m + 4a/3$ sowie am Pfostenknotenpunkt e sind in Tabelle 3 (S. 94) zusammengestellt. Bei der Ermittlung der Tabellenwerte wurde mit $\mathrm{ctg}\,\alpha = 6/7$ gerechnet.

Da nach Abb. 50 infolge der verschiedenen Frequenzen die symmetrischen und antimetrischen Knotenpunktsverschiebungen immer addiert werden und außerdem beim Eineinhalbfachrautenträger der Anteil der antimetrischen Störlast nur klein ist, kann man die Rechnung wesentlich vereinfachen, ohne sie ungenauer zu machen, wenn man die antimetrischen Knotenpunktsverschiebungen nur durch einen Zuschlag zu den symmetrischen berücksichtigt. Man rechnet den Korrekturfaktor aus den Verschiebungen an der Kraftangriffsstelle in großer Entfernung vom Trägerende

$$f = \frac{\overline{y}_s + \overline{y}_a}{\overline{y}_s}. \tag{134}$$

Für die so gewonnenen resultierenden Verschiebungswerte gilt die Abklingfunktion $-e^{-\omega_s}$ der symmetrischen Störlast und der einfache Satz von der Gegenseitigkeit der Verschiebungen.

Das Aufstellen der Einflußlinien für die Knotenpunktsverschiebungen erfolgt in zwei Schritten. In der ersten Tabelle werden alle Knotenpunkte am Ober- und Untergurt gleichmäßig berücksichtigt, trotzdem am Obergurt keine äußere Kraft angreift; die Werte werden nach dem Satz von der Gegenseitigkeit der Verschiebungen für den Bereich zwischen Kraftangriffsstelle und Trägerende gebraucht. In der zweiten Tabelle werden nur die Werte für Kraftangriff an den Untergurtknotenpunkten eingetragen, so geordnet, daß Obergurt- und Untergurtknotenpunktsverschiebungen je in einer Zeile stehen.

b) Innere Kräfte.

Die Einflußlinien für die inneren Kräfte werden aus den Einflußlinien für die Knotenpunktsverschiebungen abgeleitet.

Die **Normalkräfte in den Diagonalen** sind nach Gl. (36) proportional der Summe der Querverschiebungen der Diagonalendpunkte

$$D = \frac{P}{2\,n\,\lambda^*\sin\alpha} \sum \overline{y} = \frac{P}{6\,\lambda^*\sin\alpha} \sum \overline{y}. \tag{135}$$

Am Trägerende gilt für die Zweidrittelsdiagonale

$$D = \frac{P}{6\,\lambda^*\sin\alpha}\,\frac{3}{2}\,(\overline{y}_2 + \overline{x}_e\,\mathrm{ctg}\,\alpha) \tag{135a}$$

und für die Drittelsdiagonale

$$D = \frac{P}{6\,\lambda^*\sin\alpha}\,3\,(\overline{y}_1 + \overline{x}_e\,\mathrm{ctg}\,\alpha). \tag{135b}$$

Die **Normalkräfte in den Gurten** ergeben sich durch Aufstellen der Gleichgewichtsbedingungen für den Trägerquerschnitt auf Gurtmitte. Man führt die allgemeine Beziehung ein

$$G = \overline{G}\,\frac{1}{6\,\lambda^*}\,\frac{P}{\mathrm{tg}\,\alpha}. \tag{136}$$

Nach Abb. 67 gilt für einen beliebigen Gurtstab

$$G_{24} = -\frac{2}{3}\,(D_{14} + D_{25})\cos\alpha - \left(\frac{M_2 + M_4}{2} - M_3\right)\frac{1}{h}$$

$$= -\frac{2}{3}\,(\overline{y}_1 + \overline{y}_4 + \overline{y}_2 + \overline{y}_5)\,\frac{1}{6\,\lambda^*}\,\frac{P}{\mathrm{tg}\,\alpha} - \frac{\overline{M}_2 - 2\,\overline{M}_3 + \overline{M}_4}{2\,a\,\mathrm{tg}\,\alpha}\,6\,a\,P$$

$$= -\frac{2}{3}\,(\overline{y}_1 + \overline{y}_2 + \overline{y}_4 + \overline{y}_5)\,\frac{1}{6\,\lambda^*}\,\frac{P}{\mathrm{tg}\,\alpha} - (\overline{M}_2 - 2\,\overline{M}_3 + \overline{M}_4)\,18\,\lambda^*\,\frac{1}{6\,\lambda^*}\,\frac{P}{\mathrm{tg}\,\alpha}$$

$$\overline{G}_{24} = -\frac{2}{3}\,(\overline{y}_1 + \overline{y}_2 + \overline{y}_4 + \overline{y}_5) - (\overline{M}_2 - 2\,\overline{M}_3 + \overline{M}_4)\,18\,\lambda^*, \tag{136a}$$

für den Gurtstab über der Kraftangriffsstelle

$$G_{o_{24}} = G_{24} - \left(\frac{P}{4}\,\frac{a}{3} + \frac{P}{12}\,\frac{2a}{3}\right)\frac{1}{h} = G_{24} - \frac{5}{36}\,\frac{P}{\mathrm{tg}\,\alpha} = G_{24} - \frac{5\,\lambda^*}{6}\,\frac{1}{6\,\lambda^*}\,\frac{P}{\mathrm{tg}\,\alpha}$$

$$\overline{G}_{24} = -\frac{2}{3}\,(\overline{y}_1 + \overline{y}_2 + \overline{y}_3 + \overline{y}_5) - (\overline{M}_2 - 2\,\overline{M}_3 + \overline{M}_4)\,18\,\lambda^* - \frac{5}{6}\,\lambda^* \tag{136b}$$

und für die beiden Gurtstäbe unmittelbar neben der Kraftangriffsstelle

$$G_{u_{13}} = G_{13} + \frac{P}{12}\,\frac{a}{3}\,\frac{1}{h} \qquad = G_{13} + \frac{1}{36}\,\frac{P}{\mathrm{tg}\,\alpha} = G_{13} + \frac{\lambda^*}{6}\,\frac{1}{6\,\lambda^*}\,\frac{P}{\mathrm{tg}\,\alpha}$$

$$\overline{G}_{13} = -\frac{2}{3}\,(\overline{y}_0 + \overline{y}_1 + \overline{y}_3 + \overline{y}_4) - (\overline{M}_1 + 2\,\overline{M}_2 + \overline{M}_3)\,18\,\lambda^* + \frac{\lambda^*}{6}. \tag{136c}$$

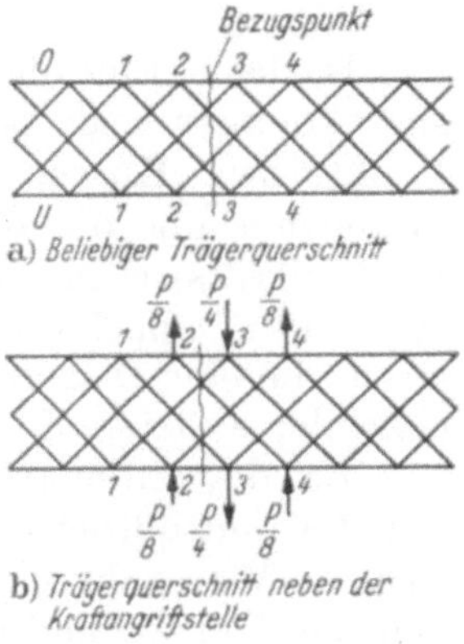

Abb. 67. Berechnung der Normalkräfte in den Gurten.

Wenn man nicht nur die Kraft in einem Gurtstab sucht, sondern die Einflußlinien für alle Gurtstäbe aufstellen will, rechnet man wie beim Doppelrautenträger mit der Änderung der Gurtkräfte durch die Diagonalen

$$\Delta\overline{G} = \frac{1}{6\,\lambda^*}\,\frac{P}{\mathrm{tg}\,\alpha} \sum \overline{y}.$$

Die Biegemomente in den Gurten können hier nicht exakt gerechnet werden, weil die Ostenfeldschen Momentenwerte für den Eineinhalbfachrautenträger nicht tabellarisch vorliegen. Man ermittelt die Biegemomente in der Ecke zwischen Gurt und Pfosten durch Interpolation aus den Momenten des Doppelrautenträgers und des Einfachrautenträgers und berechnet dann alle übrigen Biegemomente nach den Formeln Abb. 17.

Für die Interpolation der Eckmomente geht man bei symmetrischer Störlast von den mit 2/3 multiplizierten Biegemomenten des Doppelrautenträgers aus. Dazu kommt ein Zuschlag aus den mit 1/3 multiplizierten Eckmomenten des Einfachrautenträgers. Dessen prozentualer Anteil am Grundmoment streut, weil die Eckmomente klein und als Differenzen größerer Zahlen gerechnet sind, so daß die Rechenungenauigkeit sich bemerkbar macht. Man rechnet deswegen für jeden λ-Wert einige Punkte und bestimmt daraus einen mittleren Zuschlag.

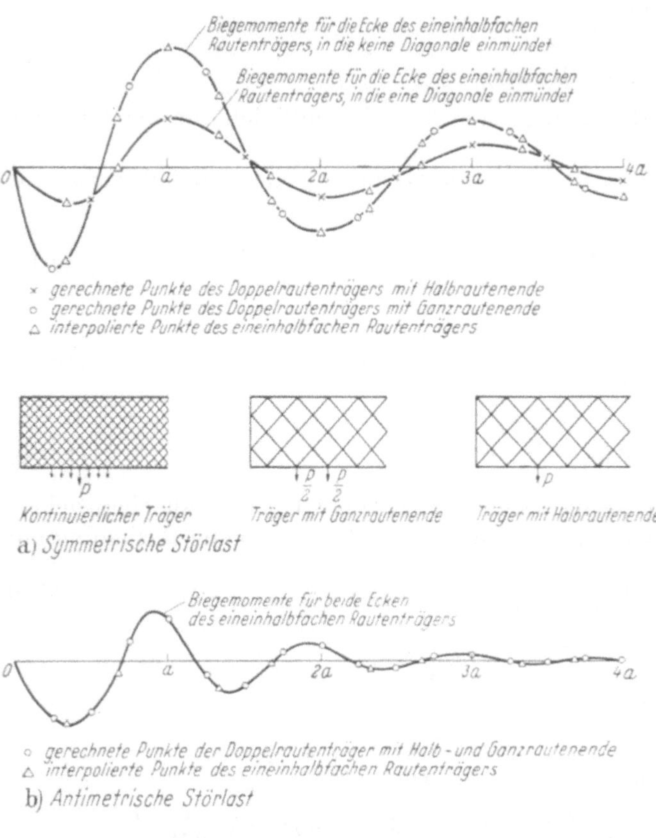

Abb. 68. Interpolation der Eckbiegemomente des eineinhalbfachen Rautenträgers.

Abb. 68 zeigt die so ermittelten symmetrischen Eckbiegemomente für die Steifigkeit $\lambda^* = 10^{-3}$. Es fällt auf, daß an den Stellen $m = a$, $2a$, $3a$ usw. die Werte des Doppelrautenträgers mit Halbrautenende viel zu klein sind, um sich stetig zwischen die Werte des Trägers mit Ganzrautenende einzufügen. Das ist darauf zurückzuführen, daß das Eckmoment des kontinuierlichen Systems nicht ohne weiteres auf das endliche System übertragen werden kann.

Wie Abb. 68 zeigt, erfährt das kontinuierliche System bei Kraftangriff an der Stelle a im Eckbereich eine verteilte Belastung, die schätzungsweise den Verhältnissen des Doppelrautenträgers mit Ganzrautenende entspricht und bestimmt eine stärkere Verbiegung ergibt, als die in die Ecke einmündende Diagonale des Doppelrautenträgers mit Halbrautenende.

Da beim Eineinhalbfachrautenträger die obere und untere Ecke verschieden ausgebildet sind, kommen beide Belastungsarten in Frage. Deswegen sind in Abb. 68 durch die gerechneten Punkte zwei Kurven gezeichnet; davon entspricht eine dem Doppelrautenträger mit Halbrautenende und die andere dem mit Ganzrautenende. Man interpoliert beide Kurven für die Kraftangriffsstellen, die für den Eineinhalbfachrautenträger in Frage kommen, und ordnet die Werte des Doppelrautenträgers mit Halbrautenende der Ecke des Eineinhalbfachrautenträgers zu, in die eine Diagonale einmündet, und die Werte des Doppelrautenträgers mit Ganzrautenende der anderen Ecke.

Bei der antimetrischen Belastung sind die Grundwerte für die Interpolation einfach die mit 2/3 multiplizierten Eckbiegemomente des Doppelrautenträgers. Wie Abb. 68 zeigt, fügen sich die Werte der Träger mit Halb- und Ganzrautenende stetig ineinander, so daß das Zeichnen der Kurven und das Interpolieren keine Schwierigkeiten macht.

Diese Rechnung wurde für vier λ^*-Werte und Kraftangriff bis zum 9ten Knotenpunkt durchgeführt. Die Ergebnisse der Rechnung sind in Tabelle 3 (S. 94) zusammengestellt.

Bei der Berechnung der übrigen Biegemomente des Eineinhalbfachrautenträgers geht man von den resultierenden Knotenpunktsverschiebungen aus, in denen die symmetrische und antimetrische Störlast zusammengefaßt ist. Die Berechnungen der Biegemomente für Träger mit Halb- und Ganzrautenende unterscheiden sich nicht voneinander.

Man schreibt für die Biegemomente an den Anschlußpunkten der Lastdiagonalen

$$M_g = \overline{M}_g \frac{J_g}{J_s} 6\,a\,P = (f\,\overline{y}) \frac{J_g}{J_s} 6\,a\,P \quad (137)$$

und rechnet die Proportionalitätsfaktoren nach Abb. 17.

Für die Biegemomente an den Anschlußpunkten der Zwischendiagonalen gelten die Beziehungen nach Abb. 17.

Für das Biegemoment am Pfostenknotenpunkt gilt nach Gl. (43) beim Träger mit Halbrautenende

$$\overline{M}_e \approx 0,8\,\overline{x}_e - \frac{\overline{M}_o}{6} - \frac{\overline{M}_u}{3}, \quad (138)$$

beim Träger mit Ganzrautenende

$$\overline{M}_e \approx 0,8\,\overline{x}_e - \frac{\overline{M}_o}{3} - \frac{\overline{M}_u}{6}. \quad (138\,a)$$

Die Biegemomente in den Diagonalen werden aus den exakt gerechneten Verschiebungen der Kreuzungspunkte und aus abgeschätzten Einspannbedingungen ermittelt.

Um einen Überblick über die Biegelinienform der Diagonalen zu bekommen, sind für $\lambda^* = 10^{-3}$ die Durchbiegungsdifferenzen der einzelnen Diagonalabschnitte nach Gl. (45) ausgerechnet und in Abb. 69 aufgezeichnet. Beim Zeichnen der Biegelinien der Diagonalen wurde der Einfachheit halber angenommen, daß die einzelnen Diagonalen zwar über die ganze Länge biegungssteif durchlaufen, daß im übrigen aber alle Kreuzungs- und Gurtanschlußpunkte gelenkig sind.

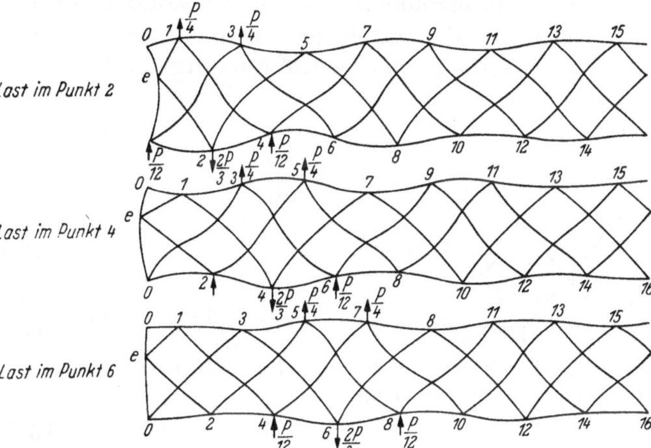

a) Eineinhalbfacher Rautenträger mit Halbrautenende

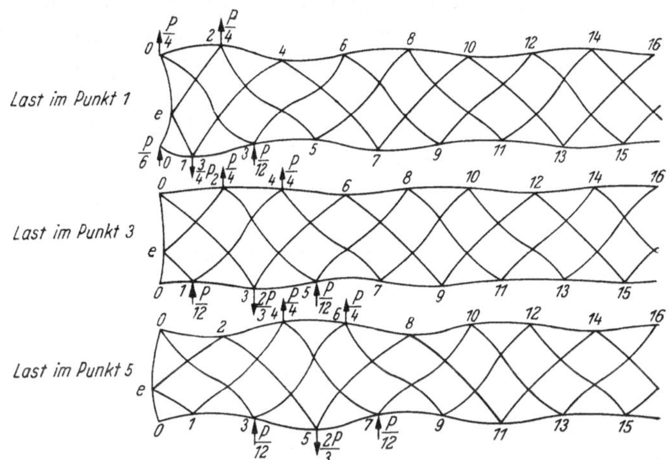

b) Eineinhalbfacher Rautenträger mit Ganzrautenende

Abb. 69. Deformationen des eineinhalbfachen Rautenträgers.

Die Gurttangenten erfahren an den Anschlußpunkten der Lastdiagonalen fast keine Verdrehung, so daß diese näherungsweise als fest eingespannt gerechnet werden können. An den Anschlußpunkten der Zwischendiagonalen verdrehen sich die Gurttangenten jeweils so, daß die Zwischendiagonalen näherungsweise als gelenkig angeschlossen gerechnet werden können.

Es genügt beim Eineinhalbfachrautenträger, wenn beim Aufstellen der Einflußlinien für die Volldiagonalen die Gurteinspannmomente der Lastdiagonalen berücksichtigt werden. Diese ergeben sich nach Abb. 70 aus den Durchbiegungen f_1 und f_2 zu

$$M = \frac{4}{5} \frac{E\,J_d}{(s/3)^2} (7\,f_1 - 2\,f_2) \quad (139)$$

mit

$$f_1 = \frac{1}{3\sqrt{2}} (y_1 + 2\,y_2 - 2\,y_4 - y_5),$$

$$f_2 = \frac{1}{3\sqrt{2}} (y_2 + 2\,y_3 - 2\,y_5 - y_6),$$

oder zusammengefaßt

$$M = 0,42 \frac{J_d}{J_s} a\,P (7\,\overline{y}_1 - 4\,\overline{y}_3 - 3\,\overline{y}_5 + 12\,\overline{y}_2 - 14\,\overline{y}_4 + 2\,\overline{y}_6). \quad (139\,a)$$

Abb. 70. Definitionsfigur zur Berechnung der Diagonalbiegemomente.

Nur die Diagonale 0—3 ist eine Ausnahme. Hier sind die Biegemomente in den Last-diagonalen vernachlässigbar klein, weil der Pfostenknotenpunkt e und der Gurtknotenpunkt 1, wenn sie auf Zwischendiagonalen liegen, fast keine Verschiebungen erfahren. Die Biegemomente der Zwischendiagonalen sind hier besonders groß, weil die Knotenpunkte e und 1, wenn sie im Lastdiagonalenzug liegen, sehr große Verschiebungen erfahren. Das Biegemoment der Zwischendiagonale im ersten Kreuzungspunkt ergibt sich nach Abb. 71 aus den Durchbiegungen f_1 und f_2 zu

$$M = \frac{2}{5} \frac{E J_d}{(s/3)^2} (9 f_1 - 6 f_2) \tag{140}$$

mit

$$f_1 = \frac{1}{3\sqrt{2}} \left(\frac{3}{2} x_e - \frac{3}{2} y_2 - y_3 \right),$$

$$f_2 = \frac{1}{3\sqrt{2}} (y_0 + 2 y_1 - 2 y_3 - y_4),$$

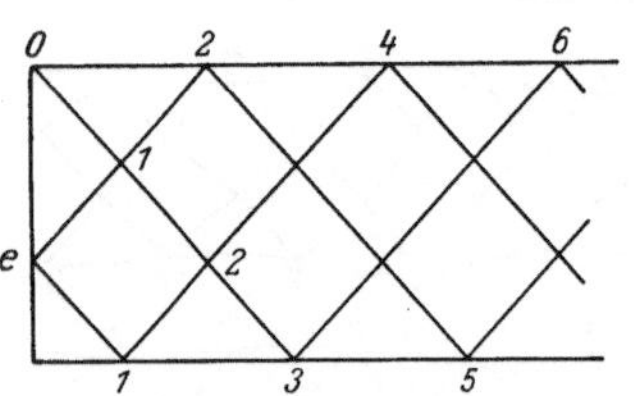

Abb. 71. Definitionsfigur zur Berechnung der Biegemomente in Diagonale 0—3.

oder zusammengefaßt

$$M = 0,42 \frac{J_d}{J_s} a P (13,5 x_e - 12 \overline{y}_1 - 13,5 \overline{y}_2 + 3 \overline{y}_3 + 6 \overline{y}_4). \tag{140a}$$

Bei den Teildiagonalen am Trägerende, die mit einem Ende am Gurt und mit dem andern am Pfosten anschließen, treten auch dann Einspannmomente auf, wenn es Zwischendiagonalen sind. Sie müssen also als Last- und Zwischendiagonalen, d. h. für Kraftangriff an jeder Stelle gerechnet werden.

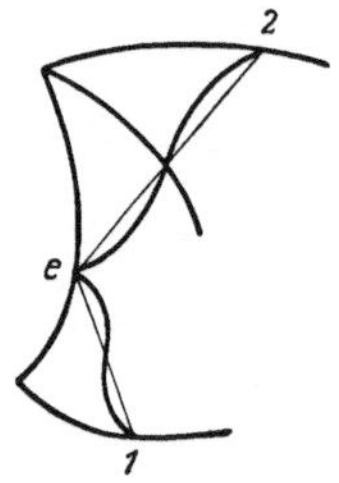

Bei der Drittelsdiagonale wird nach Abb. 72 die Verdrehung der Diagonalsehne

$$\Delta \alpha = \frac{2 x_e \cos \alpha}{s/3}$$

und die Verdrehung der Tangente an den beiden Diagonalenden

$$\Delta \alpha = - \frac{3 x_e}{2 s/\cos \alpha}$$

und somit das Einspannmoment

$$M = 0,42 \frac{J_d}{J_s} P a (- 34 \overline{y}_1). \tag{141}$$

Abb. 72. Enddiagonale.

Bei der Zweidrittelsdiagonale wird die Durchbiegung in der Mitte vernachlässigt gegenüber der Verbiegung aus der Einspannung. Nach Abb. 72 gilt für die Verdrehung der Diagonalsehne

$$\Delta \alpha = \frac{2 x_e \cos \alpha}{2 s/3}$$

und für die Verdrehung der Tangente an den Diagonalenden

$$\Delta \alpha = + \frac{3 x_e}{2 s/\cos \alpha}.$$

Die Verdrehungswinkel der Diagonalsehne und der Diagonalenden addieren sich hier. Für das Einspannmoment gilt demnach

$$M = 0,42 \frac{J_d}{J_s} a (- 17,5 \overline{y}_2) P. \tag{142}$$

M o h e i t berichtet in seinem Aufsatz „Zur Statik dreiteiliger Rautensysteme"[1] über seine Berechnung eines Eineinhalbfachrautenträgers mit 50 m Stützweite. Das System ist 21 fach statisch unbestimmt. Haupt- und Störlast sind nicht getrennt. Die Biegesteifigkeit der Diagonalen ist vernachlässigt.

<hr>

[1] M o h e i t , W.: Bautechnik. 25 (1948), S. 77.

Die Stabquerschnitte dieses Fachwerks sind dem Rechenbeispiel zugrunde gelegt, das der Rechenanweisung für die Statiker im Abschnitt II dieser Arbeit beigefügt ist. Während Moheit sich mit Rücksicht auf den Rechenaufwand auf die Berechnung eines Trägers von 50 m Stützweite beschränken mußte, ist hier die Berechnung des Trägers mit 100 m Stützweite durchgeführt; die Diagonalbiegesteifigkeit wurde vernachlässigt, damit die Ergebnisse der Rechnungen verglichen werden können.

Der Vergleich der Gurtbiegemomente zeigt Unterschiede in der Größenordnung von 10 %. Die Biegemomente sind bei den hier vorliegenden Trägerabmessungen von der Stützweite fast unabhängig.

Für den Vergleich der Normalkräfte müssen die Hauptkräfte für die kleine Stützweite umgerechnet werden. Bei den Diagonalen liegen die Unterschiede im Durchschnitt bei 5 % der resultierenden Stabkräfte; bei den Gurten sind sie kleiner.

Bessere Übereinstimmung war nicht zu erwarten.

Zusammenfassung.

Die Arbeit beschränkt sich zunächst auf Brücken aus einfachen, eineinhalbfachen und doppelten Rautenträgern mit untenliegender Fahrbahn.

Sie ist in drei Abschnitte eingeteilt. Der erste gibt einen gedanklichen Überblick über den Kraftverlauf in Rautenträgern; der zweite liefert dem Statiker Rechenanweisungen; der dritte bringt die Ableitung der Formeln. Der zweite Teil ermöglicht es jedem Brückenbaustatiker, für Brücken mit gebräuchlichen Abmessungen die Einflußlinien der inneren Kräfte — Längskräfte und Biegemomente in den Gurten und Diagonalen — in kurzer Zeit aufzustellen. Der dritte Teil ermöglicht es dem Entwicklungsingenieur, die Theorie für Rautenträger beliebiger Gliederung und Dimensionierung zu erweitern.

Die Belastung wird in Hauptlast und Störlast zerlegt. Die inneren Kräfte aus der Hauptlast können aus Gleichgewichtsbedingungen ermittelt werden; sie sind für die Dimensionierung in erster Linie maßgebend. Die inneren Kräfte aus der Störlast, die eine Gleichgewichtsgruppe von Kräften derselben Größenordnung an der Krafteinleitungsstelle ist, werden durch eine längere statisch unbestimmte Rechnung bestimmt.

Für die Berechnung der Störspannungen werden drei Methoden angegeben. Das erweiterte Krabbesche Verfahren, die Rechnung nach der Differentialgleichung und das kombinierte Verfahren. Die beiden ersten Methoden sind für sich nicht ausreichend. Es ist aber notwendig, sie durchzuarbeiten, weil aus ihnen die dritte Methode, das kombinierte Verfahren, entwickelt ist. Dieses bringt die Ergebnisse bei verhältnismäßig geringem Rechenaufwand mit genügender Genauigkeit; es ist der Rechenanweisung für den Statiker zugrunde gelegt.

Bei der erweiterten Krabbeschen Methode wird zunächst für jede Rautenträgerart die Zerlegung der äußeren Belastung in Hauptlast und Störlast vorgenommen. Während die Gesamtlast nur am Untergurt angreift, sind Haupt- und Störlast auf Ober- und Untergurt verteilt. Die Hauptlast ist zur waagerechten Achse antimetrisch und gibt allen Diagonalen unmittelbar, d. h. ohne daß die Biegesteifigkeit der Gurte herangezogen wird, gleiche Kräfte. Die Störbelastung besteht aus einem symmetrischen und einem antimetrischen Anteil. Die symmetrische Störlast ist bei jedem Rautenträgersystem gleich $P/2$; die antimetrische Störlast an jedem Gurt liegt zwischen O und $P/2$ und ist um so größer, je vielgliedriger das System ist.

Die Methode von Krabbe zur Berechnung der inneren Kräfte aus der Störbelastung beschränkt sich auf einfache Rautenträger mit vernachlässigbar kleiner Diagonalbiegesteifigkeit. Sie besteht darin, daß man ein kurzes Trägerstück herausgreift, die Abklinglänge also willkürlich festlegt und dann mit Hilfe der Ostenfeldschen Deformationsmethode die inneren Kräfte in diesem kurzen Trägerstück errechnet. Die in vorliegender Arbeit entwickelte Erweiterung besteht darin, daß die Biegesteifigkeit der Diagonalen berücksichtigt wird und die somit vervollständigten Formeln sinngemäß für mehrgliedrige Rautenträger und antimetrische Störlast angewendet werden. Die Berechnung der antimetrischen Störlast wird beim einfachen

Rautenträger nicht gebraucht und kommt deswegen im ursprünglichen Krabbeschen Verfahren nicht vor. Es wird auch gezeigt, daß die von Krabbe in die Rechnung einbezogene Trägerlänge im allgemeinen zu kurz ist.

Die erweiterte Krabbesche Methode ist für alle Rautenträger und alle Lastfälle brauchbar. Sie hat aber den Nachteil, daß sie, wenn man ein genügend großes Trägerstück in die Rechnung einbezieht, für die praktische Anwendung zu viel Rechenaufwand erfordert.

Der Rechnung nach der Differentialgleichung wird ein kontinuierliches System mit unendlich dicht stehenden Diagonalen zugrunde gelegt.

Zunächst werden auch hier Haupt- und Störlast getrennt. Die Hauptlast ist die über die Breite a, das ist die waagerechte Projektion einer Diagonale, gleichmäßig verteilte Last $P/2$ am Ober- und Untergurt. Die Störlast setzt sich zusammen aus dem antimetrischen Anteil, der schon von der Krabbeschen Methode her bekannt ist und erhalten bleiben muß, weil er den Unterschied der Biegemomente im Ober- und Untergurt angibt, und aus dem symmetrischen Anteil, der zur Hauptlast und antimetrischen Störlast hinzugezählt werden muß, damit der Obergurt kräftefrei wird. Beim Zusammensetzen aller dieser Lasten ergibt sich am Untergurt eine Gesamtlast, die aus einer Einzellast und einer gleichmäßig verteilten Last besteht; das Größenverhältnis der beiden ist davon abhängig, welcher Rautenträger durch das kontinuierliche System ersetzt werden soll.

Man kann, wenn die Belastung in Symmetrie und Antimetrie zerlegt ist, für die Biegelinie des Gurtes je eine einfache homogene Differentialgleichung aufstellen, deren Lösung $e^{-\omega + i\nu}$ die Abklinggeschwindigkeit und Abklingperiode in Abhängigkeit von einer Steifigkeitszahl gibt, die durch das Verhältnis von Diagonallängs- zur Gurtbiegesteifigkeit bestimmt ist. Die Differentialgleichung hat unendlich viele Lösungen; die Abklingfunktion erster Ordnung ist für das Abklingen der Störkräfte maßgebend, während alle weiteren nur dazu dienen, die Randbedingungen zu erfüllen und sehr schnell abklingen. Es genügt praktisch, wenn man die Randbedingung mit einer endlichen Zahl von Integrationskonstanten nur näherungsweise erfüllt.

Um die Berechnung der Integrationskonstanten zunächst möglichst einfach zu gestalten, hat man sich darauf beschränkt, das Abklingen der Störspannungen im mittleren Bereich eines unendlich langen Trägers zu berechnen.

Der Vergleich der beiden Methoden zeigt, daß die Biegelinien in der Nähe der Kraftangriffsstelle gut übereinstimmen. In größerer Entfernung versagt die Krabbesche Methode, weil man mit ihr auch bei sehr großem Rechenaufwand kein unendlich großes Trägerstück erfassen kann.

Bei der Entwicklung des kombinierten Verfahrens wird zunächst der Krabbesche Ansatz für ein langes Trägerstück angeschrieben. In einiger Entfernung von der Kraftangriffsstelle klingen alle Knotenpunktsverschiebungen mit dem Faktor $e^{-\omega}$ ab, der mit Hilfe der Rechnung nach der Differentialgleichung in Abhängigkeit von den Trägerdimensionen festgelegt werden kann. Für die Ostenfeldschen Koeffizienten gilt ein entsprechendes Gesetz; der Abklingfaktor $\varkappa$ ist nicht systemabhängig. Man kann von einem bestimmten Abstand von der Kraftangriffsstelle an alle Gleichungsglieder abhängig von einem Anfangswert und dem Abklingfaktor $\varkappa e^{-\omega}$ anschreiben, so daß eine geometrische Reihe entsteht, die durch die bekannte Summenformel zusammengefaßt werden kann. Die Zahlenrechnung zeigt, daß diese Summe vernachlässigbar klein ist. Der Abklingfaktor $e^{-\omega}$ kommt aber schon in den vorhergehenden Gliedern vor und bringt den Unterschied zwischen dem kombinierten Verfahren und der Krabbeschen Methode.

Beim kombinierten Verfahren ist es möglich, bei der statisch unbestimmten Rechnung des Einfachrautenträgers bei Lastangriff in jedem Punkt mit jeweils zwei Gleichungen mit zwei Unbekannten auszukommen, während beim erweiterten Krabbeschen Verfahren, um dieselbe Genauigkeit zu erzielen, sechs Gleichungen mit sechs Unbekannten notwendig sind. Beim Doppelrautenträger sind jeweils vier Gleichungen mit vier Unbekannten erforderlich, während beim erweiterten Krabbeschen Verfahren zur Erzielung derselben Genauigkeit für die Verschiebung an der Kraftangriffsstelle etwa zwölf Gleichungen mit zwölf Unbekannten erforderlich sind.

Da es bei dem oben beschriebenen kombinierten Verfahren notwendig ist, die symmetrische und antimetrische Störlast getrennt zu rechnen, weil für beide Lastfälle verschiedene Abklingfunktionen $e^{-\omega}$ gelten, ist es für den Eineinhalbfachrautenträger, der ein um die waagerechte Achse nicht symmetrisches Trägersystem darstellt, in dieser Form nicht anwendbar. Die Biegelinie des Eineinhalbfachrautenträgers bekommt man mit genügender Genauigkeit aus den Biegelinien des Einfach- und Doppelrautenträgers, wenn man auf das kontinuierliche System zurückgeht, d. h. die Biegelinien mit bestimmten Faktoren multipliziert überlagert, so daß das Verhältnis von symmetrischer Einzelstörlast, symmetrischer gleichmäßig verteilter Störlast und antimetrischer Störlast zustande kommt, das am kontinuierlichen System dem Eineinhalbfachrautenträger entspricht.

Die inneren Kräfte aus der Biegelinie ergeben sich nach den Krabbeschen Formeln.

Die statisch unbestimmte Rechnung zur Ermittlung der Gurtbiegelinie wurde für den Einfach-, Eineinhalbfach- und Doppelrautenträger für verschiedene Dimensionierungen durchgeführt. Die Ergebnisse sind tabellarisch niedergelegt. Der Statiker muß beim Aufstellen der Einflußlinien für die Gurtbiegelinie nur die Kennzahl für seinen Lastfall ausrechnen, die entsprechenden Ausgangswerte aus den Tabellen interpolieren und sie dann mit dem Abklingfaktor, der ebenfalls in Abhängigkeit von der Kennzahl gegeben ist, erweitern.

Literaturverzeichnis.

Bankoff: Über das statische Verhalten mehrteiliger Fachwerke. Dissertation vorgelegt 1944 bei der Fakultät für Bauwesen der Technischen Hochschule Darmstadt.

Christiani: Strenge Untersuchungen am Rhombenfachwerk. Berlin: Springer 1929.

— Zur Berechnung von Rhombenträgern. Stahlbau 2 (1929) Seite 183.

— Über die angebliche Labilität von Fachwerken. Stahlbau 4 (1931) Seite 17.

Hertwig: Beitrag zur Berechnung mehrfacher Fachwerke. Stahlbau 16 (1943) Seite 25 und 35.

Krabbe: Das Wesen des Rautenträgers und seine richtige und einfache Berechnung. Stahlbau 4 (1931) Seite 169.

— Genaue Berechnung des Rautenträgers. Vorbericht zum zweiten Kongreß der Internationalen Vereinigung für Brückenbau und Hochbau. Seite 1029. Berlin: Wilhelm Ernst & Sohn 1936.

Lie: Berechnung der Fachwerke und ihrer verwandten Systeme auf neuem Wege. Stahlbau 17 (1944) Seite 35.

Moheit: Zur Statik dreiteiliger Rautensysteme. Bautechnik 25 (1948) Seite 77.

Tabellenanhang.

Tabelle 1. *Abklingfaktoren $e^{-\omega 1}$.*

λ^*	Symmetrie	Antimetrie
$0,2 \cdot 10^{-3}$	0,824	0,485
$0,5 \cdot 10^{-3}$	0,742	0,351
$1,0 \cdot 10^{-3}$	0,669	0,262
$2,0 \cdot 10^{-3}$	0,589	0,190
$3,5 \cdot 10^{-3}$	0,528	0,144

Tabelle 2. *Einfachrautenträger.*

Einfachrautenträger mit Halbrautenende[1].

	Gurtknotenpunktsverschiebungen $\bar{y} \cdot 10^3$									
	$\lambda^* = 0,2 \cdot 10^{-3}$		$\lambda^* = 0,5 \cdot 10^{-3}$		$\lambda^* = 1,0 \cdot 10^{-3}$		$\lambda^* = 2,0 \cdot 10^{-3}$		$\lambda^* = 3,5 \cdot 10^{-3}$	
Last an der Stelle	m	$m+1$	m	$m+1$	m	$m+1$	m	$m+1$	m	$m+1$
1	+0,342	−0,287	+0,801	−0,619	+1,507	−1,075	+2,787	−1,790	+4,502	−2,594
2	+0,586	−0,491	+1,290	−0,997	+2,293	−1,634	+3,961	−2,539	+5,997	−3,443
3	+0,760	−0,637	+1,589	−1,227	+2,703	−1,926	+4,454	−2,854	+6,490	−3,725
4	+0,884	−0,741	+1,771	−1,368	+2,918	−2,079	+4,662	−2,988	−6,656	−3,820
5	+0,972	−0,815	+1,883	−1,454	+3,030	−2,159	+4,751	−3,045	+6,711	−3,852
6	+1,035	−0,868	+1,951	−1,507	+3,089	−2,201	+4,789	−3,069	+6,730	−3,863
7	+1,080	−0,906	+1,992	−1,539	+3,120	−2,223	+4,805	−3,079	+6,737	−3,867
8	+1,112	−0,933	+2,018	−1,559	+3,136	−2,234	+4,812	−3,084	+6,739	−3,868
9	+1,135	−0,952	+2,033	−1,571	+3,144	−2,240	+4,814	−3,086	+6,739	−3,868
10	+1,151	−0,966	+2,043	−1,578	+3,149	−2,243	+4,815	−3,086	+6,740	−3,868

	Gurtbiegemoment $M \cdot 10^3$									
	an der Kraftangriffsstelle					an der Stelle 1				
Last an der Stelle	$\lambda^*=0,2\cdot10^{-3}$	$\lambda^*=0,5\cdot10^{-3}$	$\lambda^*=1,0\cdot10^{-3}$	$\lambda^*=2,0\cdot10^{-3}$	$\lambda^*=3,5\cdot10^{-3}$	$\lambda^*=0,2\cdot10^{-3}$	$\lambda^*=0,5\cdot10^{-3}$	$\lambda^*=1,0\cdot10^{-3}$	$\lambda^*=2,0\cdot10^{-3}$	$\lambda^*=3,5\cdot10^{-3}$
1	+0,201	+0,450	+0,815	+1,439	+2,232	+0,201	+0,451	+0,815	+1,440	+2,233
2	+0,424	+0,898	+1,539	+2,545	+3,699	−0,270	−0,580	−1,010	−1,695	−2,493
3	+0,595	+1,195	+1,955	+3,067	+4,260	+0,251	+0,504	+0,802	+1,262	+1,714
4	+0,719	+1,379	+2,177	+3,292	+4,453					
5	+0,808	+1,493	+2,293	+3,388	+4,519					
6	+0,872	+1,562	+2,355	+3,430	+4,542					
7	+0,917	+1,605	+2,387	+3,448	+4,549					
8	+0,949	+1,631	+2,404	+3,455	+4,553					
9	+0,973	+1,647	+2,413	+3,458	+4,553					
10	+0,989	+1,657	+2,418	+3,459	+4,553					

Einfachrautenträger mit Ganzrautenende[1].

	Gurtknotenpunktsverschiebungen $\bar{y} \cdot 10^3$									
	$\lambda^* = 0,2 \cdot 10^{-3}$		$\lambda^* = 0,5 \cdot 10^{-3}$		$\lambda^* = 1,0 \cdot 10^{-3}$		$\lambda^* = 2,0 \cdot 10^{-3}$		$\lambda^* = 3,5 \cdot 10^{-3}$	
Last an der Stelle	m	$m+1$	m	$m+1$	m	$m+1$	m	$m+1$	m	$m+1$
1	−2,130	−1,780	−3,428	−2,626	+4,854	−3,400	+6,686	−4,140	+8,461	−4,565
2	+1,850	−1,551	+2,858	−2,207	+3,957	−2,817	+5,404	−3,456	+6,946	−3,973
3	+1,661	−1,393	+2,545	−1,966	+3,570	−2,543	+5,055	−3,240	+6,789	−3,896
4	+1,526	−1,280	+2,355	−1,820	+3,371	−2,402	+4,917	−3,151	+6,755	−3,877
5	+1,431	−1,200	+2,240	−1,730	+3,267	−2,328	+4,859	−3,114	+6,745	−3,871
6	+1,362	−1,142	+2,169	−1,675	+3,213	−2,289	+4,835	−3,098	+6,742	−3,869
7	+1,313	−1,101	+2,126	−1,642	+3,185	−2,269	+4,824	−3,092	+6,740	−3,869
8	+1,279	−1,072	+2,099	−1,622	+3,170	−2,259	+4,820	−3,089	+6,740	−3,868
9	+1,254	−1,051	+2,083	−1,609	+3,162	−2,253	+4,818	−3,087	+6,740	−3,868
10	+1,236	−1,037	+2,073	−1,602	+3,158	−2,250	+4,817	−3,087	+6,740	−3,868

[1] Eine Erweiterung der Tabellen auf höhere λ^*-Werte wird demnächst in der Zschr. „Der Stahlbau" erscheinen.

Tabelle 2. (Fortsetzung.)

		Pfostenknotenpunktsverschiebungen $\bar{x} \cdot 10^3$				
		$\lambda^* = 0,2 \cdot 10^{-3}$	$\lambda^* = 0,5 \cdot 10^{-3}$	$\lambda^* = 1,0 \cdot 10^{-3}$	$\lambda^* = 2,0 \cdot 10^{-3}$	$\lambda^* = 3,5 \cdot 10^{-3}$
Last an der Stelle	1	−2,474	−3,956	−5,544	−7,486	−9,219
	2	+2,068	+3,030	+3,884	+4,636	+4,974

	Gurtbiegemoment $\overline{M} \cdot 10^3$									
	an der Kraftangriffsstelle					an der Stelle 0				
	$\lambda^*{=}0,2\cdot10^{-3}$	$\lambda^*{=}0,5\cdot10^{-3}$	$\lambda^*{=}1,0\cdot10^{-3}$	$\lambda^*{=}3,0\cdot10^{-3}$	$\lambda^*{-}3,5\cdot10^{-3}$	$\lambda^*{=}0,2\cdot10^{-3}$	$\lambda^*{=}0,5\cdot10^{-3}$	$\lambda^*{=}1,0\cdot10^{-3}$	$\lambda^*{=}2,0\cdot10^{-3}$	$\lambda^*{=}3,5\cdot10^{-3}$
1	+1,945	+3,012	+4,118	+5,447	+6,646	−0,000	−0,000	−0,000	−0,127	−0,138
2	+1,703	+2.521	+3,333	+4,269	+5,118	+0,043	+0,084	+0,155	+0,299	+0,507
3	+1,508	+2,181	+2,878	+3,763	+4,683	−0,048	−0,094	−0,163	−0,277	−0,413
4	+1,368	+1,979	+2,654	+3,578	+4,583	+0,044	+0,079	+0,124	+0,192	+0,257
5	+1,271	+1,847	+2,543	+3,508	+4,561					
6	+1,202	+1,786	+2,485	+3,481	+4,556					
7	+1,153	+1,742	+2,455	+3,468	+4,554					
8	+1,118	+1,714	+2,439	+3,467	+4,553					
9	+1,093	+1,698	+2,432	+3,462	+4,553					
10	+1,074	+1,688	+2,428	+3,461	+4,553					

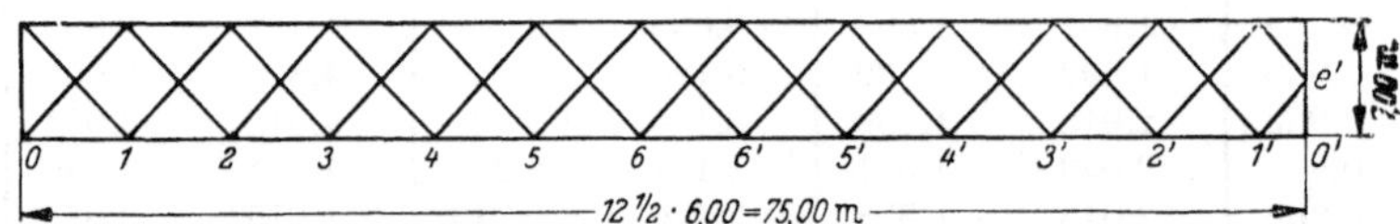

Zahlenbeispiel für den Einfachrautenträger.

1. Einflußlinien für die Normalkräfte aus der Hauptbelastung.

	Normalkräfte in den Gurten (Untergurt positives, Obergurt negatives Vorzeichen)												
	Kraft im Stab												
	$0-1$	$1-2$	$2-3$	$3-4$	$4-5$	$5-6$	$6-6'$	$6'-5'$	$5'-4'$	$4'-3'$	$3'-2'$	$2'-1'$	$1'-0'$
1	0,394	0,754	0,686	0,617	0,549	0,480	0,411	0,343	0,274	0,206	0,137	0,069	0,000
2	0,360	1,080	1,371	1,234	1,097	0,960	0,823	0,686	0,549	0,411	0,274	0,137	0,000
3	0,326	0,977	1,629	1,851	1,646	1,440	1,234	1,029	0,823	0,617	0,411	0,206	0,000
4	0,291	0,874	1,457	2,040	2,194	1,920	1,646	1,371	1,097	0,823	0,549	0,274	0,000
5	0,257	0,771	1,286	1,800	2,314	2,400	2,057	1,714	1,371	1,029	0,686	0,343	0,000
6	0,223	0,669	1,114	1,560	2,006	2,451	2,469	2,057	1,646	1,234	0,823	0,411	0,000
6'	0,189	0,566	0,943	1,320	1,697	2,074	2,451	2,400	1,920	1,440	0,960	0,480	0,000
5'	0,154	0,463	0,771	1,080	1,389	1,697	2,006	2,314	2,194	1,646	1,097	0,549	0,000
4'	0,120	0,360	0,600	0,840	1,080	1,320	1,560	1,800	2,040	1,851	1,234	0,617	0,000
3'	0,086	0,257	0,429	0,600	0,771	0,943	1,114	1,286	1,457	1,629	1,371	0,686	0,000
2'	0,051	0,154	0,257	0,360	0,463	0,566	0,669	0,771	0,874	0,977	1,080	0,754	0,000
1'	0,017	0,051	0,086	0,120	0,154	0,189	0,223	0,257	0,291	0,326	0,360	0,394	0,000

	Normalkräfte in den Diagonalen (Vorzeichen gelten für rechtsfallende Diagonalen)												
	Kraft im Stab												
	$0-1$	$1-2$	$2-3$	$3-4$	$4-5$	$5-6$	$6-6'$	$6'-5'$	$5'-4'$	$4'-3'$	$3'-2'$	$2'-1'$	$1'-0'$
1	+0,606	−0,053	−0,053	−0,053	−0,053	−0,053	−0,053	−0,053	−0,053	−0,053	−0,053	−0,053	−0,053
2	+0,553	+0,553	−0,105	−0,105	−0,105	−0,105	−0,105	−0,105	−0,105	−0,105	−0,105	−0,105	−0,105
3	+0,500	+0,500	+0,500	−0,158	−0,158	−0,158	−0,158	−0,158	−0,158	−0,158	−0,158	−0,158	−0,158
4	+0,448	+0,448	+0,448	+0,448	−0,211	−0,211	−0,211	−0,211	−0,211	−0,211	−0,211	−0,211	−0,211
5	+0,395	+0,395	+0,395	+0,395	+0,395	−0,263	−0,263	−0,263	−0,263	−0,263	−0,263	−0,263	−0,263
6	+0,342	+0,342	+0,342	+0,342	+0,342	+0,342	−0,316	−0,316	−0,316	−0,316	−0,316	−0,316	−0,316
6'	+0,290	+0,290	+0,290	+0,290	+0,290	+0,290	+0,290	−0,369	−0,369	−0,369	−0,369	−0,369	−0,369
5'	+0,237	+0,237	+0,237	+0,237	+0,237	+0,237	+0,237	+0,237	−0,421	−0,421	−0,421	−0,421	−0,421
4'	+0,184	+0,184	+0,184	+0,184	+0,184	+0,184	+0,184	+0,184	+0,184	−0,474	−0,474	−0,474	−0,474
3'	+0,132	+0,132	+0,132	+0,132	+0,132	+0,132	+0,132	+0,132	+0,132	+0,132	−0,527	−0,527	−0,527
2'	+0,079	+0,079	+0,079	+0,079	+0,079	+0,079	+0,079	+0,079	+0,079	+0,079	+0,079	−0,580	−0,580
1'	+0,026	+0,026	+0,026	+0,026	+0,026	+0,026	+0,026	+0,026	+0,026	+0,026	+0,026	+0,026	−0,632

Tabelle 2. (Fortsetzung.)

2. Dimensionierung.

Stab	F cm²	F_n cm²	J cm⁴	W cm³	
Gurt 0—2 und 0'—2' . .	210	185	78725	3150	
2—4 und 2'—4' . .	330	300	103725	4150	$F_n = \omega F$
4—4'	444	410	125325	5010	
Diagonalen	148	129	32647	2072	

3. Kennzahlen.

Im mittleren Bereich

$$\lambda^* = \frac{J_g + \sqrt{2}\, J_d}{2,4\, F_d\, a^2 \sin^2 \alpha \cos \alpha}\left(1 + \frac{F_d}{F_g}\cos^3 \alpha\right)$$

$$= \frac{125325 + \sqrt{2}\cdot 32647}{2,4\cdot 148\cdot 600^2\cdot 0,759^2\cdot 0,651}\left(1 + \frac{148}{444}\,0,651^3\right) = 3,78\cdot 10^{-3},$$

im Zwischenbereich

$$\lambda^* = \frac{103725 + \sqrt{2}\cdot 32647}{2,4\cdot 148\cdot 600^2\cdot 0,759^2\cdot 0,651}\left(1 + \frac{148}{330}\,0,651^3\right) = 3,50\cdot 10^{-3},$$

im Endbereich

$$\lambda^* = \frac{78725 + \sqrt{2}\cdot 32647}{2,4\cdot 148\cdot 600^2\cdot 0,759^2\cdot 0,651}\left(1 + \frac{148}{210}\,0,651^3\right) = 3,10\cdot 10^{-3}.$$

Schema der λ^*-Werte.

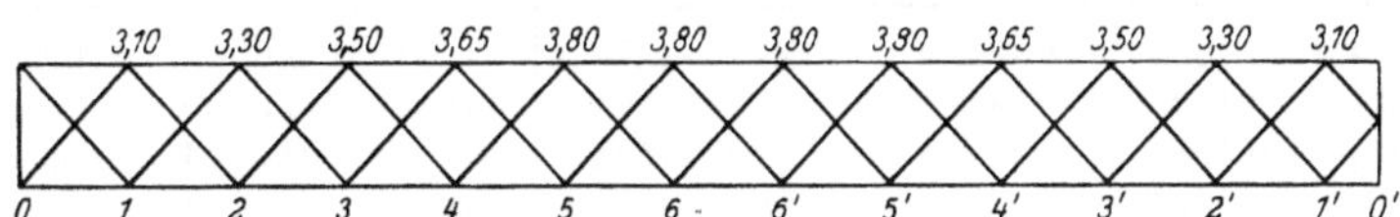

4. Einflußlinien der Gurtknotenpunktsverschiebungen.

Pkt.	$10^3\cdot\lambda^*$	$\sqrt{10^3\cdot\lambda^*}$	$\sqrt{10^3\cdot\lambda^*} - \sqrt{2,00}$	q	$1-q$	$e^{-\omega_s}$
1	3,10	1,7578	0,3436	0,753	0,247	0,543
2	3,30	1,8166	0,4024	0,881	0,119	0,535
3	3,50	1,8708	0,4566	1,000	0,000	0,528
4	3,65	1,9105	0,4963	1,087	−0,087	0,523
5	3,80	1,9494	0,5352	1,172	−0,172	0,518

	Gurtknotenpunktsverschiebungen aus Störlast $\bar{y}\cdot 10^3$													
	an der Stelle													
	1	2	3	4	5	6	6'	5'	4'	3'	2'	1'	e'	$e'\cdot\mathrm{ctg}\,\alpha$
1	+4,078	−2,395	+1,300	−0,706	+0,383	−0,208	+0,113	−0,061	+0,033	−0,018	+0,010	−0,005	+0,011	+0,009
2	−2,395	+5,755	−3,335	+1,784	−0,954	+0,510	−0,273	+0,146	−0,078	+0,042	−0,022	+0,018	−0,020	−0,017
3	+1,300	−3,335	+6,489	−3,725	+1,967	−1,039	+0,549	−0,290	+0,153	−0,081	+0,052	−0,034	+0,037	+0,032
4	−0,706	+1,784	−3,725	+6,821	−3,892	+2,036	−1,065	+0,557	−0,291	+0,160	−0,097	+0,062	−0,068	−0,058
5	+0,383	−0,954	+1,967	−3,892	+7,048	−3,991	+2,067	−1,071	+0,564	−0,303	+0,182	−0,115	+0,125	+0,107
6	−0,208	+0,510	−1,039	+2,036	−3,991	+7,064	−3,999	+2,073	−1,078	+0,573	−0,340	+0,211	−0,231	−0,198
6'	+0,113	−0,273	+0,549	−1,065	+2,067	−4,002	+7,070	−4,001	+2,061	−1,086	+0,635	−0,388	+0,425	+0,364
5'	−0,061	+0,146	−0,290	+0,557	−1,071	+2,073	−4,001	+7,069	−3,940	+2,057	−1,186	+0,714	−0,783	−0,671
4'	+0,033	−0,078	+0,153	−0,291	+0,564	−1,078	+2,061	−3,940	+6,915	−3,896	+2,217	−1,315	+1,442	+1,236
3'	−0,018	+0,042	−0,081	+0,160	−0,303	+0,573	−1,086	+2,057	−3,896	+6,789	−4,143	+2,422	−2,656	−2,277
2'	+0,010	−0,022	+0,052	−0,097	+0,182	−0,340	+0,635	−1,186	+2,217	−4,143	+6,762	−4,460	+4,891	+4,192
1'	−0,005	+0,018	−0,034	+0,062	−0,115	+0,211	−0,388	+0,714	−1,315	+2,422	−4,460	+8,022	−8,791	−7,535

Last an der Stelle

Tabelle 2. (Fortsetzung.)

5. Spannungseinflußlinien für die Diagonalen.

Rechtsfallende Diagonale 0—1.

	Hauptlast	$\bar{y}_1 \cdot 10^3$	$\dfrac{10^{-3}}{4\lambda^* \sin\alpha}$	Störlast	Resultierende Last	Spannung $\dfrac{100\,\sigma}{P}$ $1/\text{cm}^2$	$\bar{y}_1 \cdot 10^3$	$4{,}25\,\dfrac{J_d}{J_s}$ $\cdot a \cdot 10^{-3}$ cm	Biegemoment cm	Spannung $\dfrac{100\,\sigma}{P}$ $1/\text{cm}^2$	Resultierende Spannung $\dfrac{100\,\sigma}{P}$ $1/\text{cm}^2$
1	+0,606	+4,078	0,1063	+0,433	+1,039	+0,804	+4,078	0,6665	+2,718	+0,131	+0,935
2	+0,553	−2,395	0,0998	−0,239	+0,314	+0,243	−2,395	0,6109	−1,464	−0,071	+0,172
3	+0,500	+1,300	0,0941	+0,122	+0,622	+0,481	+1,300	0,5554	+0,723	+0,035	+0,516
4	+0,448	−0,706	0,0902	−0,064	+0,384	+0,297	−0,706	0,5205	−0,368	−0,018	+0,279
5	+0,395	+0,383	0,0867	+0,033	+0,428	+0,331	+0,383	0,4304	+0,185	+0,009	+0,340
6	+0,342	−0,208	0,0867	−0,018	+0,324	+0,251	−0,208	0,4304	−0,100	−0,005	+0,246
6′	+0,290	+0,113	0,0867	+0,010	+0,300	+0,232	+0,113	0,4304	+0,055	+0,003	+0,235
5′	+0,237	−0,061	0,0867	−0,005	+0,232	+0,179	−0,061	0,4304	−0,030	−0,001	+0,178
4′	+0,184	+0,033	0,0902	+0,003	+0,187	+0,145	+0,033	0,5204	+0,017	+0,001	+0,146
3′	+0,132	−0,018	0,0941	−0,002	+0,130	+0,101	−0,018	0,5554	−0,010	−0,000	+0,101
2′	+0,079	+0,010	0,0998	+0,001	+0,080	+0,062	+0,010	0,6109	+0,006	+0,000	+0,062
1′	+0,026	−0,005	0,1063	−0,001	+0,025	+0,019	−0,005	0,6665	−0,003	−0,000	+0,019

Last an der Stelle (column 1 label).

Linksfallende Diagonale 1—e.

	Hauptlast	$(\bar{y}_1 + x_e \cdot \operatorname{ctg}\alpha) \cdot 10^3$	$\dfrac{10^{-3}}{2\lambda^* \sin\alpha}$	Störlast	Resultierende Last	Spannung $\dfrac{100\,\sigma}{P}$ $1/\text{cm}^2$	$(\bar{y}_1 - x_e) \cdot 10^3$	$4{,}25\,\dfrac{J_d}{J_s}$ $\cdot a \cdot 10^{-3}$ cm	Biegemoment cm	Spannung $\dfrac{100\,\sigma}{P}$ $1/\text{cm}^2$	Resultierende Spannung $\dfrac{100\,\sigma}{P}$ $1/\text{cm}^2$
1	+0,053	+0,004	0,2126	−0,000	+0,053	+0,041	−0,015	0,6665	−0,010	−0,000	+0,041
2	+0,105	+0,001	0,1996	+0,000	+0,105	+0,081	+0,038	0,6109	+0,023	+0,001	+0,082
3	+0,158	−0,002	0,1882	−0,000	+0,158	+0,122	−0,071	0,5554	−0,040	−0,002	+0,120
4	+0,211	+0,004	0,1804	+0,000	+0,211	+0,163	+0,130	0,5204	+0,068	+0,003	+0,166
5	+0,263	−0,008	0,1734	−0,001	+0,262	+0,203	−0,240	0,4304	−0,116	−0,006	+0,197
6	+0,316	+0,013	0,1734	+0,002	+0,318	+0,246	+0,442	0,4304	+0,215	+0,010	+0,256
6′	+0,369	−0,024	0,1734	−0,004	+0,365	+0,282	−0,812	0,4304	−0,395	−0,019	+0,236
5′	+0,421	+0,043	0,1734	+0,007	+0,428	+0,331	+1,497	0,4304	+0,727	+0,035	+0,366
4′	+0,474	−0,079	0,1804	−0,014	+0,460	+0,356	−2,757	0,5204	−1,436	−0,065	+0,287
3′	+0,527	+0,145	0,1882	+0,027	+0,554	+0,428	+5,078	0,5554	+2,820	+0,136	+0,564
2′	+0,580	−0,268	0,1996	−0,053	+0,527	+0,408	−9,351	0,6109	−5,713	−0,276	+0,132
1′	+0,632	+0,487	0,2126	+0,104	+0,736	+0,569	+16,813	0,6665	+11,206	+0,541	+1,110

Last an der Stelle (column 1 label).

Linksfallende Diagonale 6—6′.

	Hauptlast	$(\bar{y}_6 + \bar{y}_6') \cdot 10^3$	$\dfrac{10^{-3}}{4\lambda^* \sin\alpha}$	Störlast	Resultierende Last	Spannung $\dfrac{100\,\sigma}{P}$ $1/\text{cm}^2$	$(\bar{y}_6 - \bar{y}_6') \cdot 10^3$	$4{,}25\,\dfrac{J_d}{J_s}$ $\cdot a \cdot 10^{-3}$ cm	Biegemoment cm	Spannung $\dfrac{100\,\sigma}{P}$ $1/\text{cm}^2$	Resultierende Spannung $\dfrac{100\,\sigma}{P}$ $1/\text{cm}^2$
1	+0,053	−0,095	0,0867	−0,008	+0,045	+0,035	−0,321	0,4304	−0,156	−0,008	+0,027
2	+0,105	+0,237	0,0867	+0,021	+0,126	+0,097	+0,783	0,4304	+0,380	+0,018	+0,115
3	+0,158	−0,490	0,0867	−0,042	+0,116	+0,090	−1,588	0,4304	−0,771	−0,037	+0,053
4	+0,211	+0,971	0,0867	+0,084	+0,295	+0,228	+3,101	0,4304	+1,506	+0,073	+0,301
5	+0,263	−1,924	0,0867	−0,167	+0,096	+0,074	−6,058	0,4304	−2,942	−0,142	−0,068
6	+0,316	−3,065	0,0867	+0,266	+0,582	+0,450	+11,063	0,4304	+5,371	+0,259	+0,709
6′	−0,290	+3,068	0,0867	+0,266	−0,024	−0,019	−11,072	0,4304	−5,375	−0,260	−0,279
5′	−0,237	−1,928	0,0867	−0,167	−0,404	−0,312	+6,074	0,4304	+2,949	+0,142	−0,170
4′	−0,184	+0,983	0,0867	+0,085	−0,099	−0,077	−3,139	0,4304	−1,525	−0,074	−0,151
3′	−0,132	−0,513	0,0867	−0,044	−0,176	−0,136	+1,659	0,4304	+0,806	+0,039	−0,097
2′	−0,079	+0,295	0,0867	+0,026	−0,053	−0,041	−0,975	0,4304	−0,474	−0,023	−0,064
1′	−0,026	−0,147	0,0867	−0,015	−0,041	−0,032	+0,599	0,4304	+0,292	+0,014	−0,018

Last an der Stelle (column 1 label).

Tabelle 2. (Fortsetzung.)

6. Spannungseinflußlinien für die Gurte.

Obergurtstab 1—2.

		Normalkraft					Biegemoment				Resultierende Spannung $\dfrac{100\,\sigma}{P}$
	Hauptlast	$(\bar y_1+\bar y_2)\cdot 10^3$	$\dfrac{10^{-3}}{4\,\lambda^*\,\mathrm{tg}\,\alpha}$	Störlast	Resultierende Last	Spannung $\dfrac{100\,\sigma}{P}$	$\overline{M}_2\cdot 10^3$	$6\dfrac{J_g}{J_s}\cdot a\cdot 10^{-3}$	Biegemoment	Spannung $\dfrac{100\,\sigma}{P}$	
						$1/\mathrm{cm}^2$		cm	cm	$1/\mathrm{cm}^2$	$1/\mathrm{cm}^2$
1	−0,754	+1,683	0,0692	−0,116	−0,870	−0,470	−2,395	2,080	−4,982	+0,158	−0,312
2	−1,080	+3,360	0,0650	−0,218	−1,298	−0,702	+3,562	2,080	+7,409	−0,235	−0,937
3	−0,977	−2,035	0,0613	+0,125	−0,852	−0,461	−3,335	1,891	−6,306	+0,200	−0,261
4	−0,874	+1,078	0,0587	−0,063	−0,937	−0,506	+1,784	1,772	+3,161	−0,100	−0,606
5	−0,771	−0,571	0,0564	+0,032	−0,739	−0,399	−0,954	1,653	−1,577	+0,050	−0,349
6	−0,669	+0,302	0,0564	−0,017	−0,686	−0,371	+0,510	1,653	−0,843	−0,027	−0,398
6′	−0,566	−0,160	0,0564	+0,009	−0,557	−0,301	−0,273	1,653	−0,451	+0,014	−0,287
5′	−0,463	+0,085	0,0564	−0,005	−0,468	−0,253	+0,146	1,653	+0,241	−0,008	−0,261
4′	−0,360	−0,045	0,0587	+0,003	−0,357	−0,193	−0,078	1,772	−0,138	+0,004	−0,189
3′	−0,257	+0,024	0,0613	−0,001	−0,258	−0,139	+0,042	1,891	+0,079	−0,003	−0,142
2′	−0,154	−0,012	0,0650	+0,001	−0,153	−0,083	−0,022	2,080	−0,046	+0,001	−0,082
1′	−0,051	+0,013	0,0692	−0,001	−0,052	−0,028	+0,018	2,080	+0,037	−0,001	−0,029

Obergurtstab 3—4.

		Normalkraft					Biegemoment				Resultierende Spannung $\dfrac{100\,\sigma}{P}$
	Hauptlast	$(\bar y_3+\bar y_4)\cdot 10^3$	$\dfrac{10^{-3}}{4\,\lambda^*\,\mathrm{tg}\,\alpha}$	Störlast	Resultierende Last	Spannung $\dfrac{100\,\sigma}{P}$	$\overline{M}_4\cdot 10^3$	$6\dfrac{J_g}{J_s}\cdot a\cdot 10^{-3}$	Biegemoment	Spannung $\dfrac{100\,\sigma}{P}$	
						$1/\mathrm{cm}^2$		cm	cm	$1/\mathrm{cm}^2$	$1/\mathrm{cm}^2$
1	−0,617	+0,594	0,0613	−0,036	−0,653	−0,218	−0,706	2,334	−1,648	+0,040	−0,178
2	−1,234	−1,551	0,0613	+0,095	−1,139	−0,380	+1,784	2,334	+4,164	−0,100	−0,480
3	−1,851	+2,764	0,0613	−0,169	−2,020	−0,673	−3,725	2,334	−8,694	+0,210	−0,463
4	−2,040	+3,096	0,0587	−0,182	−2,222	−0,741	+4,554	2,334	+10,629	−0,256	−0,997
5	−1,800	−1,929	0,0564	+0,109	−1,691	−0,564	−3,892	2,177	−8,473	+0,204	−0,360
6	−1,560	+0,997	0,0564	−0,056	−1,616	−0,539	+2,036	2,177	+4,432	−0,107	−0,646
6′	−1,320	−0,516	0,0564	+0,029	−1,291	−0,430	−1,065	2,177	−2,319	+0,056	−0,374
5′	−1,080	+0,267	0,0564	−0,015	−1,095	−0,365	+0,557	2,177	+1,213	−0,029	−0,394
4′	−0,840	−0,138	0,0587	+0,008	−0,832	−0,277	−0,291	2,334	−0,679	+0,016	−0,261
3′	−0,600	+0,079	0,0613	−0,005	−0,605	−0,202	+0,160	2,334	+0,373	−0,009	−0,211
2′	−0,360	−0,045	0,0613	+0,003	−0,357	−0,119	−0,097	2,334	−0,226	+0,005	−0,114
1′	−0,120	+0,028	0,0613	−0,002	+0,122	−0,041	+0,062	2,334	+0,145	−0,003	−0,044

Obergurtstab 6—6′

		Normalkraft					Biegemoment				Resultierende Spannung $\dfrac{100\,\sigma}{P}$
	Hauptlast	$(\bar y_6+\bar y_{6'})\cdot 10^3$	$\dfrac{10^{-3}}{4\,\lambda^*\,\mathrm{tg}\,\alpha}$	Störlast	Resultierende Last	Spannung $\dfrac{100\,\sigma}{P}$	$\overline{M}_6'\cdot 10^3$	$6\dfrac{J_g}{J_s}\cdot a\cdot 10^{-3}$	Biegemoment	Spannung $\dfrac{100\,\sigma}{P}$	
						$1/\mathrm{cm}^2$		cm	cm	$1/\mathrm{cm}^2$	$1/\mathrm{cm}^2$
1	−0,411	−0,095	0,0564	+0,005	−0,406	−0,099	+0,113	2,631	+0,297	−0,006	−0,105
2	−0,823	+0,237	0,0564	−0,013	−0,836	−0,204	−0,273	2,631	−0,718	+0,014	−0,190
3	−1,234	−0,490	0,0564	+0,028	−1,206	−0,294	+0,549	2,631	+1,444	−0,029	−0,323
4	−1,646	+0,971	0,0564	−0,055	−1,701	−0,415	−1,065	2,631	−2,802	+0,056	−0,359
5	−2,057	−1,924	0,0564	+0,109	−1,948	−0,475	+2,067	2,631	+5,438	−0,109	−0,584
6	−2,469	+3,065	0,0564	−0,173	−2,642	−0,644	−3,999	2,631	−10,521	+0,210	−0,434
6′	−2,451	+3,068	0,0564	−0,173	−2,624	−0,640	+4,741	2,631	+12,474	−0,249	−0,889
5′	−2,006	−1,923	0,0564	+0,108	−1,898	−0,463	−4,001	2,631	−10,527	+0,210	−0,253
4′	−1,560	+0,983	0,0564	−0,055	−1,615	−0,394	+2,061	2,631	+5,422	−0,180	−0,502
3′	−1,114	−0,513	0,0564	+0,029	−1,085	−0,265	−1,086	2,631	−2,857	+0,057	−0,208
2′	−0,669	+0,259	0,0564	−0,017	−0,686	−0,167	+0,635	2,631	+1,671	−0,033	−0,200
1′	−0,223	−0,177	0,0564	+0,010	−0,213	−0,052	−0,388	2,631	−1,021	+0,020	−0,032

The row label for all three tables (left, vertical) reads "Last an der Stelle".

Tabelle 3. *Eineinhalbfachrautenträger*[1].

Symmetrische Gurtknotenpunktsverschiebungen $\bar{y} \cdot 10^3$

Last an der Stelle	$\lambda^* = 0{,}2 \cdot 10^{-3}$							$\lambda^* = 0{,}5 \cdot 10^{-3}$						
	m	$m+1$	$m+2$	$m+3$	$m+4$	$m+5$	$m+6$	m	$m+1$	$m+2$	$m+3$	$m+4$	$m+5$	$m+6$
1	+2,400	+2,117	−0,078	−1,989	−1,767	+0,047	+1,639	+3,638	+3,093	−0,089	−2,727	−2,380	−0,005	+2,023
2	+2,352	+0,095	−1,733	−1,960	−0,102	+1,420	+1,615	+3,616	+0,422	−2,353	−2,764	−0,416	+1,711	+2,051
3	+0,544	+0,242	−0,256	−0,452	−0,204	+0,208	+0,373	+1,211	+0,645	−0,556	−0,915	−0,406	+0,391	+0,679
4	+2,196	+1,730	−0,274	−1,813	−1,444	+0,209	+1,494	+3,253	+2,368	−0,472	−2,426	−1,827	+0,286	+1,800
5	+2,193	+0,473	−1,537	−1,827	−0,407	+1,259	+1,505	+3,360	+1,034	−1,924	−2,556	−0,849	+1,377	+1,897
6	+0,921	+0,408	−0,435	−0,765	−0,344	+0,353	+0,630	+1,912	+0,816	−0,863	−1,445	−0,650	+0,608	+1,072
7	+2,047	+1,456	−0,415	−1,694	−1,216	+0,329	+1,396	+3,061	+1,938	−0,727	−2,269	−1,497	+0,479	+1,684
8	+2,078	+0,605	−1,298	−1,728	−0,517	+1,059	+1,424	+3,184	+1,229	−1,569	−2,413	−0,989	+1,113	+1,790
9	+1,182	+0,529	−0,553	−0,981	−0,447	+0,448	+0,808	+2,315	+1,021	−1,012	−1,750	−0,815	+0,711	+1,299
10	+1,937	+1,259	−0,513	−1,607	−1,055	+0,410	+1,324	+2,952	+1,664	−0,897	−2,227	−1,327	+0,613	+1,652
11	+1,983	+0,686	−1,128	−1,645	−0,582	+0,917	+1,355	+3,010	+1,289	−1,352	−2,271	−1,030	+0,948	+1,685
12	+1,364	+0,619	−0,629	−1,131	−0,521	+0,511	+0,932	+2,549	+1,155	−1,081	−1,925	−0,918	+0,759	+1,428
13	+1,855	+1,123	−0,586	−1,564	−0,951	+0,475	+1,289	+2,908	+1,543	−1,008	−2,194	−1,213	+0,698	+1,628
14	+1,916	+0,742	−1,011	−1,590	−0,627	+0,823	+1,310	+2,942	+1,326	−1,255	−2,219	−1,052	+0,881	+1,646
15	+1,488	+0,683	−0,679	−1,235	−0,575	+0,552	+1,018	+2,682	+1,240	−1,114	−2,025	−1,018	+0,746	+1,503
16	+1,849	+1,045	−0,646	−1,534	−0,877	+0,522	+1,871	+2,884	+1,468	−1,063	−2,177	−1,156	+0,740	+1,615
17	+1,871	+0,778	−0,933	−1,552	−0,657	+0,758	+1,279	+2,902	+1,350	−1,196	−2,190	−1,070	+0,838	+1,625
18	+1,575	+0,728	−0,712	−1,306	−0,614	+0,571	+1,076	+2,756	+1,293	−1,125	−2,080	−1,024	+0,788	+1,543
19	+1,824	+0,984	−0,684	−1,513	−0,827	+0,553	+1,247	+2,870	+1,425	−1,092	−2,165	−1,124	+0,761	+1,606
20	+1,839	+0,802	−0,880	−1,526	−0,676	+0,715	+1,257	+2,881	+1,362	−1,164	−2,173	−1,079	+0,814	+1,612
21	+1,635	+0,763	−0,733	−1,356	−0,642	+0,594	+1,117	+2,799	+1,326	−1,130	−2,113	−1,051	+0,790	+1,568
22	+1,807	+0,942	−0,711	−1,499	−0,792	+0,575	+1,235	+2,862	+1,402	−1,110	−2,160	−1,107	+0,774	+1,603
23	+1,817	+0,817	−0,845	−1,507	−0,688	+0,686	+1,242	+2,869	+1,370	−1,147	−2,165	−1,084	+0,801	+1,606
24	+1,678	+0,787	−0,747	−1,391	−0,662	+0,606	+1,146	+2,823	+1,345	−1,132	−2,131	−1,065	+0,791	+1,581
25	+1,795	+0,912	−0,730	−1,489	−0,767	+0,591	+1,227	+2,858	+1,389	−1,119	−2,157	−1,098	+0,780	+1,600
26	+1,802	+0,828	−0,820	−1,494	−0,699	+0,671	+1,231	+2,862	+1,372	−1,138	−2,159	−1,087	+0,794	+1,602
27	+1,704	+0,804	−0,755	−1,414	−0,677	+0,612	+1,165	+3,837	+1,358	−1,132	−2,141	−1,074	+0,791	+1,589
28	+1,787	+0,893	−0,742	−1,482	−0,751	+0,601	+1,221	+2,856	+1,382	−1,123	−2,155	−1,093	+0,784	+1,599
29	+1,792	+0,836	−0,804	−1,487	−0,703	+0,653	+1,225	+2,858	+1,375	−1,133	−2,157	−1,087	+0,791	+1,600
30	+1,724	+0,816	−0,761	−1,431	−0,682	+0,606	+1,171	+2,844	+1,365	−1,130	−2,146	−1,080	+0,789	+1,592

Last an der Stelle	$\lambda^* = 1{,}0 \cdot 10^{-3}$							$\lambda^* = 2{,}0 \cdot 10^{-3}$						
	m	$m+1$	$m+2$	$m+3$	$m+4$	$m+5$	$m+6$	m	$m+1$	$m+2$	$m+3$	$m+4$	$m+5$	$m+6$
1	+4,886	+4,073	−0,020	−3,299	−2,922	−0,169	+2,207	+6,384	+5,295	+0,234	−3,739	−2,504	−0,533	+2,202
2	+5,008	+1,014	−2,828	−3,531	−0,963	+1,766	+2,362	+6,903	+2,160	−3,140	−4,416	−1,927	+1,489	+2,601
3	+2,143	+0,881	−0,933	−1,485	−0,688	+0,551	+0,993	+3,682	+1,581	−1,416	−2,311	−1,229	+0,607	+1,361
4	+4,353	+3,006	−0,638	−2,935	−2,184	+0,265	+1,964	+5,814	+3,804	−0,822	−3,438	−2,598	+0,134	+2,025
5	+4,692	+1,835	−2,144	−3,266	−1,449	+1,276	+2,185	+6,558	+3,049	−2,144	−3,828	−2,207	+0,835	+2,255
6	+3,198	+1,386	−1,320	−2,213	−1,075	+0,771	+1,480	+5,189	+2,432	−1,777	−3,229	−1,842	+0,724	+1,902
7	+4,123	+2,411	−1,053	−2,805	−1,782	+0,559	+1,877	+5,734	+3,280	−1,403	−3,633	−2,402	+0,485	+2,140
8	+4,456	+1,999	−1,771	−3,083	−1,536	+1,037	+2,063	+6,058	+3,205	−1,681	−3,714	−2,357	+0,593	+2,188
9	+3,704	+1,692	−1,439	−2,557	−1,301	+0,833	+1,711	+5,748	+2,867	−1,785	−3,556	−2,135	+0,690	+2,094
10	+4,157	+2,216	−1,292	−2,859	−1,664	+0,722	+1,913	+5,957	+3,193	−1,617	−3,663	−2,328	+0,582	+2,158
11	+4,216	+2,015	−1,542	−2,899	−1,544	+0,875	+1,939	+6,004	+3,199	−1,647	−3,689	−2,348	+0,583	+2,173
12	+3,941	+1,866	−1,463	−2,717	−1,428	+0,840	+1,818	+5,936	+3,059	−1,740	−3,662	−2,259	+0,650	+2,157
13	+4,140	+2,115	−1,379	−2,848	−1,598	+0,779	+1,905	+5,984	+3,148	−1,686	−3,683	−2,315	+0,611	+2,169
14	+4,167	+2,048	−1,469	−2,867	−1,558	+0,835	+1,918	+5,998	+3,196	−1,648	−3,691	−2,337	+0,596	+2,174
15	+4,048	+1,958	−1,461	−2,790	−1,494	+0,835	+1,867	+5,993	+3,132	−1,710	−3,692	−2,306	+0,596	+2,175
16	+4,134	+2,072	−1,417	−2,845	−1,572	+0,802	+1,903	+6,000	+3,151	−1,695	−3,694	−2,318	+0,617	+2,176
17	+4,147	+2,053	−1,447	−2,854	−1,561	+0,820	+1,909	+6,004	+3,174	−1,676	−3,696	−2,330	+0,607	+2,177
18	+4,097	+2,006	−1,454	−2,822	−1,528	+0,827	+1,888	+6,008	+3,158	−1,696	−3,700	−2,320	+0,619	+2,179
19	+4,133	+2,057	−1,432	−2,845	−1,562	+0,812	+1,903	+6,009	+3,158	−1,696	−3,700	−2,322	+0,617	+2,179
20	+4,138	+2,053	−1,440	−2,848	−1,562	+0,815	+1,905	+6,010	+3,170	−1,685	−3,700	−2,327	+0,612	+2,179
21	+4,118	+2,029	−1,447	−2,835	−1,544	+0,822	+1,897	+6,012	+3,165	−1,691	−3,701	−2,326	+0,614	+2,180
22	+4,133	+2,051	−1,438	−2,845	−1,558	+0,816	+1,903	+6,013	+3,164	−1,693	−3,701	−2,325	+0,615	+2,180
23	+4,135	+2,053	−1,437	−2,846	−1,561	+0,814	+1,904	+6,013	+3,169	−1,688	−3,701	−2,327	+0,613	+2,180
24	+4,127	+2,040	−1,444	−2,841	−1,552	+0,819	+1,901	+6,013	+3,166	−1,691	−3,702	−2,326	+0,614	+2,180
25	+4,133	+2,049	−1,440	−2,845	−1,558	+0,816	+1,903	+6,013	+3,165	−1,692	−3,702	−2,326	+0,615	+2,180
26	+4,134	+2,052	−1,436	−2,842	−1,558	+0,813	+1,901	+6,013	+3,166	−1,691	−3,702	−2,327	+0,615	+2,181
27	+4,131	+2,047	−1,441	−2,844	−1,555	+0,818	+1,903	+6,013	+3,167	−1,691	−3,703	−2,327	+0,615	+2,181
28	+4,133	+2,049	−1,439	−2,846	−1,558	+0,816	+1,904	+6,013	+3,167	−1,691	−3,703	−2,327	+0,615	+2,181
29	+4,134	+2,051	−1,438	−2,846	−1,560	+0,815	+1,904	+6,013	+3,167	−1,691	−3,703	−2,327	+0,615	+2,181
30	+4,133	+2,048	−1,440	−2,845	−1,557	+0,817	+1,903	+6,013	+3,167	−1,691	−3,703	−2,327	+0,615	+2,181

[1] Eine Erweiterung der Tabellen auf höhere λ^*-Werte wird demnächst in der Zschr. „Der Stahlbau" erscheinen.

Tabelle 3. (Fortsetzung.)

Antimetrische Gurtknotenpunktsverschiebungen $\bar{y} \cdot 10^3$

| | $\lambda^* = 0{,}2 \cdot 10^{-3}$ | | | | | | | $\lambda^* = 0{,}5 \cdot 10^{-3}$ | | | | | | |
	$m-2$	$m-1$	m	$m+1$	$m+2$	$m+3$	$m+4$	$m-2$	$m-1$	m	$m+1$	$m+2$	$m+3$	$m+4$
1		0,000	+0,293	−0,125	−0,130	+0,163	−0,042		0,000	+0.437	−0,171	−0,179	+0,174	−0,035
2	0,000	−0,108	+0,258	−0,105	−0,103	+0,144	−0,033	0,000	−0,142	+0,390	−0,145	−0,140	+0,161	−0,023
3	−0,059	−0,054	+0,163	−0,069	−0,070	+0,092	−0,022	−0,111	−0,104	+0,328	−0,125	−0,125	+0,135	−0,022
4	−0,119	−0,114	+0,256	−0,110	−0,114	+0,145	−0,036	−0,170	−0,158	+0,386	−0,154	−0,163	+0,159	−0,032
5	−0,106	−0,105	+0,250	−0,104	−0,105	+0,140	−0,033	−0,145	−0,149	+0,397	−0,151	−0,149	+0,163	−0,026
6	−0,090	−0,087	+0,218	−0,092	−0,094	+0,122	−0,030	−0,146	−0,144	+0,384	+0,148	−0,149	+0,158	−0,027
7	−0,111	−0,107	+0,248	−0,105	−0,109	+0,139	−0,035	−0,161	−0,154	+0,391	−0,153	−0,157	+0,161	−0,029
8	−0,105	−0,104	+0,248	−0,103	−0,105	+0,139	−0,033	−0,151	−0,152	+0,396	−0,152	−0,152	+0,163	−0,027
9	−0,101	−0,098	+0,236	−0,099	−0,102	+0,132	−0,032	−0,157	−0,151	+0,393	−0,151	−0,152	+0,162	−0,027
10	−0,109	−0,105	+0,246	−0,104	−0,107	+0,138	−0,034	−0,157	−0,153	+0,394	−0,152	−0,154	+0,162	−0,028
11	−0,106	−0,104	+0,246	−0,103	−0,106	+0,138	−0,034	−0,153	−0,152	+0,395	−0,152	−0,153	+0,163	−0,028
12	−0,104	−0,102	+0,242	−0,102	−0,105	+0,136	−0,034	−0,153	−0,152	+0,395	−0,152	−0,153	+0,162	−0,028
13	−0,108	−0,105	+0,247	−0,104	−0,107	+0,138	−0,034	−0,156	−0,153	+0,394	−0,152	−0,154	+0,162	−0,028
14	−0,106	−0,104	+0,247	−0,103	−0,105	+0,138	−0,033	−0,154	−0,153	+0,395	−0,152	−0,153	+0,163	−0,028
15	−0,106	−0,103	+0,244	−0,103	−0,105	+0,137	−0,033	−0,154	−0,153	+0,395	−0,152	−0,153	+0,163	−0,028

| | $\lambda^* = 1{,}0 \cdot 10^{-3}$ | | | | | | | $\lambda^* = 2{,}0 \cdot 10^{-3}$ | | | | | | |
	$m-2$	$m-1$	m	$m+1$	$m+2$	$m+3$	$m+4$	$m-2$	$m-1$	m	$m+1$	$m+2$	$m+3$	$m+4$
1		0,000	+0,585	−0,201	−0,214	+0,148	−0,029		0,000	+0.788	−0,228	−0,241	+0,077	−0,030
2	0,000	−0,150	+0,546	−0,170	−0,163	+0,155	−0,014	0,000	−0,145	+0,785	−0,199	−0,185	+0,115	−0,012
3	−0,159	−0,143	+0,526	−0,142	−0,172	+0,148	−0,018	−0,197	−0,191	+0,808	−0,216	−0,208	+0,118	−0,016
4	−0,224	−0,196	+0,536	−0,192	−0,208	+0,145	−0,028	−0,307	−0,245	+0,753	−0,237	−0,256	+0,088	−0,030
5	−0,181	−0,182	+0,568	−0,186	−0,187	+0,158	−0,021	−0,244	−0,222	+0,809	−0,227	−0,230	+0,108	−0,022
6	−0,191	−0,186	+0,562	−0,188	−0,191	+0,156	−0,022	−0,234	−0,228	+0,804	−0,226	−0,228	+0,110	−0,022
7	−0,202	−0,191	+0,558	−0,190	−0,197	+0,157	−0,022	−0,239	−0,230	+0,800	−0,227	−0,230	+0,108	−0,022
8	−0,193	−0,189	+0,565	−0,188	−0,193	+0,157	−0,022	−0,233	−0,227	+0,805	−0,225	−0,226	+0,110	−0,020
9	−0,194	−0,189	+0,564	−0,188	−0,193	+0,157	−0,022	−0,231	−0,227	+0,804	−0,226	−0,228	+0,110	−0,020
10	−0,196	−0,189	+0,563	−0,188	−0,193	−0,156	−0,022	−0,230	−0,227	+0,806	−0,226	−0,226	+0,111	−0,020
11	−0,195	−0,189	+0,563	−0,188	−0,193	−0,157	−0,022	−0,230	−0,227	+0,806	−0,226	−0,226	+0,111	−0,020
12	−0,195	−0,189	+0,564	−0,188	−0,193	+0,157	−0,022	−0,230	−0,227	+0,806	−0,226	−0,226	+0,111	−0,020
13	−0,195	−0,189	+0,564	−0,188	−0,193	+0,157	−0,022	−0,230	−0,227	+0,806	−0,226	−0,226	+0,111	−0,020
14	−0,195	−0,189	+0,564	−0,188	−0,193	+0,157	−0,022	−0,230	−0,227	+0,806	−0,226	−0,226	+0,111	−0,020
15	−0,195	−0,189	+0,564	−0,188	−0,193	+0,157	−0,022	−0,230	−0,227	+0,806	−0,226	−0,226	+0,111	−0,020

Pfostenknotenpunktsverschiebungen $\bar{x}_e \cdot 10^3$

| | Symmetrie | | | | Antimetrie | | | |
	$\lambda^* =$ $0{,}2 \cdot 10^{-3}$	$\lambda^* =$ $0{,}5 \cdot 10^{-3}$	$\lambda^* =$ $1{,}0 \cdot 10^{-3}$	$\lambda^* =$ $2{,}0 \cdot 10^{-3}$	$\lambda^* =$ $0{,}2 \cdot 10^{-3}$	$\lambda^* =$ $0{,}5 \cdot 10^{-3}$	$\lambda^* =$ $1{,}0 \cdot 10^{-3}$	$\lambda^* =$ $2{,}0 \cdot 10^{-3}$
1	−2,672	−3,980	−5,248	−6,708	−0,27	−0,35	−0,41	−0,46
2	−2,540	−3,742	−4,926	−6,300	+0,22	+0,26	+0,25	+0,22
3	+0,061	−0,076	−0,310	−0,804	+0,02	+0,04	+0,06	+0,08
4	+2,205	+2,996	+3,578	+3,946	−0,17	−0,17	−0,14	−0,09
5	+2,119	+2,872	+3,511	+3,398	+0,13	+0,10	+0,07	+0,03
6	−0,001	+0,153	+0,457	+1,002	+0,01	+0,02	+0,02	+0,02

Gurtbiegemoment an der Stelle 0 $\bar{M} \cdot 10^3$

| | Symmetrie | | | | | | | | Antimetrie | | | |
| | mit Eckdiagonale | | | | ohne Eckdiagonale | | | | | | | |
	$\lambda^* =$ $0{,}2 \cdot 10^{-3}$	$\lambda^* =$ $0{,}5 \cdot 10^{-3}$	$\lambda^* =$ $1{,}0 \cdot 10^{-3}$	$\lambda^* =$ $2{,}0 \cdot 10^{-3}$	$\lambda^* =$ $0{,}2 \cdot 10^{-3}$	$\lambda^* =$ $0{,}5 \cdot 10^{-3}$	$\lambda^* =$ $1{,}0 \cdot 10^{-3}$	$\lambda^* =$ $2{,}0 \cdot 10^{-3}$	$\lambda^* =$ $0{,}2 \cdot 10^{-3}$	$\lambda^* =$ $0{,}5 \cdot 10^{-3}$	$\lambda^* =$ $1{,}0 \cdot 10^{-3}$	$\lambda^* =$ $2{,}0 \cdot 10^{-3}$
1	−0,118	−0,303	−0,357	−0,623	−0,329	−0,638	−1,028	−1,624	−0,111	−0,218	−0,440	−0,737
2	+0,000	−0,000	−0,000	−0,000	+0,093	+0,281	+0,538	+0,940	−0,024	−0,028	−0,072	−0,135
3	+0,132	+0,286	+0,490	+0,779	+0,288	+0,784	+1,249	+1,693	−0,101	+0,198	+0,293	+0,393
4	+0,113	+0,173	+0,324	+0,548	+0,203	+0,541	+0,759	+0,853	−0,071	−0,136	−0,188	−0,218
5	−0,003	−0,038	−0,070	−0,046	−0,077	−0,206	−0,337	−0,410	−0,006	−0,017	−0,032	−0,017
6	−0,101	−0,195	−0,297	−0,408	−0,230	−0,445	−0,690	−0,988	+0,060	+0,085	+0,101	+0,108
7	−0,093	−0,157	−0,236	−0,383	−0,175	−0,284	−0,423	−0,677				
8	+0,000	+0,016	+0,020	+0,041	+0,062	+0,156	+0,236	+0,239				
9	+0,083	+0,151	+0,215	+0,277	+0,190	+0,338	+0,481	+0,611				

Tabelle 3. (Fortsetzung.)

Zahlenbeispiel für den Eineinhalbfachrautenträger

1. Einflußlinien für die Normalkräfte aus der Hauptbelastung.

Normalkräfte in den Gurten

	Untergurtstab								Obergurtstab								
Last an der Stelle	0−2	2−4	4−6	6−8	8−10	10−12	12−14	14−16	0−1	1−3	3−5	5−7	7−9	9−11	11−13	13−15	15−15'
2	+0,221	+0,503	+0,544	+0,504	+0,463	+0,423	+0,383	+0,342	−0,000	−0,362	−0,564	−0,524	−0,483	−0,443	−0,403	−0,362	−0,322
4	+0,282	+0,765	+1,006	+1,007	+0,926	+0,846	+0,765	+0,685	−0,000	−0,564	−0,886	−1,047	−0,966	−0,886	−0,805	−0,725	−0,644
6	+0,262	+0,785	+1,228	+1,428	+1,389	+1,269	+1,148	+1,027	−0,000	−0,524	−1,047	−1,325	−1,450	−1,329	−1,208	−1,087	−0,966
8	+0,242	+0,725	+1,208	+1,611	+1,772	+1,691	+1,530	+1,369	−0,000	−0,483	−0,966	−1,450	−1,691	−1,772	−1,611	−1,450	−1,289
10	+0,221	+0,664	+1,107	+1,550	+1,911	+2,034	+1,913	+1,712	−0,000	−0,443	−0,886	−1,329	−1,772	−1,973	−2,014	−1,812	−1,611
12	+0,201	+0,604	+1,007	+1,409	+1,812	+2,133	+2,215	+2,054	−0,000	−0,403	−0,805	−1,208	−1,611	−2,014	−2,175	−2,175	−1,933
14	+0,181	+0,544	+0,906	+1,269	+1,631	+1,993	+2,274	+2,315	−0,000	−0,362	−0,725	−1,087	−1,450	−1,812	−2,175	−2,295	−2,255
16	+0,161	+0,483	+0,805	+1,128	+1,450	+1,772	+2,094	+2,335	−0,000	−0,322	−0,644	−0,966	−1,289	−1,611	−1,933	−2,255	−2,335
14'	+0,141	+0,423	+0,705	+0,987	+1,269	+1,550	+1,832	+2,114	−0,000	−0,282	−0,564	−0,864	−1,128	−1,409	−1,691	−1,973	−2,255
12'	+0,121	+0,362	+0,604	+0,846	+1,087	+1,329	+1,571	+1,812	−0,000	−0,242	−0,483	−0,725	−0,966	−1,208	−1,450	−1,691	−1,933
10'	+0,101	+0,302	+0,503	+0,705	+0,906	+1,107	+1,309	+1,510	−0,000	−0,201	−0,403	−0,604	−0,805	−1,007	−1,208	−1,409	−1,611
8'	+0,081	+0,242	+0,403	+0,564	+0,725	+0,886	+1,047	+1,208	−0,000	−0,161	−0,322	−0,483	−0,644	−0,805	−0,966	−1,128	−1,289
6'	+0,060	+0,181	+0,302	+0,423	+0,544	+0,665	+0,785	+0,906	−0,000	−0,121	−0,242	−0,362	−0,483	−0,604	−0,725	−0,846	−0,966
4'	+0,040	+0,121	+0,201	+0,282	+0,362	+0,443	+0,524	+0,604	−0,000	−0,081	−0,161	−0,242	−0,322	−0,403	−0,483	−0,564	−0,644
2'	+0,020	+0,060	+0,101	+0,141	+0,181	+0,222	+0,262	+0,302	−0,000	−0,040	−0,081	−0,121	−0,161	−0,201	−0,242	−0,282	−0,322

Normalkräfte in den Diagonalen

	Rechtsfallende Diagonale								Linksfallende Diagonale								
Last an der Stelle	e−2	1−4	3−6	5−8	7−11	9−13	11−15	13−16	1−e	3−0	5−2	7−4	9−6	11−8	13−10	15−12	15'−14
2	+0,435	+0,087	−0,029	−0,029	−0,029	−0,029	−0,029	−0,029	−0,435	−0,319	+0,029	+0,029	+0,029	+0,029	+0,029	+0,029	+0,029
4	+0,406	+0,406	+0,058	−0,058	−0,058	−0,058	−0,058	−0,058	−0,406	−0,406	−0,290	+0,058	+0,058	+0,059	+0,058	+0,058	+0,058
6	+0,377	+0,377	+0,377	+0,029	−0,087	−0,087	−0,087	−0,087	−0,377	−0,377	−0,377	−0,261	+0,087	+0,087	+0,087	+0,087	+0,087
8	+0,348	+0,348	+0,348	+0,348	+0,000	−0,116	−0,116	−0,116	−0,348	−0,348	−0,348	−0,348	−0,232	+0,116	+0,116	+0,116	+0,116
10	+0,319	+0,319	+0,319	+0,319	+0,319	−0,029	−0,145	−0,145	−0,319	−0,319	−0,319	−0,319	−0,319	−0,203	+0,145	+0,145	+0,145
12	+0,290	+0,290	+0,290	+0,290	+0,290	+0,290	−0,058	−0,174	−0,290	−0,290	−0,290	−0,290	−0,290	−0,290	−0,174	+0,174	+0,174
14	+0,261	+0,261	+0,261	+0,261	+0,261	+0,261	+0,261	−0,087	−0,261	−0,261	−0,261	−0,261	−0,261	−0,261	−0,261	−0,145	+0,203
16	+0,232	+0,232	+0,232	+0,232	+0,232	+0,232	+0,232	+0,232	−0,232	−0,232	−0,232	−0,232	−0,232	−0,232	−0,232	−0,232	−0,116
14'	+0,203	+0,203	+0,203	+0,203	+0,203	+0,203	+0,203	+0,203	−0,203	−0,203	−0,203	−0,203	−0,203	−0,203	−0,203	−0,203	−0,203
12'	+0,174	+0,174	+0,174	+0,174	+0,174	+0,174	+0,174	+0,174	−0,174	−0,174	−0,174	−0,174	−0,174	−0,174	−0,174	−0,174	−0,174
10'	+0,145	+0,145	+0,145	+0,145	+0,145	+0,145	+0,145	+0,145	−0,145	−0,145	−0,145	−0,145	−0,145	−0,145	−0,145	−0,145	−0,145
8'	+0,116	+0,116	+0,116	+0,116	+0,116	+0,116	+0,116	+0,116	−0,116	−0,116	−0,116	−0,116	−0,116	−0,116	−0,116	−0,116	−0,116
6'	+0,087	+0,087	+0,087	+0,087	+0,087	+0,087	+0,087	+0,087	−0,087	−0,087	−0,087	−0,087	−0,087	−0,087	−0,087	−0,087	−0,087
4'	+0,058	+0,058	+0,058	+0,058	+0,058	+0,058	+0,058	+0,058	−0,058	−0,058	−0,058	−0,058	−0,058	−0,058	−0,058	−0,058	−0,058
2'	+0,029	+0,029	+0,029	+0,029	+0,029	+0,029	+0,029	+0,029	−0,029	−0,029	−0,029	−0,029	−0,029	−0,029	−0,029	−0,029	−0,029

2. Dimensionierung: Gurt $F_g = 660\,\mathrm{cm}^2$, $J_g = 240000\,\mathrm{cm}^4$, Diagonalen $F_d = 220\,\mathrm{cm}^2$, $J_d = 48000\,\mathrm{cm}^4$, konstant über die ganze Länge.

Für die statisch unbestimmte Rechnung wird $J_d = 0$ gesetzt, damit die Ergebnisse mit der Rechnung von Dr. Mohcit, Wiesbaden, verglichen werden können; vgl. Fußnote S. 84.

3. Kennzahl
$$\lambda^* = \frac{J_s b}{2 F_d a^3 \sin^2\alpha \cos\alpha}\left(1 + \frac{F_d}{F_g}\cos^3\alpha\right) = \frac{240000 \cdot 625}{2 \cdot 220 \cdot 937{,}5^3 \cdot 0{,}719^2 \cdot 0{,}695}\left(1 + \frac{220}{660}\cdot 0{,}695^3\right) = 115(1 + 0{,}112) = 1{,}28 \cdot 10^{-3}$$

Der konstante Faktor im Nenner ist hier 2,0 statt 2,4, weil die Biegesteifigkeit der Diagonalen vernachlässigbar klein ist; vgl. S. 22.

4. Einflußlinien der Gurtknotenpunktsverschiebungen

$10^3 \cdot \lambda^*$	$\sqrt{10^3 \cdot \lambda^*}$	$\sqrt{10^3 \cdot \lambda^*} - \sqrt{1{,}00}$	q	$(1-q)$	$e^{-\omega_s}$
1,28	1,131	0,131	0,316	0,684	0,644

Korrekturfaktor zur Berücksichtigung der Antimetrie
$$f = \frac{4{,}663 + 0{,}641}{4{,}663} = 1{,}1375$$

Gurtknotenpunktsverschiebungen aus Störlast $\eta \cdot 10^3$

an der Stelle

Last an der Stelle	e	1	2	3	4	5	6	7	8	9	10	11	12	13	14	15	16	15′	14′	13′
1	−6,665	+6,096	+5,072	+0,068	−3,911	−3,147	−0,323	+2,519	+2,044	−0,208	−1,622	−1,316	−0,134	+1,045	+0,848	+0,086	−0,673	−0,546	−0,055	+0,433
2	−6,145	+5,072	+6,377	+1,565	−3,329	−4,335	−1,442	+1,909	+2,792	−0,929	−1,229	−1,798	−0,598	+0,791	+1,158	−0,385	−0,509	−0,746	−0,248	+0,328
3	−0,493	+0,068	+1,565	+2,990	+1,254	−1,235	−1,986	−0,977	+0,647	+1,279	+0,629	−0,417	−0,824	−0,405	+0,269	−0,531	+0,261	−0,173	−0,342	−0,168
4	+4,214	−3,914	−3,329	+1,254	+5,477	+3,706	−0,792	−3,519	−2,633	+0,255	−2,266	+1,696	−0,164	−1,459	−1,092	+0,106	+0,940	+0,703	−0,068	−0,605
5	+4,211	−3,174	−4,335	−1,235	+3,706	+6,007	+2,524	−2,439	−3,918	−1,921	−1,293	+2,523	+1,237	−0,833	−1,625	−0,797	+0,536	+1,047	+0,513	−0,345
6	+0,481	−0,323	−1,442	−1,986	−0,792	+2,524	+4,353	+1,953	−1,665	−2,882	−1,498	+0,860	+1,856	+0,965	−0,554	−1,195	−0,621	+0,357	+0,770	+0,400
7	−2,714	+2,519	+1,909	−0,977	−3,519	−2,439	+1,953	+5,269	+3,055	−1,324	−3,489	−2,250	+0,610	+2,247	+1,449	−0,393	−1,447	−0,933	+0,253	+0,932
8	−2,712	+2,044	+2,792	+0,647	−2,633	−3,918	−1,665	+3,055	+5,644	+2,707	−1,983	−3,733	−2,042	+1,020	+2,404	+1,315	−0,657	−1,548	−0,847	+0,423
9	−0,310	+0,208	+0,929	+1,279	+0,275	−1,921	−2,882	−1,324	+2,707	+4,948	+2,347	−1,761	−3,268	−1,780	+0,896	+2,106	+1,146	−0,577	−1,356	−0,728
10	+1,748	−1,622	−1,229	+0,629	+2,266	+1,293	−1,498	−3,489	−1,983	+2,347	+5,376	+2,871	−1,587	−3,541	−2,132	+0,771	+2,280	+1,373	−0,497	−1,468
11	+1,747	−1,316	−1,798	−0,417	+1,696	+2,523	+0,860	−2,250	−3,733	−1,761	+2,871	+5,438	+2,717	−1,792	−3,582	−2,045	+0,891	+2,307	+1,317	−0,574
12	+0,200	−0,134	−0,598	−0,824	−0,164	+1,273	+1,856	+0,610	−2,042	−3,268	−1,587	+2,717	+5,200	+2,551	−1,764	−3,431	−1,924	+0,887	+2,210	+1,239
13	−1,126	+1,045	+0,791	−0,405	−1,459	−0,833	+0,965	+2,247	+1,020	−1,780	−3,541	−1,792	+2,551	+5,372	+2,778	−1,679	−3,540	−2,076	+0,826	+2,280
14	−1,125	+0,848	+1,158	+0,269	−1,092	−1,625	−0,554	+1,449	+2,404	+0,896	−2,132	−3,582	−1,764	+2,778	+5,399	+2,743	−1,736	−3,557	−2,052	+0,863
15	−0,129	+0,086	+0,385	+0,531	+0,106	−0,797	−1,195	−0,393	+1,315	+2,105	+0,771	−2,045	−3,431	−1,679	+2,743	+5,304	+2,649	−1,752	−3,498	−1,992
16	+0,725	−0,673	−0,509	+0,261	+0,940	+0,536	−0,621	−1,447	−0,657	+1,146	+2,280	+0,891	−1,924	−3,540	−1,736	+2,649	+5,374	+2,745	−1,712	−3,541
15′	+0,725	−0,546	−0,746	−0,173	+0,703	+1,047	+0,357	−0,933	−1,548	−0,577	−1,373	+2,307	+0,887	−2,076	−3,557	−1,752	+2,649	+4,304	+2,649	−1,752
14′	+0,083	−0,055	−0,248	−0,342	−0,068	+0,513	+0,770	+0,253	−0,847	−1,356	−0,497	+1,317	+2,210	+0,826	−2,052	−3,557	−1,736	+2,743	+5,399	+2,778
13′	−0,467	+0,433	+0,328	−0,168	−0,605	−0,345	+0,400	+0,932	+0,423	−0,738	−1,468	−0,574	+1,239	+2,280	+0,826	−2,076	−3,540	−1,679	+2,251	+5,372
12′	−0,467	+0,352	+0,480	+0,111	−0,453	−0,674	−0,230	+0,601	+0,997	+0,373	−0,884	−1,486	−0,571	+1,239	+2,210	+0,887	−1,924	−3,431	−1,764	+2,551
11′	−0,053	+0,035	+0,160	+0,220	+0,044	−0,330	−0,496	−0,163	+0,545	+0,873	+0,320	−0,848	−1,486	−0,574	+1,317	+2,307	+0,891	−2,045	−3,582	−1,792
10′	+0,301	−0,279	−0,211	+0,108	+0,390	+0,222	−0,258	−0,600	−0,272	−0,475	+0,945	+0,320	−0,884	−1,468	−0,497	+1,373	+2,280	+0,721	−2,132	−3,541
9′	+0,301	−0,227	−0,309	−0,071	+0,292	+0,434	+0,148	−0,387	−0,642	−0,240	+0,475	+0,873	+0,372	−0,738	−1,356	−0,577	+1,146	+2,105	+0,896	−1,780
8′	+0,034	−0,023	−0,103	−0,142	−0,028	+0,213	+0,319	+0,105	−0,351	−0,642	−0,272	+0,545	+0,997	+0,423	−0,847	−1,548	−0,657	+1,315	+2,404	+1,020
7′	−0,194	+0,180	+0,136	−0,070	−0,251	−0,143	+0,166	+0,386	+0,105	−0,387	−0,600	−0,163	+0,601	+0,932	+0,253	−0,933	−1,447	−0,393	+1,449	+2,247
6′	−0,194	+0,146	+0,199	+0,046	−0,188	−0,279	−0,095	+0,166	+0,319	+0,148	−0,258	−0,496	−0,230	+0,400	+0,770	−0,357	−0,621	−1,195	−0,554	+0,965
5′	−0,022	+0,015	+0,066	+0,091	+0,018	−0,137	−0,279	−0,143	+0,213	+0,434	+0,222	−0,330	−0,674	−0,345	+0,513	−1,047	+0,536	−0,797	−1,625	−0,833
4′	+0,125	−0,116	−0,088	+0,045	+0,162	+0,018	−0,188	−0,251	−0,028	+0,292	+0,390	+0,044	−0,453	−0,605	−0,068	+0,703	+0,940	+0,106	−1,092	−1,459
3′	+0,125	−0,094	−0,128	−0,030	+0,045	+0,091	+0,046	−0,070	−0,142	−0,071	−0,108	+0,220	+0,111	−0,168	−0,342	−0,173	+0,261	+0,531	+0,269	−0,405
2′	+0,014	−0,010	−0,043	−0,128	−0,088	+0,066	+0,199	+0,136	−0,103	−0,309	−0,211	+0,160	+0,480	+0,328	−0,248	−0,746	−0,509	+0,385	+1,158	+0,791
1′	−0,081	+0,075	+0,010	−0,094	−0,116	−0,015	+0,146	+0,180	+0,023	−0,227	−0,279	−0,035	+0,352	−0,433	+0,055	−0,546	−0,673	−0,086	+0,848	+1,045

Tabelle 3. (Fortsetzung.)

Gurtknotenpunktsverschiebungen aus Störlast $\bar{y} \cdot 10^3$ (Für Obergurt und Untergurt getrennt angeschrieben.)

an der Stelle

Last an der Stelle		$x_e\operatorname{ctg}\alpha$	e	1	2	3	4	5	6	7	8	9	10	11	12	13	14	15	16	15'	14'	13'
2	O	-5,246	6,120	+5,072		+1,565		-4,335		+1,909		-0,929		-1,798		+0,791		+0,385		-0,746		+0,328
	U				+6,377		-3,329		-1,442		+2,792		-1,229		-0,598		+1,158		-0,509		-0,248	
4	O	+3,598	+4,198	-3,911		+1,254		+3,706		-3,519		+0,255		+1,696		-1,459		+0,106		+0,703		-0,605
	U				-3,329		+5,477		-0,792		-2,633		+2,266		-0,164		-1,092		+0,940		-0,068	
6	O	+0,627	+0,731	-0,323		-1,986		+2,524		+1,953		-2,882		+0,860		+0,965		-1,195		+0,357		+0,400
	U				-1,442		-0,792		+4,353		-1,665		-1,498		+1,856		-0,554		-0,621		+0,770	
8	O	-2,186	-2,550	+2,044		+0,647		-3,918		+3,055		+2,707		-3,733		+1,020		+1,315		-1,548		+0,423
	U				+2,792		-2,633		-1,695		+5,644		-1,983		-2,042		+2,404		-0,657		-0,847	
10	O	+1,444	+1,685	-1,622		+0,629		+1,293		-3,489		+2,347		+2,871		-3,541		+0,771		+1,373		-1,468
	U				-1,229		+2,266		-1,498		-1,983		+5,376		-1,587		-2,132		+2,280		-0,497	
12	O	+0,260	+0,303	-0,134		-0,824		+1,237		+0,610		-3,268		+2,717		+2,551		-3,431		+0,887		+1,239
	U				-0,598		-0,164		+1,856		-2,042		-1,587		+5,200		-1,764		-1,924		+2,210	
14	O	-0,915	-1,067	+0,848		+0,269		-1,625		+1,449		+0,896		-3,582		+2,778		+2,743		-3,557		+0,863
	U				+1,158		-1,092		-0,554		+2,404		-2,132		-1,764		+5,399		-1,736		-2,052	
16	O	+0,599	+0,699	-0,673		+0,261		+0,536		-1,447		+1,146		+0,891		-3,540		+2,649		+2,649		-3,540
	U				-0,509		+0,940		-0,621		-0,657		+2,280		-1,924		-1,736		+5,374		-1,736	
14'	O	+0,107	+0,125	-0,055		-0,342		+0,513		+0,253		-1,356		+1,317		+0,826		-3,557		+2,743		+2,778
	U				-0,248		-0,068		+0,770		-0,847		-0,497		+2,210		-2,052		-1,736		+5,399	
12'	O	-0,376	-0,439	+0,352		+0,111		-0,674		+0,601		+0,372		-1,486		+1,239		+0,887		-3,431		+2,551
	U				+0,480		-0,453		-0,230		+0,997		-0,884		-0,571		+2,210		-1,924		-1,764	
10'	O	+0,248	+0,289	-0,279		+0,108		+0,222		-0,600		+0,475		+0,320		-1,468		+1,373		+0,771		-3,541
	U				-0,211		+0,390		-0,258		-0,272		+0,945		-0,884		-0,497		+2,280		-2,132	
8'	O	+0,045	+0,052	-0,023		-0,142		+0,213		+0,105		-0,642		+0,545		-0,423		-1,548		+1,315		+1,020
	U				-0,103		-0,028		+0,319		-0,351		-0,272		+0,997		-0,847		-0,657		+2,404	
6'	O	-0,146	-0,182	+0,146		+0,046		-0,279		+0,166		+0,148		-0,496		+0,400		+0,357		-1,195		+0,965
	U				+0,199		-0,188		-0,095		+0,319		-0,258		-0,230		+0,770		-0,621		-0,554	
4'	O	+0,103	+0,120	-0,116		+0,045		+0,018		-0,251		+0,292		+0,044		-0,605		+0,703		+0,106		-1,459
	U				-0,088		+0,162		-0,188		-0,028		+0,390		-0,453		-0,068		+0,940		-1,092	
2'	O	+0,019	+0,022	-0,010		-0,128		+0,066		+0,136		-0,309		+0,160		+0,328		-0,746		+0,385		+0,791
	U				-0,043		-0,088		+0,199		-0,103		-0,211		+0,480		-0,248		-0,509		+1,158	

Die Lastdiagonalenwerte sind kenntlich gemacht durch einen Punkt in der linken oberen Ecke der betreffenden Felder.

5. Einflußlinien für die Normalkräfte.

Dimensionslose Diagonalkräfte $D \cdot 10^3$

Last an der Stelle	Rechtsfallend									Linksfallend								
	$e-2\cdot$	$1-4$	$3-6$	$5-8$	$7-10$	$9-12$	$11-14$	$13-16$	$15-14'$	$1-e$	$3-0$	$5-2$	$7-4$	$9-6$	$11-8$	$13-10$	$15-12$	$15'-14$
2	+1,697	+1,743	+0,123	−1,543	+0,680	+0,331	−0,640	+0,282	+0,137	−0,522	+1,565	+2,042	−1,420	−0,513	+0,995	−0,438	−0,213	+0,412
4	+0,404	+1,566	+0,462	+1,073	−1,253	+0,091	+0,604	−0,519	+0,038	−0,939	+1,254	+0,377	+1,958	−0,537	−0,937	+0,807	−0,058	−0,389
6	−1,223	−1,115	+2,367	+0,859	+0,455	1,026	+0,306	+0,344	−0,425	+0,912	−1,986	+1,082	+1,161	+1,471	−0,805	−0,533	+0,661	−0,197
8	+0,909	−0,589	−1,018	+1,726	+1,072	+0,665	−1,329	+0,363	+0,468	−0,426	+0,647	−1,126	+0,422	+1,042	+1,911	−0,963	−0,727	+0,856
10	+0,323	+0,644	−0,869	−0,690	+1,887	+0,760	+0,739	−1,261	+0,274	−0,534	+0,629	+0,064	−1,223	+0,849	+0,888	+1,835	−0,816	−0,754
12	−0,507	−0,298	+1,032	−0,805	−0,977	+1,932	+0,953	+0,627	−1,221	+0,378	−0,824	+0,639	+0,446	−1,412	+0,675	+0,964	+1,769	−0,877
14	+0,365	−0,244	−0,285	+0,779	−0,683	−0,868	+1,817	+1,042	+0,691	−0,201	+0,269	−0,467	+0,357	+0,342	−1,178	+0,646	+0,979	+1,842
16	+0,135	+0,267	−0,360	−0,121	+0,833	−0,778	−0,845	+1,834	+0,913	−0,222	+0,261	+0,027	−0,507	+0,525	+0,234	−1,260	+0,725	+0,913
14'	−0,212	−0,123	+0,428	−0,334	0,244	+0,854	−0,735	−0,910	+1,842	+0,156	−0,342	−0,265	+0,185	−0,586	+0,470	+0,329	−1,347	+0,691
12'	+0,156	−0,101	−0,119	+0,323	−0,283	−0,199	+0,724	−0,685	−0,877	0,072	+0,111	−0,194	+0,148	+0,142	−0,489	+0,355	+0,316	−1,221
10'	+0,056	+0,111	−0,150	−0,050	+0,345	−0,409	−0,177	+0,812	−0,759	−0,093	+0,108	+0,011	−0,210	+0,217	+0,048	−0,523	+0,489	+0,274
8'	−0,087	−0,051	+0,177	−0,138	−0,167	+0,355	−0,302	−0,234	+0,856	+0,066	−0,142	+0,110	+0,077	−0,323	+0,194	+0,151	−0,551	+0,468
6'	+0,065	−0,042	−0,049	+0,040	−0,092	−0,082	+0,274	−0,221	−0,197	−0,030	+0,046	−0,080	−0,022	+0,053	−0,177	+0,142	+0,127	−0,425
4'	+0,023	+0,046	−0,143	−0,010	+0,139	−0,161	−0,024	+0,335	−0,389	−0,039	+0,045	−0,070	−0,089	+0,104	+0,016	−0,215	+0,250	+0,038
2'	−0,036	−0,098	+0,071	−0,037	−0,075	+0,171	−0,088	−0,181	+0,412	+0,027	−0,128	+0,023	+0,048	−0,110	+0,057	+0,117	−0,266	+0,137

$$D = \frac{1}{6\,\lambda^* \sin\alpha}\,\overline{D} = \frac{10^3}{6 \cdot 1{,}28 \cdot 0{,}719}\,\overline{D} = 0{,}1811 \cdot 10^3\,\overline{D}$$

Dimensionslose Gurtkräfte $\overline{G} \cdot 10^3$

Last an der Stelle	Obergurt									Untergurt							
	$0-1$	$1-3$	$3-5$	$5-7$	$7-9$	$9-11$	$11-13$	$13-15$	$15-15'$	$0-2$	$2-4$	$4-6$	$6-8$	$8-10$	$10-12$	$12-14$	$14-16$
2	−0,783	−3,048	−1,606	+1,979	−0,121	−0,965	−0,669	−0,051	−0,401	−1,957	2,302	+0,861	+1,497	−1,040	+0,078	+0,622	−0,430
4	+0,357	−2,148	−1,356	−2,052	+1,159	+0,531	−1,010	+0,316	+0,220	−1,076	−1,059	−1,441	−0,442	+1,468	−0,492	−0,343	+0,650
6	+0,207	+2,234	−2,119	−1,896	−1,190	+1,307	+0,196	−0,681	+0,405	+2,090	−0,215	−2,491	−1,595	+0,049	+1,057	−0,630	−0,127
8	−0,322	−0,159	+1,506	−1,346	−1,996	−1,619	+1,621	+0,295	−0,900	−0,808	+1,227	+0,218	−1,844	−2,029	+0,006	+1,398	−0,787
10	+0,141	−1,037	+0,461	+1,215	−1,895	−1,806	−1,657	+1,439	−0,349	−0,559	−0,300	+1,567	−0,151	−1,729	−1,677	−0,101	+1,392
12	+0,086	+0,762	−1,094	+0,350	+1,773	−1,571	−1,849	−1,512	+1,478	+0,867	+0,279	−1,023	+1,421	−0,059	−2,000	−1,837	−0,007
14	−0,109	−0,066	+0,488	−0,758	+0,282	+1,492	−1,503	−1,899	−1,611	−0,324	+0,508	−0,093	−0,720	+1,237	−0,092	−1,939	−1,964
16	+0,058	−0,431	+0,190	+0,338	−1,002	+0,301	+1,380	−1,714	−1,902	−0,232	0,124	+0,650	−0,235	−0,590	+1,503	−0,000	−1,758
14'	+0,037	+0,316	−0,454	+0,145	+0,574	−0,866	+0,339	+1,578	−1,611	+0,361	−0,116	−0,424	+0,590	−0,214	−0,787	+1,414	+0,012
12'	−0,056	−0,027	+0,203	−0,314	+0,117	+0,458	−0,755	+0,285	+1,478	−0,139	+0,211	−0,038	−0,299	+0,513	−0,125	−0,640	+1,305
10'	+0,025	+0,179	+0,079	+0,140	−0,415	+0,211	+0,436	−0,899	+0,349	−0,096	0,051	+0,270	−0,097	−0,195	+0,673	−0,225	−0,676
8'	+0,114	+0,131	−0,188	+0,060	+0,244	−0,434	+0,062	+0,447	−0,960	+0,149	0,048	−0,176	+0,324	−0,008	−0,326	+0,580	−0,190
6'	−0,023	−0,011	+0,084	−0,036	+0,034	+0,169	−0,282	+0,081	+0,405	−0,058	+0,087	+0,067	−0,035	+0,182	−0,052	−0,261	+0,438
4'	+0,011	−0,074	+0,114	+0,054	−0,174	+0,091	+0,131	−0,419	+0,220	−0,040	−0,053	+0,188	−0,059	−0,085	+0,269	−0,142	−0,204
2'	+0,006	+0,131	−0,068	−0,008	+0,115	−0,166	+0,021	+0,277	−0,401	+0,131	+0,072	−0,074	+0,107	−0,013	−0,205	+0,232	+0,007

$$G = \frac{1}{6\,\lambda^* \operatorname{tg}\alpha}\,\overline{G} = \frac{10^3}{6 \cdot 1{,}28 \cdot 1{,}035}\,\overline{G} = 0{,}1258 \cdot 10^3\,\overline{G}$$

Normalkräfte in den rechtsfallenden Diagonalen

Störlast

Last an der Stelle	$e-2$	$1-4$	$3-6$	$5-8$	$7-10$	$9-12$	$11-14$	$13-16$	$15-14'$
2	+0,307	+0,316	+0,022	−0,279	+0,123	+0,060	−0,116	+0,051	+0,025
4	+0,073	+0,284	+0,084	+0,194	−0,227	+0,016	+0,109	−0,094	+0,007
6	−0,221	−0,202	+0,429	+0,156	+0,082	−0,186	+0,055	+0,062	−0,077
8	+0,165	−0,107	−0,184	+0,313	+0,194	+0,120	−0,241	+0,066	+0,085
10	+0,058	+0,117	−0,157	−0,125	+0,342	+0,138	+0,134	−0,228	+0,050
12	−0,092	−0,054	+0,187	−0,146	−0,177	+0,350	+0,172	+0,114	−0,221
14	+0,066	−0,044	−0,052	+0,141	−0,124	−0,157	+0,329	+0,189	+0,125
16	+0,024	+0,048	−0,065	−0,022	+0,151	−0,141	−0,153	+0,332	+0,165
14'	−0,038	−0,022	+0,078	−0,060	−0,044	+0,155	0,133	−0,165	+0,334
12'	+0,028	−0,018	−0,022	+0,058	−0,051	−0,036	+0,131	−0,124	−0,159
10'	+0,010	+0,020	−0,027	−0,009	+0,062	−0,074	−0,032	+0,147	−0,137
8'	−0,016	−0,009	+0,032	−0,025	−0,030	+0,064	−0,055	−0,042	+0,155
6'	+0,012	−0,008	−0,009	+0,007	−0,017	−0,015	+0,050	−0,040	−0,036
4'	+0,004	+0,008	−0,026	−0,002	+0,025	−0,029	−0,004	+0,061	−0,070
2'	−0,007	−0,013	+0,013	−0,007	−0,014	+0,031	−0,016	−0,033	+0,075

Resultierende Last

Last an der Stelle	$e-2$	$1-4$	$3-6$	$5-8$	$7-10$	$9-12$	$11-14$	$13-16$	$15-14'$
2	+0,742	+0,403	−0,007	−0,308	+0,094	+0,031	−0,145	+0,022	−0,004
4	+0,479	+0,690	+0,142	+0,136	−0,285	−0,042	+0,051	−0,152	−0,051
6	+0,156	+0,157	+0,806	+0,185	−0,005	−0,273	−0,032	−0,025	−0,164
8	+0,513	+0,455	+0,164	+0,661	+0,194	+0,004	−0,357	−0,050	−0,031
10	+0,377	+0,436	+0,162	+0,194	+0,661	+0,109	−0,009	−0,373	−0,095
12	+0,198	+0,236	+0,477	+0,144	+0,113	+0,640	+0,114	−0,060	−0,395
14	+0,327	+0,217	+0,209	+0,402	+0,137	+0,104	+0,590	+0,102	−0,078
16	+0,256	+0,280	+0,167	+0,210	+0,383	+0,091	+0,079	+0,564	+0,049
14'	+0,165	+0,181	+0,281	+0,143	+0,159	+0,358	+0,070	+0,038	+0,537
12'	+0,202	+0,156	+0,152	+0,232	+0,123	+0,138	+0,305	+0,050	+0,115
10'	+0,155	+0,165	+0,118	+0,136	+0,207	+0,071	+0,113	+0,292	+0,008
8'	+0,100	+0,107	+0,148	+0,091	+0,086	+0,180	+0,061	+0,074	+0,271
6'	+0,099	+0,078	+0,078	+0,094	+0,070	+0,072	+0,137	+0,047	+0,051
4'	+0,062	+0,066	+0,032	+0,056	+0,083	+0,029	+0,054	+0,119	−0,012
2'	+0,022	+0,011	+0,042	+0,022	+0,015	+0,060	+0,013	−0,004	+0,104

Normalkräfte in den linksfallenden Diagonalen

Störlast

Last an der Stelle	$1-e$	$3-0$	$5-2$	$7-4$	$9-6$	$11-8$	$13-10$	$15-12$	$15'-14$
2	−0,095	+0,283	+0,370	−0,257	−0,093	+0,180	−0,079	−0,039	+0,075
4	−0,170	+0,227	+0,068	+0,355	−0,097	−0,170	+0,146	−0,011	−0,070
6	+0,165	−0,360	+0,196	+0,210	+0,266	−0,146	−0,097	+0,120	−0,036
8	−0,077	+0,117	−0,204	+0,076	+0,189	+0,346	−0,174	−0,132	+0,155
10	−0,097	+0,114	+0,012	−0,221	+0,154	+0,161	+0,332	−0,148	−0,137
12	+0,068	−0,149	+0,116	+0,081	−0,256	+0,122	+0,175	+0,320	−0,159
14	−0,036	+0,049	−0,085	+0,065	+0,062	+0,213	+0,117	+0,177	+0,334
16	−0,040	+0,047	+0,005	−0,092	+0,095	+0,042	−0,228	+0,131	+0,165
14'	+0,028	−0,062	+0,048	+0,034	−0,106	+0,085	+0,060	0,244	+0,125
12'	−0,013	+0,020	−0,035	+0,027	+0,026	−0,089	+0,064	+0,057	−0,221
10'	−0,017	+0,020	+0,002	−0,038	+0,039	+0,009	−0,095	+0,089	+0,050
8'	+0,012	−0,026	+0,020	+0,014	−0,058	+0,035	+0,027	−0,100	+0,085
6'	−0,005	+0,008	−0,014	−0,004	+0,010	−0,032	+0,026	+0,023	−0,077
4'	−0,007	+0,008	−0,013	−0,016	+0,019	+0,003	−0,039	+0,045	+0,007
2'	+0,005	−0,023	+0,004	+0,009	−0,020	+0,010	+0,021	−0,048	+0,025

Resultierende Last

Last an der Stelle	$1-e$	$3-0$	$5-2$	$7-4$	$9-6$	$11-8$	$13-10$	$15-12$	$15'-14$
2	−0,530	−0,036	+0,399	−0,228	−0,064	+0,209	−0,050	−0,010	+0,104
4	−0,576	−0,179	−0,222	+0,413	−0,039	−0,112	+0,204	+0,047	−0,012
6	−0,212	−0,737	−0,181	−0,081	+0,353	−0,059	−0,010	+0,207	+0,051
8	−0,425	−0,231	−0,552	−0,272	−0,043	+0,462	−0,058	−0,016	+0,271
10	−0,416	−0,205	−0,307	−0,540	−0,165	−0,032	+0,477	−0,003	+0,008
12	−0,222	−0,439	−0,174	−0,209	−0,546	−0,168	+0,001	+0,494	+0,015
14	−0,297	−0,212	−0,346	−0,196	−0,199	−0,474	−0,144	+0,032	+0,537
16	−0,272	−0,185	−0,227	−0,324	−0,137	−0,190	−0,460	−0,101	+0,049
14'	−0,175	−0,265	−0,155	−0,169	−0,309	−0,118	−0,143	−0,447	−0,078
12'	−0,187	−0,154	−0,209	−0,147	−0,148	−0,263	−0,110	−0,117	−0,395
10'	−0,162	−0,125	−0,143	−0,183	−0,006	−0,136	−0,240	−0,056	−0,095
8'	−0,104	−0,142	−0,096	−0,102	−0,174	−0,081	−0,089	−0,216	−0,031
6'	−0,092	−0,079	−0,101	−0,091	−0,077	−0,119	−0,061	−0,064	−0,164
4'	−0,065	−0,050	−0,071	−0,074	−0,039	−0,055	−0,097	−0,013	−0,051
2'	−0,024	−0,052	−0,025	−0,020	−0,049	−0,019	−0,008	−0,077	−0,004

Normalkräfte im Obergurt

Last an der Stelle	Störlast									Resultierende Last								
	$0-1$	$1-3$	$3-5$	$5-7$	$7-9$	$9-11$	$11-13$	$13-15$	$15-15'$	$0-1$	$1-3$	$3-5$	$5-7$	$7-9$	$9-11$	$11-13$	$13-15$	$15-15'$
2	−0,099	−0,383	0,202	+0,249	−0,015	−0,121	+0,084	−0,006	−0,050	−0,099	−0,745	−0,766	−0,275	−0,498	−0,564	−0,319	−0,368	−0,372
4	+0,045	−0,270	−0,171	−0,258	+0,146	+0,067	−0,127	+0,040	+0,028	+0,045	−0,834	−1,057	−1,305	−0,820	−0,819	−0,932	−0,685	−0,616
6	+0,026	+0,281	−0,267	−0,239	−0,150	+0,164	+0,025	−0,086	+0,051	+0,026	−0,243	−1,314	−1,564	−1,600	−1,165	−1,183	−1,173	−0,915
8	−0,041	−0,020	+0,189	−0,169	−0,251	−0,204	+0,204	+0,037	−0,113	−0,041	−0,503	−0,777	−1,619	−1,942	−1,976	−1,407	−1,413	−1,402
10	+0,018	−0,130	+0,058	+0,153	−0,238	−0,227	−0,208	+0,181	+0,044	+0,018	−0,573	−0,828	−1,176	−2,010	−2,210	−2,222	−1,631	−1,567
12	+0,011	+0,096	−0,138	+0,044	+0,223	−0,198	−0,233	−0,190	+0,186	+0,011	−0,307	−0,943	−1,164	−1,388	−2,212	−2,408	−2,365	−1,747
14	−0,014	0,008	+0,061	−0,095	+0,035	+0,188	−0,189	−0,239	−0,203	−0,014	−0,370	−0,664	−1,182	−1,415	−1,624	−2,364	−2,534	−2,458
16	+0,007	−0,054	+0,024	+0,043	−0,126	+0,038	+0,174	−0,216	−0,239	+0,007	−0,376	−0,620	−0,923	−1,415	−1,573	−1,759	−2,471	−2,574
14′	+0,005	+0,040	−0,057	+0,018	+0,072	−0,109	+0,043	+0,199	−0,203	+0,005	−0,242	−0,621	−0,828	−1,056	−1,518	−1,648	−1,774	−2,458
12′	−0,007	−0,003	+0,026	−0,040	+0,015	+0,058	−0,095	+0,036	+0,186	−0,007	−0,245	−0,457	−0,765	−0,951	−1,150	−1,545	−1,655	−1,747
10′	+0,003	−0,023	+0,010	+0,018	0,052	+0,027	+0,055	−0,113	+0,044	+0,003	−0,224	−0,393	−0,586	−0,857	−0,980	−1,153	−1,522	−1,567
8′	+0,002	+0,016	−0,024	+0,008	+0,031	−0,055	+0,008	+0,056	−0,121	+0,002	−0,145	−0,346	−0,475	−0,613	−0,860	−0,958	−1,072	−1,410
6′	−0,003	0,001	+0,011	0,005	+0,004	+0,021	−0,035	+0,010	+0,051	−0,003	−0,122	−0,231	−0,367	−0,479	−0,583	−0,760	−0,836	−0,915
4′	+0,001	−0,009	+0,014	+0,007	+0,022	+0,011	+0,016	−0,053	+0,028	+0,001	−0,090	−0,147	−0,235	−0,344	−0,392	−0,467	−0,617	−0,616
2′	+0,001	+0,016	−0,009	−0,001	−0,014	−0,021	+0,003	+0,035	−0,063	+0,001	−0,024	−0,090	−0,122	−0,147	−0,222	−0,239	−0,247	−0,385

Normalkräfte im Untergurt

Last an der Stelle	Störlast								Resultierende Last							
	$0-2$	$2-4$	$4-6$	$6-8$	$8-10$	$10-12$	$12-14$	$14-16$	$0-2$	$2-4$	$4-6$	$6-8$	$8-10$	$10-12$	$12-14$	$14-16$
2	−0,246	−0,290	+0,108	+0,188	−0,131	+0,010	+0,078	−0,054	−0,025	+0,213	+0,652	+0,692	+0,332	+0,433	+0,461	+0,288
4	−0,135	−0,132	−0,181	−0,056	+0,197	−0,062	−0,043	+0,082	+0,147	+0,633	+0,825	+0,951	+1,123	+0,784	+0,722	+0,767
6	+0,263	−0,027	−0,313	−0,201	+0,009	+0,133	−0,079	−0,016	+0,525	+0,758	+0,915	+1,227	+1,398	+1,402	+1,069	+1,011
8	−0,102	+0,154	+0,027	−0,232	−0,255	+0,001	+0,176	−0,099	+0,140	+0,879	+1,235	+1,379	+1,517	+1,692	+1,706	+1,270
10	−0,070	−0,038	+0,197	−0,019	−0,218	−0,211	−0,013	+0,175	+0,151	+0,626	+1,304	+1,531	+1,693	+1,823	+1,900	+1,887
12	+0,109	−0,035	−0,129	+0,179	−0,007	−0,252	−0,231	−0,001	+0,310	+0,569	+0,878	+1,588	+1,805	+1,881	+1,984	+2,053
14	−0,041	+0,064	−0,012	−0,091	+0,156	−0,012	−0,244	−0,247	+0,140	+0,608	+0,894	+1,178	+1,787	+1,981	+2,030	+2,068
16	−0,029	−0,016	+0,082	−0,030	−0,074	+0,189	−0,000	−0,221	+0,132	+0,467	+0,887	+1,098	+1,376	+1,961	+2,094	+2,114
14′	+0,045	−0,015	−0,053	+0,074	−0,027	−0,099	−0,178	−0,002	+0,186	+0,408	+0,652	+1,061	+1,242	+1,451	+2,010	+2,112
12′	−0,017	+0,027	−0,005	−0,038	+0,065	−0,016	−0,081	+0,164	+0,104	+0,389	+0,599	+0,808	+1,152	+1,313	+1,490	+1,976
10′	−0,012	−0,006	+0,034	−0,012	−0,025	+0,085	−0,028	−0,085	+0,089	+0,296	+0,537	+0,693	+0,881	+1,192	+1,281	+1,425
8′	+0,019	−0,009	−0,022	+0,041	−0,001	−0,041	+0,073	−0,024	+0,110	+0,236	+0,381	+0,605	+0,724	+0,845	+1,120	+1,184
6′	−0,007	+0,011	+0,008	−0,004	+0,023	−0,007	−0,033	+0,055	+0,053	+0,192	+0,310	+0,419	+0,567	+0,658	+0,752	+0,961
4′	−0,005	+0,007	+0,024	−0,007	−0,011	+0,034	−0,018	−0,026	+0,035	+0,128	+0,225	+0,275	+0,351	+0,477	+0,506	+0,578
2′	+0,016	+0,009	−0,009	+0,013	−0,002	−0,026	+0,029	+0,001	+0,036	+0,069	+0,092	+0,154	+0,179	+0,196	+0,291	+0,303

6. Einflußlinien für die Biegemomente.

Last an der Stelle	Dimensionslose Gurtbiegemomente $\overline{M}_g \cdot 10^3$																	
	Obergurt									Untergurt								
e	0	1	3	5	7	9	11	13	15	0	2	4	6	8	10	12	14	16
2	−4,991	+0,757	+4,816	+0,531	−4,248	+3,041	+0,212	−1,924	+1,299	+0,095	−0,092	+5,612	−4,603	−0,243	+2,932	−2,013	−0,115	+1,204	−0,827
4	+3,128	+0,985	−5,280	+1,212	+3,483	−4,258	+1,365	+1,422	−1,882	+0,603	+0,199	−4,955	+5,970	−2,225	−2,053	+2,855	−0,909	−0,908	+1,213
6	+0,809	−0,887	+1,337	−2,423	+1,630	+1,628	−3,343	+1,720	+0,554	−1,386	−0,229	+0,061	−2,368	+4,354	−2,633	−0,776	+2,153	−1,109	−0,357
8	−2,079	+0,243	+1,463	+1,662	−4,545	+1,987	+2,131	−4,330	+2,136	+0,803	−0,005	+2,820	−1,818	−2,740	+5,644	−3,253	−1,151	+2,789	−1,376
10	−1,235	+0,335	−2,303	+0,412	+2,441	−4,047	+1,878	+2,508	−4,108	+1,837	+0,171	−2,080	+2,833	−0,792	−3,352	+5,376	−2,811	−1,353	+2,645
12	+0,347	−0,342	+0,591	−1,129	+0,611	+1,710	−3,791	+2,155	+2,092	−3,980	−0,145	−0,009	−0,982	+2,153	−1,058	−2,816	+5,200	−2,935	−1,115
14	−0,871	+0,099	+0,607	+0,691	−1,885	+1,020	+1,887	−4,155	+2,282	+2,223	−0,000	+1,193	−0,787	−1,181	+2,789	−1,346	−2,925	+5,399	−2,971
16	+0,511	+0,136	−0,956	+0,171	+1,012	−1,679	+0,715	+2,022	−4,106	+2,214	+0,074	−0,870	+1,203	−0,379	−1,403	+2,645	−1,145	−3,004	+5,374
14′	+0,144	−0,139	+0,246	−0,469	+0,253	+0,709	−1,573	+0,801	+1,925	−4,126	−0,063	−0,003	−0,407	+0,893	−0,480	−1,184	+2,564	−1,186	−2,971
12′	−0,358	+0,041	+0,252	+0,285	−0,782	+0,423	+0,784	−1,724	+0,820	+1,906	−0,000	+0,452	−0,315	−0,493	+1,157	−0,611	−1,183	+2,564	−1,115
10′	+0,212	+0,056	−0,396	+0,071	+0,419	−0,696	+0,319	+0,806	−1,703	+0,935	+0,031	−0,421	+0,499	−0,158	−0,581	+1,096	−0,602	−1,183	+2,645
8′	+0,061	−0,058	+0,102	−0,195	+0,093	+0,343	−0,745	+0,333	+0,886	−1,796	−0,026	−0,001	−0,168	+0,370	−0,157	−0,585	+1,157	−0,518	−1,376
6′	−0,149	+0,017	+0,104	+0,118	−0,324	+0,140	+0,285	−0,575	+0,230	+0,713	−0,000	+0,205	−0,150	−0,145	+0,370	−0,148	−0,459	+0,893	−0,357
4′	+0,088	+0,023	−0,165	+0,063	+0,126	−0,291	+0,238	+0,229	−0,702	+0,561	+0,013	−0,150	+0,207	−0,159	−0,147	+0,452	−0,370	−0,356	+1,090
2′	+0,026	−0,024	+0,099	−0,175	+0,022	+0,229	−0,358	+0,035	+0,557	−0,865	−0,011	+0,021	−0,162	+0,231	−0,022	−0,358	+0,557	−0,063	−0,827

$$M_g = 6\,a\,\overline{M}_g = 6 \cdot 937{,}5 \cdot \overline{M}_g = 5{,}625 \cdot 10^3\,\overline{M}_g$$

Die Werte $\overline{M}$ sind in einer längeren Zwischenrechnung ermittelt, die hier nicht mit aufgeführt ist. In dem eingerahmten Feld wurde mit konstanten Proportionalitäts-faktoren gerechnet, $f = 1{,}00$ für die Kraftangriffsstellen und $f = 1{,}16$ für alle übrigen Stellen.

Last an der Stelle	Biegemomente in den Gurten cm																	
	Obergurt									Untergurt								
e	0	1	3	5	7	9	11	13	15	0	2	4	6	8	10	12	14	16
2	−28,07	+4,26	+27,09	+ 2,99	−23,90	+17,11	+ 1,19	−10,82	+ 7,31	+ 0,53	−0,52	+31,57	−25,89	− 1,37	+16,49	−11,32	− 0,65	+ 6,77	− 4,65
4	+17.60	+5,54	−29,70	+ 6,82	+19,59	−23,95	+ 7,68	+ 8,00	−10,59	+ 3,39	+1,12	−27,87	+33,58	−12,52	−11,55	+16,06	− 5,11	− 5,11	+ 6,82
6	+ 4,55	−4,99	+ 7,52	−13,63	+ 9,17	+ 9,16	−18,80	+ 9,68	+ 3,12	− 7,80	−1,29	+ 0,34	−13,32	+24,49	−14,81	− 4,37	+12,11	− 6,24	− 2,01
8	−11,69	+1,37	+ 8,23	+ 9,35	−25,57	+11,18	+11,99	−24,36	+12,02	+ 4,52	−0,03	+15,86	−10,23	−15,41	+31,45	−18,29	− 6,47	+15,69	− 7,74
10	+ 6,95	+1,88	−12,95	+ 2,32	+13,73	−22,76	+10,56	+14,11	−23,11	+10,33	+0,96	−11,70	+15,94	− 4,46	−18,86	+30,24	−15,81	− 7.61	+14,88
12	+ 1,95	−1,92	+ 3,32	− 6,35	+ 3,44	+ 9,62	−21,32	+12,12	+11,77	−22,39	−0,82	− 0,05	− 5,52	+12,11	− 5,95	−15,84	+29,25	−16,51	− 6,27
14	− 4,90	+0,56	+ 3,41	+ 3,89	−10,60	+ 5,74	+10,61	−23,37	+12,84	+12,50	−0,00	+ 6,71	− 4,43	− 6,64	+15,69	− 7,57	−16,45	+30,37	−16,71
16	+ 2,87	+0,77	− 5,38	+ 0,96	+ 5,69	− 9,44	+ 4,02	+11,37	−23,10	+12,45	+0,42	− 4,89	+ 6,77	− 2,13	− 7,89	+14,88	− 6,44	−16,90	+30,23
14′	+ 0,81	−0,78	+ 1,38	− 2,64	+ 1,42	+ 3,99	− 8,85	+ 4,51	+10,83	−23,21	−0,35	− 0,02	− 2,29	+ 5,02	− 2,70	− 6,66	+14,42	− 6,67	−14,71
12′	− 2,01	+0,23	+ 1,42	+ 1,60	− 4,40	+ 3,38	+ 4,41	− 9,70	+ 4,61	+10,72	−0,00	+ 2,54	− 1,77	− 2,77	+ 6,51	− 3,44	− 6,65	+14,42	− 6,27
10′	+ 1,19	+0,32	− 2,23	+ 0,40	+ 2,36	− 3,92	+ 1,79	+ 4,53	− 9,58	+ 5,26	+0,17	− 2,37	+ 2,81	− 0,89	− 3,27	+ 6,17	− 3,39	− 6,65	+14,88
8′	+ 0,34	−0,33	+ 0,57	− 1,10	+ 0,52	+ 1,93	− 4,19	+ 1,87	+ 4,98	−10,10	−0,15	− 0,01	− 0,95	+ 2,08	− 0,88	− 3,29	+ 6,51	− 2,91	− 7,74
6′	− 0,84	+0,10	+ 0,59	+ 0,66	− 1,82	+ 0,79	+ 1,60	− 3,23	+ 1,29	+ 4,01	−0,00	+ 1,15	− 0,84	− 0,82	+ 2,08	− 0,83	− 2,58	+ 5,02	− 2,01
4′	+ 0,50	+0,13	− 0,93	+ 0,35	+ 0,71	− 1,64	+ 1,34	+ 1,29	− 3,95	+ 3,16	+0,07	− 0,84	+ 1,16	− 0,89	− 0,83	+ 2,54	− 2,08	− 2,00	+ 6,13
2′	+ 0,15	−0,14	+ 0,56	− 0,98	+ 0,12	+ 1,29	− 2,01	+ 0,20	+ 3,13	− 4,87	−0,06	+ 0,12	− 0,91	+ 1,30	− 0,12	− 2,01	+ 3,13	− 0,35	− 4,65

Tabelle 3. (Fortsetzung.)

Dimensionsloses Diagonalbiegemoment $\overline{M}_d \cdot 10^3$

Last an der Stelle	Rechtsfallend									Linksfallend								
	e—2	1—4	3—6	5—8	7—10	9—12	11—14	13—16	15—14′	1—e	3—0	5—2	7—4	9—6	11—8	13—10	15—12	15′—14
2	−111,6			−102,8			− 41,6			−172,4	−244,9	+162,5		+ 64,6				+ 26,8
4	+ 58,3	−145,1			−83,9			− 35,1		+133,0	+185,2		+123,3			+ 54,5		
6	+ 25,2		−75,2			−55,9			− 22,2	+ 11,1				+91,1			+ 34,5	
8	− 48,9			−113,1			− 69,8			− 69,5	−110,5	+ 90,5			+113,2			+ 45,5
10	+ 21,5	− 55,7			−87,7			− 71,2		+ 55,1	+ 74,3		+ 73,4			+102,7		
12	+ 10,5		−35,1			−97,3			− 65,3	+ 4,6				+63,7			+102,4	
14	− 20,3			− 50,6			−100,5			− 28,8	− 46,0	+ 37,8			+ 72,5			+104,1
16	+ 89,1	− 23,1			−40,2			−103,5		+ 22,9	+ 30,8		+ 29,3			+ 65,9		
14′	+ 4,3		−14,6			−43,6			−104,1	+ 1,9				+26,8			+ 68,4	
12′	− 8,4			− 21,0			− 43,9			− 12,0	− 19,0	+ 15,7			+ 30,4			+ 65,3
10′	+ 3,7	− 9,7			−16,8			− 46,3		+ 9,5	+ 12,8		+ 12,1			+ 29,2		
8′	+ 1,8		− 6,0			−18,8			− 45,5	+ 0,8				+11,2			+ 29,3	
6′	− 3,5			− 7,3			− 14,3			− 5,0	− 7,9	+ 6,5			+92,3			+ 22,2
4′	+ 1,5	− 3,5			− 9,4			− 22,6		+ 3,9	+ 5,3		+ 55,2			+ 14,6		
2′	+ 0,8		4,6			−11,2			− 26,8	+ 0,3				+ 7,1			+ 17,2	

$$M_d = 0{,}42 \frac{J_d}{J_g} \cdot a \, \overline{M}_d = 0{,}42 \cdot 0{,}2 \cdot 937{,}5 \cdot \overline{M}_d = 0{,}07875 \cdot 10^3 \, \overline{M}_d$$

Biegemomente in den Diagonalen cm

Last an der Stelle	Rechtsfallend									Linksfallend								
	e—2	1—4	3—6	5—8	7—10	9—12	11—14	13—16	15—14′	1—e	3—0	5—2	7—4	9—6	11—8	13—10	15—12	15′—14
2	− 8,79			−8,10			−3,27			−13,58	−19,28	+12,80			+5,08			+2,11
4	+ 4,59	− 11,42			−6,61			−2,77		+10,47	+14,58		+9,71			+4,29		
6	+ 1,99		−5,93			− 4,40			−1,75	+ 0,86				+7,17			+2,72	
8	− 3,85			−8,90			−5,50			− 5,47	− 8,70	+ 7,13			+8,91			+3,58
10	+ 1,69	− 4,39			−6,90			−5,61		+ 4,34	+ 5,85		+5,78			+8,09		
12	+ 0,82		−2,76			− 7,66			−5,15	+ 0,36				+5,02			+8,06	
14	− 1,60			−3,99			−7,91			− 2,27	− 3,62	+ 2,98			+5,71			+8,20
16	+ 0,70	− 1,82			3,16			−8,15		+ 1,80	+ 2,43		+2,31			+5,19		
14′	+ 0,34		−1,15			− 3,44			− 8,20	+ 0,15				+2,11			+5,38	
12′	− 0,66			−1,65			−3,46			− 0,94	− 1,50	+ 1,24			+2,11			+5,15
10′	+ 0,29	− 0,76			−1,32			−3,65		+ 0,75	+ 1,01		+0,96			+2,30		
8′	+ 0,14		−0,48			− 1,48			− 3,58	+ 0,06				+0,88			+2,31	
6′	− 0,27			−0,57			−1,13			− 0,39	− 0,62	+ 0,51			+0,73			+1,75
4′	+ 0,12	− 0,27			−0,74			−1,78		+ 0,31	+ 0,42		+0,43			+1,15		
2′	+ 0,06		−0,36			− 0,88			− 2,11	+ 0,03				+0,56			+1,36	

Tabelle 4. *Doppelrautenträger mit Halbrautenende*[1].

Symmetrische Gurtknotenpunktverschiebungen $\bar{y}\cdot10^3$

Last an der Stelle	$\lambda*=0{,}2\cdot10^{-3}$				$\lambda*=0{,}5\cdot10^{-3}$				$\lambda*=1{,}0\cdot10^{-3}$				$\lambda*=2{,}0\cdot10^{-3}$			
	m	$m+1$	$m+2$	$m+3$	m	$m+1$	$m+2$	$m+3$	m	$m+1$	$m+2$	$m+3$	m	$m+1$	$m+2$	$m+3$
1	+3,499	+0,037	−2,894	−0,059	+5,106	+0,181	−3,823	−0,253	+6,692	+0,509	−4,542	−0,647	+8,632	+1,237	−5,193	−1,413
2	+0,646	−0,020	−0,534	+0,012	+1,415	−0,069	−1,063	+0,019	+2,462	−0,112	−1,691	−0,038	+4,130	−0,043	−2,570	−0,310
3	+3,045	+0,066	−2,518	−0,079	+4,291	+0,256	−3,210	−0,290	+5,554	+0,611	−3,758	−0,663	+7,223	+1,288	−4,314	−1,329
4	+1,089	−0,037	−0,901	+0,022	+2,224	−0,087	−1,670	+0,013	+3,651	−0,067	−2,502	−0,122	+5,803	+0,218	−3,575	−0,596
5	+2,733	+0,075	−2,260	−0,084	+3,828	+0,247	−2,863	−0,273	+5,016	+0,528	−3,396	−0,584	+6,714	+1,038	−4,031	−1,143
6	+1,394	−0,040	−1,154	+0,022	+2,681	−0,058	−2,012	−0,018	+4,204	+0,043	−2,873	−0,221	+6,394	+0,476	−3,908	−0,793
7	+2,519	+0,074	−2,083	−0,081	+3,567	+0,213	−2,668	−0,242	+4,776	+0,430	−3,238	−0,507	+6,581	+0,856	−3,973	−1,027
8	+1,603	−0,035	−1,327	+0,016	+2,938	−0,021	−2,203	−0,053	+4,452	+0,134	−3,036	−0,293	+6,572	+0,620	−3,999	−0,890
9	+2,373	+0,068	−1,962	−0,075	+3,422	+0,178	−2,560	−0,212	+4,676	+0,358	−3,174	−0,454	+6,571	+0,765	−3,978	−0,974
10	+1,746	−0,028	−1,445	+0,009	+3,081	+0,012	−2,310	−0,080	+4,558	+0,193	−3,104	−0,338	+6,614	+0,683	−4,016	−0,930
11	+2,272	+0,060	−1,879	−0,068	+3,342	+0,150	−2,502	−0,189	+4,637	+0,314	−3,151	−0,423	+6,586	+0,729	−3,992	−0,954
12	+1,845	−0,020	−1,526	+0,001	+3,159	+0,038	−2,368	−0,101	+4,601	+0,228	−3,132	−0,362	+6,618	+0,706	−4,016	−0,944
13	+2,204	+0,052	−1,822	−0,061	+3,299	+0,128	−2,470	−0,172	+4,625	+0,289	−3,144	−0,405	+6,599	+0,717	−4,002	−0,948
14	+1,912	−0,012	−1,582	−0,005	+3,202	+0,055	−2,399	−0,115	+4,617	+0,246	−3,142	−0,377	+6,616	+0,713	−4,014	−0,947
15	+2,157	+0,045	−1,783	−0,055	+3,276	+0,114	−2,453	−0,160	+4,621	+0,276	−3,142	−0,396	+6,606	+0,714	−4,007	−0,947
16	+1,958	−0,006	−1,619	−0,011	+3,226	+0,068	−2,417	−0,125	+4,623	+0,256	−3,145	−0,383	+6,613	+0,714	−4,012	−0,948
17	+2,124	+0,039	−1,757	−0,050	+3,264	+0,104	−2,444	−0,153	+4,622	+0,270	−3,143	−0,392	+6,610	+0,713	−4,009	−0,947
18	+1,989	−0,000	−1,645	−0,016	+3,238	+0,075	−2,426	−0,131	+4,624	+0,260	−3,145	−0,386	+6,612	+0,714	−4,011	−0,948
19	+2,103	+0,034	−1,739	−0,045	+3,257	+0,098	−2,439	−0,148	+4,622	+0,266	−3,145	−0,390	+6,611	+0,713	−4,010	−0,948
20	+2,011	+0,001	−1,663	−0,020	+3,245	+0,080	−2,430	−0,135	+4,625	+0,262	−3,145	−0,388	+5,612	+0,714	−4,011	−0,948

Antimetrische Gurtknotenpunktverschiebungen $\bar{y}\cdot10^3$

Last an der Stelle	$\lambda*=0{,}2\cdot10^{-3}$				$\lambda*=0{,}5\cdot10^{-3}$				$\lambda*=1{,}0\cdot10^{-3}$				$\lambda*=2{,}0\cdot10^{-3}$			
	$m-1$	m	$m+1$	$m+2$	$m-1$	m	$m+1$	$m+2$	$m-1$	m	$m+1$	$m+2$	$m-1$	m	$m+1$	$m+2$
1	−0,001	+0,154	−0,118	+0,087	−0,000	+0,339	−0,227	+0,140	+0,004	+0,593	−0,335	+0,164	+0,020	+0,994	−0,438	+0,132
2	−0,118	+0,245	−0,186	+0,137	−0,222	+0,492	−0,317	+0,202	−0,318	+0,790	−0,418	+0,222	−0,395	+1,213	−0,474	+0,176
3	−0,190	+0,295	−0,227	+0,166	−0,327	+0,545	−0,364	+0,224	−0,442	+0,817	−0,462	+0,226	−0,537	+1,779	−0,525	+0,154
4	−0,278	+0,326	−0,248	+0,183	−0,361	+0,575	−0,376	+0,237	−0,454	+0,842	−0,460	+0,235	−0,515	+1,205	−0,510	+0,165
5	−0,252	+0,343	−0,262	+0,193	−0,381	+0,583	−0,385	+0,240	−0,467	+0,842	−0,466	+0,234	−0,521	+1,202	−0,512	+0,163
6	−0,265	+0,354	−0,270	+0,199	−0,385	+0,590	−0,385	+0,243	−0,465	+0,846	−0,464	+0,235	−0,516	+1,207	−0,509	+0,165
7	−0,273	+0,359	−0,275	+0,202	−0,390	+0,591	−0,389	+0,243	−0,467	+0,845	−0,465	+0,235	−0,515	+1,207	−0,509	+0,165
8	−0,277	+0,363	−0,277	+0,204	−0,387	+0,592	−0,387	+0,244	−0,466	+0,846	−0,464	+0,235	−0,515	+1,209	−0,507	+0,166
9	−0,280	+0,372	−0,278	+0,208	−0,391	+0,592	−0,389	+0,244	−0,466	+0,846	−0,464	+0,235	−0,513	+1,209	−0,508	+0,166
10	−0,282	+0,366	−0,279	+0,206	−0,391	+0,593	−0,389	+0,244	−0,466	+0,846	−0,464	+0,235	−0,512	+1,210	−0,507	+0,166

Last an der Stelle	Verschiebung $\bar{x}_e\cdot10^3$ Symmetrie				Gurtbiegemoment $\overline{M}\cdot10^3$ Symmetrie an der Stelle 0				Antimetrie an der Stelle 0				an der Stelle 1				an der Stelle m			
	$\lambda*=$ $0{,}2\cdot10^{-3}$	$\lambda*=$ $0{,}5\cdot10^{-3}$	$\lambda*=$ $1{,}0\cdot10^{-3}$	$\lambda*=$ $2{,}0\cdot10^{-3}$	$\lambda*=$ $0{,}2\cdot10^{-3}$	$\lambda*=$ $0{,}5\cdot10^{-3}$	$\lambda*=$ $1{,}0\cdot10^{-3}$	$\lambda*=$ $2{,}0\cdot10^{-3}$	$\lambda*=$ $0{,}2\cdot10^{-3}$	$\lambda*=$ $0{,}5\cdot10^{-3}$	$\lambda*=$ $1{,}0\cdot10^{-3}$	$\lambda*=$ $2{,}0\cdot10^{-3}$	$\lambda*=$ $0{,}2\cdot10^{-3}$	$\lambda*=$ $0{,}5\cdot10^{-3}$	$\lambda*=$ $1{,}0\cdot10^{-3}$	$\lambda*=$ $2{,}0\cdot10^{-3}$	$\lambda*=$ $0{,}2\cdot10^{-3}$	$\lambda*=$ $0{,}5\cdot10^{-3}$	$\lambda*=$ $1{,}0\cdot10^{-3}$	$\lambda*=$ $2{,}0\cdot10^{-3}$
1	−4,056	−5,863	−7,563	−9,469	−0,128	−0,221	−0,342	−0,552	−0,150	−0,243	−0,542	−0,874	+0,354	+0,732	+1,199	+1,856	+1,212	+1,733	+2,236	+2,809
2	−0,041	−0,194	−0,531	−1,228	+0,145	+0,305	+0,493	+0,712	+0,152	+0,297	+0,439	+0,590	−0,431	−0,861	−1,297	−1,805				
3	+3,354	+4,390	+5,137	+5,714	+0,069	+0,094	+0,135	+0,241	−0,106	−0,205	−0,260	−0,233	+0,349	+0,646	+0,851	+0,940				
4	+0,066	+0,281	+0,702	+1,476	−0,111	−0,207	−0,299	−0,373	+0,090	+0,128	+0,151	+0,162	−0,285	−0,419	−0,495	−0,501				

[1] Eine Erweiterung der Tabelle auf höhere $\lambda*$-Werte wird demnächst in der Zeitschrift „Der Stahlbau" erscheinen.

Tabelle 5. *Doppelrautenträger mit Ganzrautenende.*[1]

(Schematische Darstellung des Doppelrautenträgers mit Feldern 1–18 und Auflagern e–e.)

Symmetrische Gurtknotenpunktverschiebungen $y \cdot 10^{-3}$

(Zeilen = Knoten, Spalten = Laststellung „Last an der Stelle" 1–20.)

$\lambda^* = 0,2 \cdot 10^{-3}$

Knoten	1	2	3	4	5	6	7	8	9	10	11	12	13	14	15	16	17	18	19	20
m+3	-1,358	+1,078	-0,950	+0,731	-0,661	+0,491	-0,463	+0,326	-0,327	+0,213	-0,233	+0,136	-0,169	+0,083	-0,126	+0,046	-0,096	+0,021	-0,075	+0,005
m+2	1,605	1,670	1,616	1,704	1,623	1,719	1,634	1,724	1,646	1,724	1,657	1,722	1,666	1,719	1,674	1,716	1,680	1,713	1,685	1,710
m+1	+1,623	1,324	1,130	-0,904	+0,781	-0,614	+0,541	+0,415	+0,376	0,278	0,263	-0,184	+0,185	-0,120	+0,132	-0,076	+0,096	-0,046	+0,071	-0,026
m	+1,941	+2,002	+1,966	+2,049	+1,971	+2,071	+1,982	+2,080	+1,994	+2,081	+2,006	+2,080	+2,016	+2,077	+2,025	+2,073	+2,027	+2,070	+2,038	+2,067
m-1	[illegible]	[illegible]	[illegible]	[illegible]	[illegible]	[illegible]	[illegible]	[illegible]	[illegible]	[illegible]	[illegible]	[illegible]	[illegible]	[illegible]	[illegible]	[illegible]	[illegible]	[illegible]	[illegible]	[illegible]

$\lambda^* = 0,5 \cdot 10^{-3}$

Knoten	1	2	3	4	5	6	7	8	9	10	11	12	13	14	15	16	17	18	19	20
m+3	-1,773	+1,118	-1,073	+0,562	-0,658	+0,247	-0,424	+0,070	-0,297	+0,026	-0,224	+0,080	-0,185	+0,109	-0,164	+0,124	-0,153	+0,132	-0,147	+0,137
m+2	-2,167	+2,425	-2,212	+2,505	-2,254	+2,515	-2,303	+2,503	-2,344	+2,486	-2,375	+2,470	-2,396	+2,459	-2,411	+2,450	-2,420	+2,445	-2,426	+2,441
m+1	+2,280	-1,596	+1,346	-0,855	+0,787	-0,434	+0,473	-0,198	+0,300	0,068	+0,202	+0,005	-0,149	+0,044	-0,120	+0,065	-0,104	+0,076	-0,096	+0,082
m	+2,919	+3,165	+3,004	+3,306	+3,083	+3,337	+3,090	+3,330	+3,138	+3,312	+3,175	+3,295	+3,202	+3,281	+3,220	+3,270	+3,232	+3,262	+3,239	+3,259
m-1	[illegible]	[illegible]	[illegible]	[illegible]	[illegible]	[illegible]	[illegible]	[illegible]	[illegible]	[illegible]	[illegible]	[illegible]	[illegible]	[illegible]	[illegible]	[illegible]	[illegible]	[illegible]	[illegible]	[illegible]

$\lambda^* = 1,0 \cdot 10^{-3}$

Knoten	1	2	3	4	5	6	7	8	9	10	11	12	13	14	15	16	17	18	19	20
m+3	-2,133	+0,877	-1,198	+0,163	-0,729	+0,162	-0,523	-0,302	-0,436	-0,359	-0,403	-0,381	-0,391	-0,388	-0,388	-0,390	-0,387	-0,390	-0,388	-0,389
m+2	-2,556	-3,198	-2,708	-3,313	-2,847	-3,283	-2,966	-3,234	-3,046	-3,196	-3,093	-3,172	-3,119	-3,158	-3,133	-3,151	-3,139	-3,148	-3,143	-3,146
m+1	+2,898	-1,617	+1,507	-0,571	+0,799	-0,086	+0,480	-0,127	+0,345	-0,216	+0,290	-0,250	+0,270	-0,262	+0,264	-0,265	+0,263	-0,265	+0,263	-0,265
m	+3,860	+4,504	+4,105	+4,788	+4,241	+4,792	+4,384	+4,741	+4,487	+4,693	+4,551	+4,662	+4,587	+4,643	+4,606	+4,633	+4,616	+4,628	+4,620	+4,626
m-1	[illegible]	[illegible]	[illegible]	[illegible]	[illegible]	[illegible]	[illegible]	[illegible]	[illegible]	[illegible]	[illegible]	[illegible]	[illegible]	[illegible]	[illegible]	[illegible]	[illegible]	[illegible]	[illegible]	[illegible]

$\lambda^* = 2,0 \cdot 10^{-3}$

Knoten	1	2	3	4	5	6	7	8	9	10	11	12	13	14	15	16	17	18	19	20
m+3	-2,548	+0,207	-1,475	-0,629	-1,053	-0,894	-0,942	-0,956	-0,927	-0,962	-0,934	-0,956	-0,941	-0,952	-0,945	-0,949	-0,947	-0,948	-0,948	-0,948
m+2	-2,784	-4,175	-3,246	-4,283	-3,608	-4,164	-3,834	-4,074	-3,944	-4,031	-3,989	-4,015	-4,005	-4,010	-4,010	-4,010	-4,011	-4,010	-4,011	-4,010
m+1	+3,648	-1,262	+1,766	+0,118	+0,978	+0,589	+0,742	+0,714	+0,694	+0,732	+0,696	+0,727	+0,704	+0,720	+0,710	+0,716	+0,712	+0,715	+0,713	+0,714
m	+4,904	+6,418	+5,606	+6,921	+6,020	+6,832	+6,334	+6,714	+6,500	+6,649	+6,573	+6,622	+6,601	+6,613	+6,609	+6,611	+6,612	+6,611	+6,612	+6,612
m-1	[illegible]	[illegible]	[illegible]	[illegible]	[illegible]	[illegible]	[illegible]	[illegible]	[illegible]	[illegible]	[illegible]	[illegible]	[illegible]	[illegible]	[illegible]	[illegible]	[illegible]	[illegible]	[illegible]	[illegible]

Antimetrische Gurtknotenpunktverschiebung $\bar{y} \cdot 10^{3}$

(Zeilen = Knoten, Spalten = Laststellung „Last an der Stelle" 1–10.)

$\lambda^* = 0,2 \cdot 10^{-3}$

Knoten	1	2	3	4	5	6	7	8	9	10
m-1	-0,008	-0,398	-0,363	-0,316	-0,313	-0,293	-0,295	-0,286	-0,288	-0,284
m	+0,534	+0,465	+0,413	+0,402	+0,382	+0,380	+0,372	+0,373	+0,368	+0,370
m+1	+0,415	-0,341	-0,326	+0,298	-0,298	+0,286	-0,287	-0,282	-0,283	-0,281
m+2	+0,297	+0,259	+0,233	+0,225	+0,215	+0,213	+0,209	+0,209	+0,207	+0,207

$\lambda^* = 0,5 \cdot 10^{-3}$

Knoten	1	2	3	4	5	6	7	8	9	10
m-1	-0,017	-0,460	-0,451	-0,387	-0,407	-0,387	-0,396	-0,389	-0,392	-0,390
m	+0,760	+0,667	+0,591	+0,612	+0,588	+0,598	+0,590	+0,594	+0,592	+0,593
m+1	-0,516	-0,403	-0,420	-0,384	-0,398	-0,386	-0,392	-0,388	-0,390	-0,389
m+2	+0,301	+0,274	+0,243	+0,252	+0,242	+0,246	+0,243	+0,245	+0,244	+0,244

$\lambda^* = 1,0 \cdot 10^{-3}$

Knoten	1	2	3	4	5	6	7	8	9	10
m-1	-0,022	-0,448	-0,522	-0,438	-0,479	-0,460	-0,469	-0,464	-0,466	-0,465
m	-0,973	-0,894	-0,796	-0,864	-0,835	-0,851	-0,844	-0,847	-0,846	-0,847
m+1	-0,558	-0,426	-0,498	-0,448	-0,472	-0,461	-0,466	-0,463	-0,464	-0,464
m+2	+0,241	+0,255	+0,214	+0,244	+0,231	+0,237	+0,234	+0,236	+0,235	+0,236

$\lambda^* = 2,0 \cdot 10^{-3}$

Knoten	1	2	3	4	5	6	7	8	9	10
m-1	-0,009	-0,353	-0,613	-0,477	-0,525	-0,510	-0,513	-0,511	-0,512	-0,511
m	+1,246	+1,239	+1,104	+1,229	+1,199	+1,211	+1,209	+1,210	+1,210	+1,210
m+1	-0,547	-0,422	-0,571	-0,490	-0,515	-0,506	-0,507	-0,507	-0,507	-0,507
m+2	+0,108	+0,194	+0,122	+0,176	+0,162	+0,167	+0,166	+0,167	+0,167	+0,167

Pfostenknotenpunktverschiebung $\bar{x}_e \cdot 10^{3}$

Last an der Stelle	Symmetrie $\lambda^*=0,2\cdot10^{-3}$	$\lambda^*=0,5\cdot10^{-3}$	$\lambda^*=1,0\cdot10^{-3}$	$\lambda^*=2,0\cdot10^{-3}$	Antimetrie $\lambda^*=0,2\cdot10^{-3}$	$\lambda^*=0,5\cdot10^{-3}$	$\lambda^*=1,0\cdot10^{-3}$	$\lambda^*=2,0\cdot10^{-3}$
1	-2,182	-3,234	-4,229	-5,307	-0,568	-0,750	-0,867	-0,952
2	-2,002	-2,892	-3,740	-4,710	+0,469	+0,550	+0,559	+0,506
3	+1,801	+2,388	+2,759	+2,904	-0,357	-0,352	-0,288	-0,178
4	+1,674	+2,238	+1,716	+3,199	+0,271	+0,227	-0,152	+0,067

Gurtbiegemoment $\bar{M} \cdot 10^{3}$

Last an der Stelle	Symmetrie, an der Stelle 0 $\lambda^*=0,2\cdot10^{-3}$	$\lambda^*=0,5\cdot10^{-3}$	$\lambda^*=1,0\cdot10^{-3}$	$\lambda^*=2,0\cdot10^{-3}$	Antimetrie, an der Stelle 0 $\lambda^*=0,2\cdot10^{-3}$	$\lambda^*=0,5\cdot10^{-3}$	$\lambda^*=1,0\cdot10^{-3}$	$\lambda^*=2,0\cdot10^{-3}$	Antimetrie, an der Stelle m $\lambda^*=0,2\cdot10^{-3}$	$\lambda^*=0,5\cdot10^{-3}$	$\lambda^*=1,0\cdot10^{-3}$	$\lambda^*=2,0\cdot10^{-3}$
1	-0,376	-0,711	-1,079	-1,533	-0,139	-0,326	-0,611	-1,070	+1,212	+1,733	+2,236	+2,809
2	+0,188	+0,493	+0,852	+1,235	+0,046	+0,107	+0,176	+0,224				
3	+0,275	+0,728	+0,983	+1,011	-0,056	-0,103	-0,147	-0,174				
4	-0,144	-0,330	-0,503	-0,596	+0,049	+0,077	+0,094	+0,094				

[1] Eine Erweiterung der Tabelle auf höhere λ^*-Werte wird demnächst in der Zeitschrift „Der Stahlbau" erscheinen.

Zahlenbeispiel für den Doppelrautenträger.

1. Einflußlinien für die Normalkräfte aus der Hauptbelastung.

	Normalkräfte in den Gurten (Untergurt positives, Obergurt negatives Vorzeichen)																							
	Kraft im Stab																							
Last an der Stelle	$0-1$	$1-2$	$2-3$	$3-4$	$4-5$	$5-6$	$6-7$	$7-8$	$8-9$	$9-10$	$10-11$	$11-12$	$12-11'$	$11'-10'$	$10'-9'$	$9'-8'$	$8'-7'$	$7'-6'$	$6'-5'$	$5'-4'$	$4'-3'$	$3'-2'$	$2'-1'$	$1'-0'$
1	0,097	0,293	0,383	0,365	0,347	0,328	0,310	0,292	0,274	0,255	0,237	0,219	0,201	0,182	0,164	0,146	0,128	0,109	0,091	0,073	0,055	0,036	0,018	0,000
2	0,196	0,480	0,657	0,729	0,693	0,657	0,620	0,584	0,547	0,511	0,474	0,438	0,401	0,365	0,328	0,292	0,255	0,219	0,182	0,146	0,109	0,073	0,036	0,000
3	0,187	0,561	0,827	0,987	1,040	0,985	0,930	0,875	0,821	0,766	0,711	0,657	0,602	0,547	0,492	0,438	0,383	0,328	0,274	0,219	0,164	0,109	0,055	0,000
4	0,178	0,533	0,889	1,137	1,278	1,313	1,240	1,167	1,094	1,021	0,948	0,875	0,802	0,729	0,657	0,584	0,511	0,438	0,365	0,292	0,219	0,146	0,073	0,000
5	0,169	0,506	0,843	1,181	1,411	1,533	1,550	1,459	1,368	1,277	1,185	1,094	1,003	0,912	0,821	0,729	0,638	0,547	0,456	0,365	0,274	0,182	0,091	0,000
6	0,160	0,479	0,798	1,117	1,436	1,648	1,752	1,751	1,641	1,532	1,422	1,313	1,204	1,094	0,985	0,875	0,766	0,657	0,547	0,438	0,328	0,219	0,109	0,000
7	0,150	0,451	0,752	1,053	1,354	1,655	1,847	1,935	1,915	1,787	1,660	1,532	1,404	1,277	1,149	1,021	0,894	0,766	0,638	0,511	0,383	0,255	0,128	0,000
8	0,141	0,424	0,707	0,989	1,272	1,555	1,837	2,011	2,081	2,043	1,897	1,751	1,605	1,459	1,313	1,167	1,021	0,875	0,729	0,584	0,438	0,292	0,146	0,000
9	0,132	0,397	0,661	0,925	1,190	1,454	1,719	1,983	2,139	2,190	2,134	1,970	1,805	1,641	1,477	1,313	1,149	0,985	0,821	0,657	0,492	0,328	0,164	0,000
10	0,123	0,369	0,615	0,862	1,108	1,354	1,600	1,846	2,093	2,231	2,262	2,188	2,006	1,824	1,641	1,459	1,277	1,094	0,912	0,729	0,547	0,365	0,182	0,000
11	0,114	0,342	0,570	0,798	1,026	1,254	1,482	1,710	1,938	2,166	2,286	2,300	2,207	2,006	1,805	1,605	1,404	1,204	1,003	0,802	0,602	0,401	0,201	0,000
12	0,105	0,315	0,524	0,734	0,944	1,153	1,363	1,573	1,783	1,992	2,202	2,304	2,299	2,188	1,970	1,751	1,532	1,313	1,094	0,875	0,657	0,438	0,219	0,000
11'	0,096	0,287	0,479	0,670	0,862	1,053	1,245	1,436	1,628	1,819	2,011	2,202	2,286	2,263	2,134	1,897	1,660	1,422	1,185	0,948	0,711	0,474	0,237	0,000
10'	0,087	0,260	0,433	0,606	0,780	0,953	1,126	1,299	1,473	1,646	1,819	1,992	2,166	2,232	2,190	2,043	1,787	1,532	1,277	1,021	0,766	0,511	0,255	0,000
9'	0,078	0,233	0,388	0,543	0,698	0,853	1,008	1,163	1,318	1,473	1,628	1,783	1,938	2,093	2,141	2,081	1,915	1,641	1,368	1,094	0,821	0,547	0,274	0,000
8'	0,068	0,205	0,342	0,479	0,615	0,752	0,889	1,026	1,163	1,299	1,436	1,573	1,710	1,846	1,983	2,011	1,935	1,751	1,459	1,167	0,875	0,584	0,292	0,000
7'	0,059	0,178	0,296	0,415	0,533	0,652	0,770	0,889	1,008	1,126	1,245	1,363	1,482	1,600	1,719	1,837	1,847	1,752	1,550	1,240	0,930	0,620	0,310	0,000
6'	0,050	0,150	0,251	0,351	0,451	0,552	0,652	0,752	0,853	0,953	1,053	1,153	1,254	1,354	1,454	1,555	1,655	1,647	1,533	1,313	0,985	0,657	0,328	0,000
5'	0,041	0,123	0,205	0,287	0,369	0,451	0,533	0,615	0,698	0,780	0,862	0,944	1,026	1,108	1,190	1,272	1,354	1,436	1,410	1,279	1,040	0,693	0,347	0,000
4'	0,032	0,096	0,160	0,223	0,287	0,351	0,415	0,479	0,543	0,606	0,670	0,734	0,798	0,862	0,925	0,989	1,053	1,117	1,181	1,137	0,986	0,729	0,365	0,000
3'	0,023	0,068	0,114	0,160	0,205	0,251	0,296	0,342	0,388	0,433	0,479	0,524	0,570	0,615	0,661	0,707	0,752	0,798	0,843	0,889	0,827	0,658	0,383	0,000
2'	0,014	0,041	0,068	0,096	0,123	0,150	0,178	0,205	0,233	0,260	0,287	0,315	0,342	0,369	0,397	0,424	0,451	0,479	0,506	0,533	0,561	0,481	0,293	0,000
1'	0,005	0,014	0,023	0,032	0,041	0,050	0,059	0,068	0,078	0,087	0,096	0,105	0,114	0,123	0,132	0,141	0,150	0,160	0,169	0,178	0,187	0,196	0,098	0,000

Normalkräfte in den Pfosten	
$0-e$	$0'-e'$
0,750	1,000

Tabelle 5. (Fortsetzung.)

Tabelle 5. (Fortsetzung.)

| | Normalkräfte in den Diagonalen (Vorzeichen gelten für rechtsfallende Diagonalen) | | | | | | | | | | | | |
| | Kraft im Stab | | | | | | | | | | | | |
	$e-1$	$0-2$	$1-3$	$2-4$	$3-5$	$4-6$	$5-7$	$6-8$	$7-9$	$8-10$	$9-11$	$10-12$	$11-11'$
1	+0,315	+0,151	−0,014	−0,014	−0,014	−0,014	−0,014	−0,014	−0,014	−0,014	−0,014	−0,014	−0,014
2	+0,301	+0,301	+0,136	−0,028	−0,028	−0,028	−0,028	−0,028	−0,028	−0,028	−0,028	−0,028	−0,028
3	+0,287	+0,287	+0,287	+0,123	−0,042	−0,042	−0,042	−0,042	−0,042	−0,042	−0,042	−0,042	−0,042
4	+0,273	+0,273	+0,273	+0,273	+0,109	−0,056	−0,056	−0,056	−0,056	−0,056	−0,056	−0,056	−0,056
5	+0,259	+0,259	+0,259	+0,259	+0,259	+0,095	−0,070	−0,070	−0,070	−0,070	−0,070	−0,070	−0,070
6	+0,245	+0,245	+0,245	+0,245	+0,245	+0,245	+0,081	−0,084	−0,084	−0,084	−0,084	−0,084	−0,084
7	+0,231	+0,231	+0,231	+0,231	+0,231	+0,231	+0,231	+0,067	−0,098	−0,098	−0,098	−0,098	−0,098
8	+0,217	+0,217	+0,217	+0,217	+0,217	+0,217	+0,217	+0,217	+0,053	−0,112	−0,112	−0,112	−0,112
9	+0,203	+0,203	+0,203	+0,203	+0,203	+0,203	+0,203	+0,203	+0,203	+0,039	−0,126	−0,126	−0,126
10	+0,189	+0,189	+0,189	+0,189	+0,189	+0,189	+0,189	+0,189	+0,189	+0,189	+0,025	−0,140	−0,140
11	+0,175	+0,175	+0,175	+0,175	+0,175	+0,175	+0,175	+0,175	+0,175	+0,175	+0,175	+0,011	−0,154
12	+0,161	+0,161	+0,161	+0,161	+0,161	+0,161	+0,161	+0,161	+0,161	+0,161	+0,161	+0,161	−0,004
11′	+0,147	+0,147	+0,147	+0,147	+0,147	+0,147	+0,147	+0,147	+0,147	+0,147	+0,147	+0,147	+0,147
10′	+0,133	+0,133	+0,133	+0,133	+0,133	+0,133	+0,133	+0,133	+0,133	+0,133	+0,133	+0,133	+0,133
9′	+0,119	+0,119	+0,119	+0,119	+0,119	+0,119	+0,119	+0,119	+0,119	+0,119	+0,119	+0,119	+0,119
8′	+0,105	+0,105	+0,105	+0,105	+0,105	+0,105	+0,105	+0,105	+0,105	+0,105	+0,105	+0,105	+0,105
7′	+0,091	+0,091	+0,091	+0,091	+0,091	+0,091	+0,091	+0,091	+0,091	+0,091	+0,091	+0,091	+0,091
6′	+0,077	+0,077	+0,077	+0,077	+0,077	+0,077	+0,077	+0,077	+0,077	+0,077	+0,077	+0,077	+0,077
5′	+0,063	+0,063	+0,063	+0,063	+0,063	+0,063	+0,063	+0,063	+0,063	+0,063	+0,063	+0,063	+0,063
4′	+0,049	+0,049	+0,049	+0,049	+0,049	+0,049	+0,049	+0,049	+0,049	+0,049	+0,049	+0,049	+0,049
3′	+0,035	+0,035	+0,035	+0,035	+0,035	+0,035	+0,035	+0,035	+0,035	+0,035	+0,035	+0,035	+0,035
2′	+0,021	+0,021	+0,021	+0,021	+0,021	+0,021	+0,021	+0,021	+0,021	+0,021	+0,021	+0,021	+0,021
1′	+0,007	−0,007	+0,007	+0,007	+0,007	+0,007	+0,007	+0,007	+0,007	+0,007	+0,007	+0,007	+0,007

Last an der Stelle

| | Normalkräfte in den Diagonalen (Vorzeichen gelten für rechtsfallende Diagonalen) | | | | | | | | | | | |
| | Kraft im Stab | | | | | | | | | | | |
	$12-10'$	$11'-9'$	$10'-8'$	$9'-7'$	$8'-6'$	$7'-5'$	$6'-4'$	$5'-3'$	$4'-2'$	$3'-1'$	$2'-e'$	$1'-e'$
1	−0,014	−0,014	−0,014	−0,014	−0,014	−0,014	−0,014	−0,014	−0,014	−0,014	−0,014	−0,014
2	−0,028	−0,028	−0,028	−0,028	−0,028	−0,028	−0,028	−0,028	−0,028	−0,028	−0,028	−0,028
3	−0,042	−0,042	−0,042	−0,042	−0,042	−0,042	−0,042	−0,042	−0,042	−0,042	−0,042	−0,042
4	−0,056	−0,056	−0,056	−0,056	−0,056	−0,056	−0,056	−0,056	−0,056	−0,056	−0,056	−0,056
5	−0,070	−0,070	−0,070	−0,070	−0,070	−0,070	−0,070	−0,070	−0,070	−0,070	−0,070	−0,070
6	−0,084	−0,084	−0,084	−0,084	−0,084	−0,084	−0,084	−0,084	−0,084	−0,084	−0,084	−0,084
7	−0,098	−0,098	−0,098	−0,098	−0,098	−0,098	−0,098	−0,098	−0,098	−0,098	−0,098	−0,098
8	−0,112	−0,112	−0,112	−0,112	−0,112	−0,112	−0,112	−0,112	−0,112	−0,112	−0,112	−0,112
9	−0,126	−0,126	−0,126	−0,126	−0,126	−0,126	−0,126	−0,126	−0,126	−0,126	−0,126	−0,126
10	−0,140	−0,140	−0,140	−0,140	−0,140	−0,140	−0,140	−0,140	−0,140	−0,140	−0,140	−0,140
11	−0,154	−0,154	−0,154	−0,154	−0,154	−0,154	−0,154	−0,154	−0,154	−0,154	−0,154	−0,154
12	−0,168	−0,168	−0,168	−0,168	−0,168	−0,168	−0,168	−0,168	−0,168	−0,168	−0,168	−0,168
11′	−0,018	−0,182	−0,182	−0,182	−0,182	−0,182	−0,182	−0,182	−0,182	−0,182	−0,182	−0,182
10′	+0,133	−0,032	−0,106	−0,196	−0,196	−0,196	−0,196	−0,196	−0,196	−0,196	−0,196	−0,196
9′	+0,119	+0,119	−0,046	−0,210	−0,210	−0,210	−0,210	−0,210	−0,210	−0,210	−0,210	−0,210
8′	+0,105	+0,105	+0,105	−0,060	−0,224	−0,224	−0,224	−0,224	−0,224	−0,224	−0,224	−0,224
7′	+0,091	+0,091	+0,091	+0,091	−0,074	−0,238	−0,238	−0,238	−0,238	−0,238	−0,238	−0,238
6′	+0,077	+0,077	+0,077	+0,077	+0,077	−0,088	−0,252	−0,252	−0,252	−0,252	−0,252	−0,252
5′	+0,063	+0,063	+0,063	+0,063	+0,063	+0,063	−0,102	−0,266	−0,266	−0,266	−0,266	−0,266
4′	+0,049	+0,049	+0,049	+0,049	+0,049	+0,049	+0,049	−0,116	−0,280	−0,280	−0,280	−0,280
3′	+0,035	+0,035	+0,035	+0,035	+0,035	+0,035	+0,035	+0,035	−0,130	−0,294	−0,294	−0,294
2′	+0,021	+0,021	+0,021	+0,021	+0,021	+0,021	+0,021	+0,021	+0,021	−0,144	−0,308	−0,308
1′	+0,007	+0,007	+0,007	+0,007	+0,007	+0,007	+0,007	+0,007	+0,007	+0,007	−0,158	−0,158

Last an der Stelle

2. Dimensionierung.

Stab	F cm²	F_n cm²	J cm⁴	W cm³
Gurt 0—2 u. 0—2′	210	185	78735	3150
2—4 u. 2—4′	330	300	103725	4150
4—6 u. 4—6′	444	410	125325	5010
6—6	558	516	146925	5870
Diagonalen	148	129	32641	2072

Tabelle 5. (Fortsetzung.)

3. Kennzahlen

im mittleren Bereich

$$\lambda^* = \frac{I_s\,b}{2{,}4\,F\,d\,a^3\sin^2\alpha\cos\alpha}\left(1 + \frac{F_d}{F_g}\cos^3\alpha\right)$$

0,58 0,695 0,71 0,73 0,75 0,775 0,80 0,80 0,80 0,80 0,80 0,80 0,80 0,80 0,80 0,80 0,80 0,775 0,75 0,73 0,71 0,695 0,68

0   1   2   3   4   5   6   7   8   9   10   11   12   11'   10'   9'   8'   7'   6'   5'   4'   3'   2'   1'   0'

Schema der λ^*-Werte.

$$= \frac{(146\,925 + \sqrt{2}\cdot 3 \cdot 32\,641)\cdot 600}{2{,}4\cdot 148\cdot 1200^3\cdot 0{,}759^2\cdot 0{,}651}\left(1 + \frac{148}{558}\cdot 0{,}651^3\right) = 0{,}745\cdot(1 + 0{,}073)\cdot 10^{-3} = 0{,}798\cdot 10^{-3}\,,$$

im mittleren Zwischenbereich

$$\lambda^* = \frac{(125\,325 + \sqrt{2}\cdot 3 \cdot 32\,641)\cdot 600}{2{,}4\cdot 148\cdot 1200^3\cdot 0{,}759^2\cdot 0{,}651}\left(1 + \frac{148}{444}\cdot 0{,}651^3\right) = 0{,}685\cdot(1 + 0{,}092)\cdot 10^{-3} = 0{,}748\cdot 10^{-3}\,,$$

im äußeren Zwischenbereich

$$\lambda^* = \frac{(103\,725 + \sqrt{2}\cdot 3 \cdot 32\,641)\cdot 600}{2{,}4\cdot 148\cdot 1200^3\cdot 0{,}759^2\cdot 0{,}651}\left(1 + \frac{148}{330}\cdot 0{,}651^3\right) = 0{,}634\cdot(1 + 0{,}124)\cdot 10^{-3} = 0{,}711\cdot 10^{-3}\,,$$

im Außenbereich

$$\lambda^* = \frac{(78\,725 + \sqrt{2}\cdot 3 \cdot 32\,641)\cdot 600}{2{,}4\cdot 148\cdot 1200^3\cdot 0{,}759^2\cdot 0{,}651}\left(1 + \frac{148}{210}\cdot 0{,}651^3\right) = 0{,}566\cdot(1 + 0{,}195)\cdot 10^{-3} = 0{,}676\cdot 10^{-3}\,.$$

Last an der Stelle (row labels) — Symmetrische und antimetrische

		e	1	2	3	4	5	6	7	8	9	10	11	12
1	S	−6,545	+5,742	+0,312	−4,111	−0,411	+2,931	+0,293	−2,090	−0,209	+1,490	+0,149	−1,062	−0,106
1	A	−0,000	+0,441	−0,270	+0,149	−0,085	+0,047	−0,027	+0,015	−0,009	+0,005	−0,000	+0,000	−0,000
2	S	−0,329	+0,312	+1,867	−0,087	−1,335	−0,006	+0,948	+0,004	−0,673	−0,003	+0,478	+0,002	−0,339
2	A	+0,000	−0,263	+0,620	−0,361	+0,211	−0,114	+0,066	−0,036	+0,021	−0,011	+0,007	−0,000	+0,000
3	S	+4,553	−4,111	−0,087	−4,876	+0,420	−3,464	−0,463	+2,453	+0,328	−1,737	−0,232	+1,230	+0,164
3	A	−0,000	+0,149	−0,381	+0,671	−0,409	+0,225	−0,127	+0,070	−0,039	+0,022	−0,012	+0,007	−0,000
4	S	+0,450	−0,411	−1,335	+0,420	+2,942	−0,077	−2,088	−0,055	+1,472	+0,039	−1,038	−0,027	+0,732
4	A	+0,000	−0,085	+0,211	−0,407	+0,710	−0,418	+0,236	−0,128	+0,072	−0,039	+0,022	−0,012	−0,007
5	S	−3,246	+2,931	−0,006	−3,464	−0,077	+4,473	+0,400	−3,152	−0,441	+2,213	+0,310	−1,554	−0,218
5	A	−0,000	+0,047	−0,114	+0,225	−0,428	+0,724	−0,429	+0,236	−0,130	+0,072	−0,039	+0,022	−0,011
6	S	−0,321	+0,293	+0,948	−0,463	−2,088	+0,400	+3,581	+0,001	−2,521	−0,138	+1,762	+0,096	−1,232
6	A	+0,000	−0,027	+0,066	−0,127	+0,236	−0,433	+0,741	−0,432	+0,238	−0,129	+0,071	−0,039	+0,021
7	S	+2,314	−2,090	+0,004	+2,453	−0,055	−3,152	+0,001	+4,340	+0,352	−3,032	−0,411	+2,107	+0,286
7	A	−0,000	+0,015	−0,036	+0,070	−0,128	+0,236	−0,439	+0,753	−0,437	+0,238	−0,128	+0,070	−0,038
8	S	+0,229	−0,209	−0,673	+0,328	+1,472	−0,441	−2,521	+0,352	+3,905	+0,078	−2,735	−0,206	+1,901
8	A	+0,000	−0,009	+0,021	−0,039	+0,072	−0,130	+0,238	−0,438	+0,754	−0,436	+0,238	−0,128	+0,070
9	S	−1,650	+1,490	−0,003	−1,737	+0,039	+2,213	−0,338	−3,032	+0,078	+4,223	+0,293	−2,943	−0,367
9	A	−0,000	+0,005	−0,011	+0,022	−0,039	+0,072	−0,129	+0,238	−0,439	+0,754	−0,437	+0,238	−0,128
10	S	−0,163	+0,149	+0,478	−0,232	−1,038	+0,310	+1,762	−0,411	−2,735	+0,293	+4,024	+0,128	−2,817
10	A	+0,000	−0,000	+0,007	−0,012	+0,022	−0,039	+0,071	−0,128	+0,238	−0,439	+0,755	−0,437	+0,238
11	S	+1,176	−1,062	+0,002	+1,230	−0,027	−1,554	+0,096	+2,107	−0,206	−2,953	+0,128	+4,170	−0,254
11	A	−0,000	+0,000	−0,000	+0,007	−0,012	+0,022	−0,039	+0,070	−0,128	+0,238	−0,439	+0,755	−0,437
12	S	+0,116	−0,106	−0,339	+0,164	+0,732	−0,218	−1,232	+0,286	+1,901	−0,367	−2,817	+0,254	+4,124
12	A	+0,000	−0,000	+0,000	−0,000	+0,007	−0,012	+0,021	−0,038	+0,070	−0,128	+0,238	−0,439	+0,755
11'	S	−0,838	+0,757	−0,001	−0,871	+0,019	+1,091	−0,067	−1,464	+0,143	+2,052	−0,245	−2,875	+0,258
11'	A	−0,000	+0,000	−0,000	+0,000	−0,000	+0,007	−0,012	+0,021	−0,038	+0,070	−0,128	+0,239	−0,436
10'	S	−0,083	+0,076	+0,241	−0,116	−0,516	+0,153	+0,861	−0,199	−1,321	+0,255	+2,001	−0,298	−2,939
10'	A	+0,000	−0,000	+0,000	−0,000	+0,000	−0,000	+0,006	−0,011	+0,021	−0,038	+0,070	−0,128	+0,239
9'	S	+0,597	−0,540	+0,001	+0,617	−0,013	−0,766	+0,047	+1,017	−0,099	−1,461	+0,219	+2,152	−0,386
9'	A	−0,000	+0,000	−0,000	+0,000	−0,000	+0,000	−0,000	+0,006	−0,011	+0,021	−0,038	+0,070	−0,128
8'	S	+0,059	−0,054	−0,171	+0,082	+0,364	−0,107	−0,602	+0,138	+0,958	−0,129	−1,434	+0,117	+2,064
8'	A	+0,000	−0,000	+0,000	−0,000	+0,000	−0,000	+0,000	−0,000	+0,006	−0,011	+0,021	−0,038	+0,070
7'	S	−0,426	+0,385	−0,000	−0,437	+0,009	+0,538	−0,033	−0,672	+0,116	+0,915	−0,235	−1,317	+0,338
7'	A	−0,000	+0,000	−0,000	+0,000	−0,000	+0,000	−0,000	+0,000	+0,000	+0,006	−0,011	+0,021	−0,038
6'	S	−0,042	+0,039	+0,121	−0,058	−0,257	+0,075	+0,459	−0,048	−0,709	−0,001	+1,014	+0,002	−1,450
6'	A	+0,000	−0,000	+0,000	−0,000	+0,000	−0,000	+0,000	−0,000	+0,000	−0,000	+0,007	−0,012	+0,022
5'	S	+0,304	−0,275	+0,000	+0,309	−0,006	−0,343	+0,071	+0,439	−0,169	−0,625	+0,241	+0,891	−0,343
5'	A	−0,000	+0,000	−0,000	+0,000	−0,000	+0,000	−0,000	+0,000	−0,000	+0,000	−0,000	+0,007	−0,012
4'	S	+0,030	−0,028	−0,086	+0,043	+0,217	−0,004	−0,357	−0,063	+0,507	+0,090	−0,719	−0,127	+1,020
4'	A	+0,000	−0,000	+0,000	−0,000	+0,000	−0,000	+0,000	−0,000	+0,000	−0,000	+0,000	−0,000	+0,007
3'	S	−0,217	+0,196	−0,000	−0,187	+0,052	+0,217	−0,142	−0,307	+0,201	+0,434	−0,284	−0,613	+0,401
3'	A	−0,000	+0,000	−0,000	+0,000	−0,000	+0,000	−0,000	+0,000	−0,000	+0,000	−0,000	+0,000	−0,000
2'	S	−0,021	+0,020	+0,061	+0,017	−0,153	−0,092	+0,251	+0,130	−0,354	−0,183	+0,498	+0,258	−0,701
2'	A	+0,000	−0,000	+0,000	−0,000	+0,000	−0,000	+0,000	−0,000	+0,000	−0,000	+0,000	−0,000	+0,000
1'	S	+0,155	−0,140	+0,000	+0,124	−0,065	−0,155	+0,180	+0,217	−0,252	−0,305	+0,354	+0,428	−0,496
1'	A	−0,000	+0,000	−0,000	+0,000	−0,000	+0,000	−0,000	+0,000	−0,000	+0,000	−0,000	+0,000	−0,000

Tabelle 5. (Fortsetzung.)

4. Einflußlinien der Gurtknotenpunktsverschiebungen

Die Störspannungen klingen hier verhältnismäßig langsam ab. Deswegen sind an der Tabellendiagonale die Unstimmigkeiten zwischen den Werten, die unmittelbar abklingend gerechnet sind, und denen, die sich nach dem Satz von der Gegenseitigkeit der Verschiebungen ergeben, verhältnismäßig groß. Um den Fehler bei der Berechnung der inneren Kräfte möglichst niedrig zu halten, werden zwei Korrekturen eingeführt.

Pkt.	$10^3 \cdot \lambda^*$	$\sqrt{10^3 \cdot \lambda^*}$	$\sqrt{10^3 \cdot \lambda} - \sqrt{0,5}$	q	$1-q$	$e^{-\omega s}$	$e^{-\omega a}$
1	0,680	0,8246	0,1175	0,401	0,599	0,713	0,315
2	0,695	0,8337	0,1266	0,432	0,568	0,710	0,313
3	0,710	0,8426	0,1355	0,463	0,537	0,708	0,310
4	0,730	0,8544	0,1473	0,503	0,497	0,705	0,306
5	0,750	0,8660	0,1589	0,543	0,457	0,702	0,303
6	0,775	0,8803	0,1732	0,591	0,409	0,699	0,299
7	0,800	0,8944	0,1873	0,639	0,361	0,695	0,294

1. Für *alle* Gurtknotenpunkte, die mit den Pfostenknotenpunkten durch Diagonalen verbunden sind, wird y nach dem Satz von der Gegenseitigkeit der Verschiebungen gerechnet, weil die Teildiagonalen besonders empfindlich sind gegen Unstimmigkeiten.

2. In einem zwei Felder breiten Streifen längs der Tabellendiagonale wird jeweils das arithmetische Mittel eingesetzt zwischen den unmittelbar abklingend und den nach dem Satz von der Gegenseitigkeit der Verschiebungen gerechneten $\bar{y}$-Werte. Dieser Übergangsbereich ist in der Tabelle der Ordinaten der Einflußlinien besonders gekennzeichnet.

Alle Werte, die kleiner sind als 0,005, sind vernachlässigt.

Gurtdurchbiegungen $\bar{y} \cdot 10^3$ an der Stelle

11′	10′	9′	8′	7′	6′	5′	4′	3′	2′	1′	e′		Last an der Stelle
−0,757	−0,075	−0,540	−0,054	−0,385	+0,039	−0,275	−0,002	+0,154	−0,046	0,079	+0,086	S	1
0,000	−0,000	+0,000	−0,000	+0,000	−0,000	+0,000	−0,000	+0,000	−0,000	+0,000	0,000	A	
−0,001	−0,241	+0,001	−0,171	0,000	+0,121	−0,000	−0,132	−0,036	+0,126	−0,091	−0,116	S	2
−0,000	+0,000	−0,000	+0,000	−0,000	+0,000	−0,000	+0,000	−0,000	+0,000	−0,000	−0,000	A	
−0,871	−0,118	+0,617	−0,082	−0,437	−0,058	−0,309	+0,007	−0,187	+0,065	+0,111	−0,121	S	3
+0,000	−0,000	+0,000	−0,000	+0,000	−0,000	−0,000	−0,000	+0,000	−0,000	+0,000	−0,000	A	
+0,019	−0,516	−0,013	+0,364	+0,009	−0,257	−0,045	+0,217	+0,101	−0,178	−0,128	+0,162	S	4
0,000	+0,000	0,000	+0,000	0,000	+0,000	−0,000	+0,000	−0,000	−0,000	−0,000	−0,000	A	
+1,091	−0,153	−0,766	−0,107	+0,538	+0,038	−0,343	+0,044	−0,217	−0,092	−0,155	+0,170	S	5
+0,007	0,000	+0,000	−0,000	+0,000	−0,000	+0,000	−0,000	−0,000	−0,000	−0,000	−0,000	A	
−0,067	+0,861	+0,047	−0,602	−0,073	+0,459	+0,119	−0,357	−0,142	+0,251	+0,180	−0,227	S	6
−0,012	+0,006	−0,000	−0,000	−0,000	+0,000	−0,000	+0,000	−0,000	−0,000	+0,000	+0,000	A	
−1,464	−0,199	+1,017	+0,097	−0,672	+0,001	−0,439	−0,063	−0,307	+0,130	+0,217	−0,238	S	7
+0,021	−0,011	+0,006	−0,000	−0,000	−0,000	−0,000	−0,000	+0,000	−0,000	+0,000	−0,000	A	
+0,143	−1,321	−0,102	+0,958	+0,163	−0,709	−0,168	−0,507	−0,201	0,354	−0,252	+0,319	S	8
−0,038	+0,021	−0,011	−0,006	−0,000	+0,000	−0,000	+0,000	−0,000	+0,000	−0,000	+0,000	A	
+2,052	+0,211	−1,461	−0,081	+0,915	0,001	−0,625	+0,090	−0,434	−0,183	−0,305	+0,334	S	9
+0,070	−0,038	+0,021	−0,011	+0,006	−0,000	−0,000	−0,000	+0,000	−0,000	+0,000	−0,000	A	
−0,292	+2,001	+0,268	−1,434	−0,235	+1,014	−0,241	−0,719	−0,284	+0,498	−0,354	−0,448	S	10
−0,128	+0,070	−0,038	+0,021	−0,011	+0,007	−0,000	−0,000	−0,000	+0,000	−0,000	+0,000	A	
−2,875	−0,239	+2,152	+0,117	−1,317	0,002	+0,891	−0,127	−0,613	+0,258	+0,428	−0,468	S	11
+0,238	−0,128	+0,070	−0,038	+0,021	−0,012	+0,007	−0,000	+0,000	−0,000	+0,000	−0,000	A	
+0,258	−2,939	−0,386	−2,064	+0,338	−1,450	−0,343	+1,020	−0,401	−0,701	−0,496	+0,628	S	12
−0,437	+0,238	−0,128	+0,070	−0,038	+0,022	−0,012	+0,007	−0,000	+0,000	−0,000	−0,000	A	
+4,054	+0,113	−3,097	−0,168	+1,895	−0,003	−1,269	+0,180	+0,866	−0,363	−0,600	+0,656	S	11′
+0,755	−0,438	+0,238	−0,128	+0,070	−0,039	+0,022	−0,012	+0,007	−0,000	+0,000	−0,000	A	
−0,113	+4,195	−0,328	−2,970	−0,487	+2,075	+0,489	−1,447	−0,567	−0,988	−0,659	−0,881	S	10′
−0,436	−0,755	−0,438	−0,239	−0,129	−0,072	−0,040	+0,023	−0,014	−0,008	−0,005	−0,006	A	
−3,097	+0,328	+4,000	+0,010	−2,727	+0,005	−1,808	−0,255	−1,223	+0,511	−0,842	−0,920	S	9′
−0,238	−0,437	−0,754	−0,440	−0,237	−0,129	+0,072	−0,039	+0,022	+0,013	−0,009	−0,010	A	
−0,168	−2,970	+0,010	+4,231	+0,478	−2,960	−0,697	+2,052	−0,801	−1,391	−0,975	+1,236	S	8′
−0,128	−0,239	−0,436	+0,756	−0,437	+0,241	−0,133	+0,076	−0,044	−0,026	−0,017	+0,020	A	
+1,895	−0,487	−2,727	+0,478	+3,917	−0,228	−2,576	+0,361	+1,728	−0,720	−1,181	+1,290	S	7′
+0,070	−0,129	+0,237	−0,439	+0,752	−0,442	+0,236	−0,127	+0,071	−0,041	−0,027	−0,032	A	
−0,003	−2,075	+0,005	−2,969	−0,228	+4,197	−0,793	−2,911	−1,131	+1,959	+1,367	−1,733	S	6′
−0,039	+0,072	−0,129	+0,241	−0,430	+0,747	−0,430	+0,248	−0,141	−0,084	−0,053	+0,062	A	
−1,269	+0,489	+1,808	−0,697	−2,576	+0,793	+3,712	−0,712	−2,441	+1,014	+1,656	−1,809	S	5′
+0,022	−0,040	+0,072	−0,133	+0,236	−0,438	+0,722	−0,446	+0,230	−0,130	+0,087	−0,103	A	
−0,180	−1,447	−0,255	+2,052	+0,361	−2,911	−0,712	+4,051	+1,420	−2,759	−1,917	+2,430	S	4′
−0,012	+0,023	−0,039	+0,076	−0,127	+0,248	−0,416	+0,739	−0,413	−0,266	−0,168	+0,197	A	
+0,866	−0,567	−1,223	+0,801	+1,728	−1,131	−2,441	+1,420	+3,514	−1,605	−2,323	+2,537	S	3′
+0,007	−0,014	+0,022	−0,044	+0,071	−0,114	+0,230	−0,456	+0,686	−0,484	+0,277	−0,326	A	
−0,363	+0,988	+0,511	−1,391	−0,720	+1,959	+1,014	−2,759	−1,605	+3,744	+2,528	−3,232	S	2′
−0,000	+0,008	−0,013	+0,026	−0,041	+0,084	−0,130	+0,266	−0,413	+0,765	−0,455	+0,554	A	
−0,600	+0,695	+0,842	−0,975	−1,181	+1,367	+1,656	−1,917	−2,323	+2,528	+3,296	−3,633	S	1′
+0,000	−0,005	+0,009	−0,017	+0,027	−0,053	+0,087	−0,168	+0,277	−0,533	+0,846	−0,797	A	

Tabelle 5. (Fortsetzung.)

5. Spannungseinflußlinien für die Diagonalen

Rechtsfallende Diagonale 0—2.

Last an der Stelle	Normalkraft						Biegemoment				Resultierende Spannung $\frac{100\sigma}{P}$
	Hauptlast	$\bar{y}_2 \cdot 10^3$	$\frac{10^{-3}}{8\lambda * \sin\alpha}$	Störlast	Resultierende Last	Spannung $\frac{100\sigma}{P}$	$\frac{(\bar{y}_1-\bar{y}_3)_s \cdot 10^3}{(\bar{y}_2)_s \cdot 10^3}$	$\frac{6\cdot\frac{J_d}{J_s}\cdot a \cdot 2 \cdot 10^{-3}}{6\cdot\frac{J_d}{J_s}\cdot a \cdot 10^{-3}}$	Biegemoment	Spannung $\frac{100\sigma}{P}$	
						$1/\mathrm{cm}^2$		cm	cm	$1/\mathrm{cm}^2$	$1/\mathrm{cm}^2$
1	+0,151	+0,042	0,2422	+0,010	+0,161	+0,125	+9,853	2,164	+21,319	+1,030	+1,155
2	+0,301	+2,487	0,2370	+0,589	+0,890	+0,688	+1,867	1,027	+1,916	+0,093	+0,781
3	+0,287	−0,468	0,2320	−0,109	+0,178	+0,138	−8,987	1,940	−17,437	−0,842	−0,704
4	+0,273	−1,124	0,2256	−0,254	+0,019	+0,015	−1,335	0,931	−1,242	−0,060	−0,045
5	+0,259	−0,120	0,2196	−0,026	+0,233	+0,180	+6,395	1,782	+11,396	+0,550	+0,730
6	+0,245	+1,014	0,2125	+0,215	+0,460	+0,356	+0,948	0,867	+0,812	+0,039	+0,395
7	+0,231	−0,032	0,2059	−0,007	+0,224	+0,173	−4,543	1,648	−7,485	−0,362	−0,189
8	+0,217	−0,652	0,2059	−0,134	+0,083	+0,064	−0,673	0,824	−0,554	−0,027	+0,047
9	+0,203	−0,014	0,2059	−0,003	+0,200	+0,155	+3,227	1,648	+5,316	+0,257	+0,412
10	+0,189	+0,485	0,2059	+0,100	+0,289	+0,224	+0,478	0,824	+0,395	+0,019	+0,243
11	+0,175	+0,002	0,2059	+0,000	+0,175	+0,135	−2,297	1,648	−3,785	−0,183	−0,048
12	+0,161	−0,339	0,2059	−0,070	+0,091	+0,070	−0,339	0,824	−0,280	−0,014	+0,056
11'	+0,147	−0,001	0,2059	−0,000	+0,147	+0,114	+1,628	1,648	+2,683	+0,130	+0,244
10'	+0,133	+0,241	0,2059	+0,050	+0,183	+0,142	+0,241	0,824	+0,199	+0,010	+0,152
9'	+0,119	+0,001	0,2059	+0,000	+0,119	+0,092	−1,157	1,648	−1,906	−0,092	−0,000
8'	+0,105	−0,171	0,2059	−0,035	+0,070	+0,054	−0,171	0,824	−0,141	−0,007	+0,047
7'	+0,091	−0,000	0,2059	−0,000	+0,091	+0,070	+0,822	1,648	+1,355	+0,065	+0,135
6'	+0,077	+0,121	0,2125	+0,026	+0,103	+0,080	+0,121	0,857	+0,103	+0,005	+0,085
5'	+0,063	+0,000	0,2196	+0,000	+0,063	+0,049	−0,584	1,782	−1,041	−0,050	−0,001
4'	+0,049	−0,086	0,2256	−0,019	+0,030	+0,023	−0,086	0,931	−0,081	−0,004	+0,019
3'	+0,035	−0,000	0,2320	−0,000	+0,035	+0,027	+0,383	1,940	+0,742	+0,036	+0,063
2'	+0,021	+0,061	0,2370	+0,014	+0,035	+0,027	+0,061	1,027	+0,062	+0,003	+0,030
1'	+0,007	−0,000	0,2422	+0,000	+0,007	+0,005	−0,264	2,164	−0,571	−0,028	−0,023

Rechtsfallende Diagonale 10—12.

Last an der Stelle	Normalkraft						Biegemoment				Resultierende Spannung $\frac{100\sigma}{P}$
	Hauptlast	$\Sigma\,\bar{y} \cdot 10^3$	$\frac{10^{-3}}{8\lambda * \sin\alpha}$	Störlast	Resultierende Last	Spannung $\frac{100\sigma}{P}$	$\frac{(\bar{y}_9-2\bar{y}_{11}+\bar{y}_{11'})_s \cdot 10^3}{(\bar{y}_{10}-\bar{y}_{12})_s \cdot 10^3}$	$6\cdot\frac{J_d}{J_s}\cdot a \cdot 10^{-3}$	Biegemoment	Spannung $\frac{100\sigma}{P}$	
						$1/\mathrm{cm}^2$		cm	cm	$1/\mathrm{cm}^2$	$1/\mathrm{cm}^2$
1	−0,014	+0,043	0,2059	+0,008	−0,006	−0,004	+4,371	0,824	+3,603	+0,174	+0,170
2	−0,028	+0,132	0,2059	+0,027	−0,001	−0,001	+0,817	0,824	+0,673	−0,033	−0,034
3	−0,042	−0,056	0,2059	−0,012	−0,054	−0,042	−5,068	0,824	−4,179	−0,202	−0,244
4	−0,056	−0,321	0,2059	−0,066	−0,122	−0,094	−1,770	0,824	−1,459	+0,070	−0,024
5	−0,070	+0,119	0,2059	+0,025	−0,045	−0,035	+6,412	0,824	+5,286	+0,255	+0,220
6	−0,084	+0,480	0,2059	+0,099	+0,015	+0,012	+2,994	0,824	+2,469	−0,119	−0,107
7	−0,098	−0,035	0,2059	−0,007	−0,105	−0,081	−8,710	0,824	−7,181	−0,347	−0,428
8	−0,112	−1,002	0,2059	−0,206	−0,318	−0,246	−4,636	0,824	−3,823	+0,185	−0,061
9	−0,126	+0,235	0,2059	+0,048	−0,078	−0,060	+12,181	0,824	+10,044	+0,485	+0,425
10	−0,140	+0,690	0,2059	+0,142	+0,002	+0,002	+6,841	0,824	+5,640	−0,272	−0,270
11	+0,011	+0,384	0,2059	+0,079	+0,090	+0,070	−14,168	0,824	−11,681	−0,564	−0,494
12	+0,161	+1,824	0,2059	+0,376	+0,537	+0,415	−6,941	0,824	−5,723	+0,276	+0,691
11'	+0,147	−0,295	0,2059	−0,061	+0,086	+0,067	+11,856	0,824	+9,775	+0,472	+0,539
10'	+0,133	−0,769	0,2059	−0,158	−0,025	−0,019	+4,940	0,824	+4,073	−0,197	−0,216
9'	+0,119	−0,257	0,2059	−0,053	+0,066	+0,051	−8,862	0,824	−7,307	−0,353	−0,302
8'	+0,105	+0,679	0,2059	+0,140	+0,245	+0,189	−3,498	0,824	−2,884	+0,139	+0,328
7'	+0,091	+0,076	0,2059	+0,016	+0,107	+0,083	+5,444	0,824	+4,489	+0,217	+0,300
6'	+0,077	−0,421	0,2059	−0,087	−0,010	−0,008	+2,464	0,824	+2,032	−0,098	−0,106
5'	+0,063	−0,114	0,2059	−0,023	+0,040	+0,031	−3,692	0,824	−3,043	−0,147	−0,116
4'	+0,049	+0,308	0,2059	+0,063	+0,112	+0,087	−1,739	0,824	−1,434	+0,069	+0,156
3'	+0,035	+0,113	0,2059	+0,023	+0,058	+0,046	+2,526	0,824	+2,083	+0,101	+0,146
2'	+0,021	−0,203	0,2059	−0,042	−0,021	−0,016	+1,199	0,824	+0,989	−0,048	−0,064
1'	+0,007	−0,142	0,2059	−0,029	−0,021	−0,016	−1,761	0,824	−1,452	−0,070	−0,086

Tabelle 5. (Fortsetzung.)

Linksfallende Diagonale e'–$2'$.

Last an der Stelle	Haupt-last	Normalkraft								Biegemoment						Resul-tierende Spannung $\dfrac{100\sigma}{P}$
		$\bar{x}_{e'}\cdot 10^3$	$\bar{x}_{e'}\operatorname{ctg}\alpha\cdot 10^3$	$\bar{y}_{2'}\cdot 10^3$	$(\bar{x}_{e'}\operatorname{ctg}\alpha+\bar{y}_{2'})\cdot 10^3$	$\dfrac{\frac{4}{3}\cdot 10^{-3}}{8\lambda^*\sin\alpha}$	Störlast	Resul-tierende Last	Span-nung $\dfrac{100\sigma}{P}$	$\tfrac{4}{3}(\bar{x}_{e'})_s\cdot 10^3$	$(3\bar{y}_{1'})_s\cdot 10^3$	$(3y_{1'}-y_{3'}-\tfrac{1}{3}x_{e'})\cdot 10^3$	$\dfrac{6\cdot\frac{J_d}{J_s}\cdot a\cdot 10^{-3}}{\frac{\sqrt2}{2}\cdot 6\cdot\frac{J_d}{J_s}\,a\cdot 10^{-3}}$	Biege-moment	Span-nung $\dfrac{100\sigma}{P}$	
									$1/\mathrm{cm}^2$				cm	cm	$1/\mathrm{cm}^2$	$1/\mathrm{cm}^2$
1	+0,014	+0,086	+0,074	−0,046	+0,028	0,3229	+0,009	+0,023	+0,018	+0,115	−0,237	− 0,506	1,082	− 0,547	−0,026	−0,008
2	+0,028	−0,116	−0,099	+0,126	+0,027	0,3160	+0,009	+0,037	+0,029	−0,155	+0,273	+ 0,464	0,725	+ 0,337	+0,016	+0,045
3	+0,042	−0,121	−0,104	+0,065	−0,039	0,3093	−0,012	+0,030	+0,023	−0,161	+0,333	+ 0,681	0,970	+ 0,660	+0,032	+0,055
4	+0,056	+0,162	+0,139	−0,178	−0,039	0,3008	−0,012	+0,044	+0,034	+0,216	−0,384	− 0,701	0,658	− 0,461	−0,022	+0,012
5	+0,070	+0,170	+0,146	−0,092	+0,054	0,2928	+0,016	+0,086	+0,067	+0,227	−0,465	− 0,909	0,891	− 0,810	−0,039	+0,028
6	+0,084	−0,227	−0,195	+0,251	+0,056	0,2833	+0,016	+0,100	+0,077	−0,303	+0,540	+ 0,985	0,607	+ 0,598	+0,029	+0,106
7	+0,098	−0,238	−0,204	+0,130	−0,074	0,2745	−0,020	+0,078	+0,060	−0,317	+0,651	+ 1,275	0,824	+ 1,051	+0,051	+0,111
8	+0,112	+0,319	+0,273	−0,354	−0,081	0,2745	−0,022	+0,090	+0,070	+0,425	−0,756	− 1,382	0,583	− 0,805	−0,039	+0,031
9	+0,136	+0,334	+0,286	−0,183	+0,103	0,2745	+0,028	+0,154	+0,119	+0,445	−0,915	− 1,794	0,824	− 1,479	−0,071	+0,048
10	+0,140	−0,448	−0,384	+0,498	+0,114	0,2745	+0,031	+0,171	+0,132	−0,597	+1,062	+ 1,943	0,583	+ 1,133	+0,055	+0,187
11	+0,154	−0,468	−0,401	+0,258	−0,143	0,2745	−0,039	+0,115	+0,089	−0,624	+1,284	+ 2,521	0,824	+ 2,079	+0,100	+0,189
12	+0,168	+0,628	+0,538	−0,701	−0,163	0,2745	−0,045	+0,123	+0,095	+0,837	−1,488	− 2,726	0,583	− 1,588	−0,077	+0,018
11′	+0,182	+0,656	+0,562	−0,363	+0,199	0,2745	+0,055	+0,237	+0,183	+0,875	−1,800	− 3,541	0,824	− 2,919	−0,141	+0,042
10′	+0,196	−0,887	−0,760	+0,996	+0,236	0,2745	+0,065	+0,261	+0,202	−1,175	+2,085	+ 4,827	0,583	+ 2,813	+0,136	+0,338
9′	+0,210	−0,910	−0,780	+0,498	−0,282	0,2745	−0,077	+0,133	+0,103	−1,227	+2,526	+ 4,998	0,824	+ 4,103	+0,198	+0,301
8′	+0,224	+1,216	+1,042	−1,365	−0,323	0,2745	−0,089	+0,135	+0,104	+1,648	−2,925	− 5,374	0,583	− 3,131	−0,151	−0,047
7′	+0,238	+1,322	+1,133	−0,761	+0,372	0,2745	+0,102	+0,340	+0,263	+1,720	−3,543	− 6,991	0,824	− 5,764	−0,278	−0,015
6′	+0,252	−1,795	−1,538	+2,043	+0,505	0,2833	+0,143	+0,395	+0,305	−2,311	+4,101	+ 7,543	0,607	+ 4,576	+0,221	+0,526
5′	+0,266	−1,706	−1,462	+0,884	−0,578	0,2928	−0,169	+0,097	+0,075	−2,412	+4,968	+ 9,821	0,891	+ 8,750	+0,423	+0,498
4′	+0,280	+2,233	+1,914	−2,493	−0,579	0,3008	−0,174	+0,106	+0,082	+3,240	−5,751	−10,411	0,658	− 6,846	−0,331	−0,249
3′	+0,294	+2,863	+2,454	−2,089	+0,365	0,3093	+0,113	+0,407	+0,315	+3,383	−6,969	−13,866	0,970	−13,452	−0,650	−0,335
2′	+0,308	−3,786	−3,245	+4,509	+1,264	0,3160	+0,399	+0,707	+0,547	−4,309	+7,584	+13,498	0,725	+ 9,792	+0,473	+1,020
1′	+0,158	−2,836	−2,431	+1,995	−0,436	0,3229	−0,140	+0,018	+0,014	−4,844	+9,888	+17,055	1,082	+18,451	+0,891	+0,905

Wenn in einem Spaltenkopf zwei Überschriften eingetragen sind, gilt die obere für die Zwischen- und die untere für die Lastdiagonalen.

Tabelle 5. (Fortsetzung.)

6. Spannungseinflußlinien für den Obergurt.

| | Normalkraft | | | | | | | | | | | |
| | Symmetrie $(\bar{y}_1 + \bar{y}_2 + \bar{y}_3 + \bar{y}_4)\,10^3$ für den Stab | | | | Antimetrie $(\bar{y}_1 - \bar{y}_2 - \bar{y}_3 + \bar{y}_4)\,10^3$ für den Stab | | | | Koeffizienten $10^{-3}/8\,\lambda^*\,\mathrm{tg}\,\alpha$ für den Stab | | | |
Last an der Stelle	$1-2$	$3-4$	$5-6$	$11-12$	$1-2$	$3-4$	$5-6$	$11-12$	$1-2$	$3-4$	$5-6$	$11-12$
1	+1,943	−1,279	+0,723	−0,262	−0,022	−0,287	−0,090	−0,000	0,1576	0,1510	0,1429	0,1340
2	+2,092	+0,439	−0,389	+0,140	−0,718	+0,656	+0,223	+0,007	0,1542	0,1510	0,1429	0,1340
3	+0,678	+1,745	−1,054	+0,291	+0,903	−0,418	−0,437	−0,019	0,1510	0,1510	0,1429	0,1340
4	−1,326	+1,950	+0,722	−0,314	−0,533	−0,510	+0,764	+0,027	0,1468	0,1468	0,1429	0,1340
5	−0,539	+0,926	+1,644	−0,371	+0,292	+0,813	−0,487	−0,042	0,1429	0,1429	0,1429	0,1340
6	+0,778	−1,203	+1,894	+0,559	−0,166	−0,476	−0,504	+0,077	0,1383	0,1383	0,1383	0,1340
7	+0,367	−0,750	+1,134	+0,518	+0,091	+0,258	+0,828	−0,139	0,1340	0,1340	0,1340	0,1340
8	−0,554	+0,686	−1,138	−0,897	−0,051	−0,142	−0,474	+0,258	0,1340	0,1340	0,1340	0,1340
9	−0,250	+0,512	−0,918	−0,975	+0,028	+0,078	+0,256	−0,477	0,1340	0,1340	0,1340	0,1340
10	+0,395	−0,482	+0,623	+1,043	−0,019	−0,042	−0,138	+0,826	0,1340	0,1340	0,1340	0,1340
11	+0,170	−0,349	+0,622	+1,677	+0,007	+0,027	+0,075	−0,519	0,1340	0,1340	0,1340	0,1340
12	−0,281	+0,339	−0,432	+1,819	−0,000	−0,019	−0,040	−0,515	0,1340	0,1340	0,1340	0,1340
11′	−0,115	+0,238	−0,421	+1,192	+0,000	+0,007	+0,026	+0,824	0,1340	0,1340	0,1340	0,1340
10′	+0,201	−0,238	+0,299	−1,114	−0,000	−0,000	−0,017	−0,477	0,1340	0,1340	0,1340	0,1340
9′	+0,078	−0,161	+0,285	−1,112	+0,000	+0,000	+0,006	+0,258	0,1340	0,1340	0,1340	0,1340
8′	−0,143	+0,168	−0,207	+0,579	−0,000	−0,000	−0,000	−0,139	0,1340	0,1340	0,1340	0,1340
7′	−0,052	+0,110	−0,158	+0,681	+0,000	+0,000	+0,000	+0,076	0,1340	0,1340	0,1340	0,1340
6′	+0,102	−0,119	+0,229	−0,437	−0,000	−0,000	−0,000	−0,042	0,1383	0,1383	0,1383	0,1340
5′	+0,034	−0,040	+0,161	−0,480	+0,000	+0,000	+0,000	+0,027	0,1429	0,1429	0,1429	0,1340
4′	−0,071	+0,170	−0,207	+0,354	−0,000	−0,000	−0,000	−0,019	0,1468	0,1468	0,1429	0,1340
3′	+0,009	+0,082	−0,180	+0,370	+0,000	+0,000	+0,000	+0,007	0,1510	0,1510	0,1429	0,1340
2′	+0,037	−0,167	+0,136	−0,308	−0,000	−0,000	−0,000	−0,000	0,1542	0,1510	0,1429	0,1340
1′	−0,016	−0,096	+0,177	−0,314	+0,000	+0,000	+0,000	+0,000	0,1576	0,1510	0,1429	0,1340

| | Normalkraft | | | | | | | | | | | |
| | Symmetrische Störlast für den Stab | | | | Antimetrische Störlast für den Stab | | | | Hauptlast u. antimetrische Störlast für den Stab | | | |
Last an der Stelle	$1-2$	$3-4$	$5-6$	$11-12$	$1-2$	$3-4$	$5-6$	$11-12$	$1-2$	$3-4$	$5-6$	$11-12$
1	−0,306	+0,193	−0,103	+0,035	−0,052	+0,022	+0,006	+0,000	−0,345	−0,343	−0,322	−0,219
2	−0,323	−0,066	+0,056	−0,019	+0,004	−0,050	−0,016	−0,000	−0,476	−0,779	−0,673	−0,438
3	−0,102	−0,263	+0,151	−0,039	−0,068	−0,022	+0,031	+0,001	−0,629	−1,009	−0,954	−0,656
4	+0,195	−0,286	−0,103	+0,042	+0,039	−0,016	−0,055	−0,002	−0,494	−1,153	−1,368	−0,877
5	+0,077	−0,132	−0,235	+0,050	−0,021	−0,058	−0,019	+0,003	−0,527	−1,239	−1,552	−1,091
6	−0,108	+0,166	−0,262	−0,075	+0,011	+0,033	−0,019	−0,005	−0,468	−1,084	−1,667	−1,318
7	−0,049	+0,101	−0,152	−0,069	−0,006	−0,017	−0,055	+0,009	−0,457	−1,070	−1,710	−1,523
8	+0,074	−0,092	+0,152	+0,120	+0,003	+0,010	+0,032	−0,017	−0,421	−0,979	−1,523	−1,768
9	+0,034	−0,069	+0,123	+0,131	−0,002	−0,005	−0,017	+0,032	−0,399	−0,930	−1,471	−1,938
10	−0,053	+0,065	−0,083	−0,140	+0,001	+0,003	+0,009	−0,055	−0,368	−0,859	−1,345	−2,243
11	−0,023	+0,047	−0,083	−0,225	−0,000	−0,002	−0,005	−0,019	−0,342	−0,800	−1,259	−2,319
12	+0,038	−0,045	+0,058	−0,244	+0,000	+0,001	+0,003	−0,019	−0,315	−0,733	−1,150	−2,323
11′	+0,015	−0,032	+0,056	−0,160	−0,000	−0,000	−0,002	−0,055	−0,287	−0,670	−1,055	−2,257
10′	−0,027	+0,032	−0,040	+0,149	+0,000	+0,000	+0,001	+0,032	−0,260	−0,606	−0,952	−1,960
9′	−0,010	+0,022	−0,038	+0,149	−0,000	−0,000	−0,000	−0,017	−0,233	−0,543	−0,853	−1,800
9′	+0,019	−0,023	+0,028	−0,078	+0,000	+0,000	+0,000	+0,009	−0,205	−0,479	−0,752	−1,564
7′	+0,007	−0,015	+0,021	−0,091	−0,000	−0,000	−0,000	−0,005	−0,178	−0,415	−0,652	−1,368
6′	−0,014	+0,016	−0,032	+0,059	+0,000	+0,000	+0,000	+0,003	−0,150	−0,351	−0,552	−1,150
5′	−0,005	+0,006	−0,023	+0,064	−0,000	−0,000	−0,000	−0,002	−0,123	−0,287	−0,451	−0,946
4′	+0,010	−0,025	+0,030	−0,047	+0,000	+0,000	+0,000	+0,001	−0,096	−0,223	−0,351	−0,733
3′	−0,001	−0,012	+0,026	−0,050	−0,000	−0,000	−0,000	−0,000	−0,068	−0,160	−0,251	−0,524
2′	−0,006	+0,025	−0,019	+0,041	+0,000	+0,000	+0,000	+0,000	−0,041	−0,096	−0,150	−0,315
1′	+0,002	+0,014	−0,025	+0,042	−0,000	−0,000	−0,000	−0,000	−0,014	−0,032	−0,050	−0,105

Die Kräfte der symmetrischen und antimetrischen Störlast sind getrennt angeschrieben, damit man die Tabellen auch dazu verwenden kann die Spannungen im Untergurt zu berechnen.

Tabelle 5 — Biegemoment

Last an der Stelle	Symmetrie $\overline{M}_s \cdot 10^3$ für den Stab 1−2	3−4	5−6	11−12	Antimetrie $\overline{M}_a \cdot 10^3$ für den Stab 1−2	3−4	5−6	11−12	Koeffizienten $\frac{J_g}{J_s} 6\,a \cdot 10^{-3}$ cm für den Stab 1−2	3−4	5−6	11−12
1	+5,742	−4,111	+2,931	−1,062	+0,919	+0,596	+0,188	+0,000	2,609	3,083	3,420	3,706
2	−1,183	−0,486	+0,284	−0,102	−1,036	−1,444	−0,456	−0,000	2,475	3,083	3,420	3,706
3	−4,111	+4,876	−3,464	+1,230	+0,728	+1,966	+0,900	+0,028	2,340	3,083	3,420	3,706
4	+0,751	−0,785	−0,718	+0,203	−0,449	−1,628	−1,672	−0,048	2,244	2,957	2,420	3,706
5	+2,931	−3,464	+4,473	−1,554	+0,229	+0,900	+2,006	+0,088	2,148	2,831	3,420	3,706
6	−0,464	+0,392	−0,820	−0,302	−0,141	−0,508	−1,732	−0,156	2,067	2,724	3,291	3,706
7	−2,090	+2,453	−3,152	+2,107	+0,072	+0,280	+0,944	+0,280	1,986	2,616	3,161	3,706
8	+0,329	−0,271	+0,346	+0,420	−0,044	−0,156	−0,520	−0,512	1,986	2,616	3,161	3,706
9	+1,490	−1,732	+2,213	−2,953	+0,023	+0,088	+0,288	+0,952	1,986	2,616	3,161	3,706
10	−0,186	+0,188	−0,233	−0,777	−0,014	−0,048	−0,156	−1,748	1,986	2,616	3,161	3,706
11	−1,062	+1,230	−1,554	+4,170	+0,000	+0,028	+0,088	+2,054	1,986	2,616	3,161	3,706
12	+0,165	−0,131	+0,157	−0,726	−0,000	−0,000	−0,048	−1,756	1,986	2,616	3,161	3,706
11′	+0,757	−0,871	+1,091	−2,875	+0,000	+0,000	+0,028	+0,956	1,986	2,616	3,161	3,706
10′	−0,117	+0,090	−0,106	+0,415	−0,000	−0,000	−0,000	−0,512	1,986	2,616	3,161	3,706
9′	−0,540	+0,617	−0,766	+2,152	+0,000	+0,000	+0,000	+0,280	1,986	2,616	3,161	3,706
8′	+0,083	−0,063	+0,072	−0,356	−0,000	−0,000	−0,000	−0,152	1,986	2,616	3,161	3,706
7′	+0,385	−0,437	+0,538	−1,317	+0,000	+0,000	+0,000	+0,084	1,986	2,616	3,161	3,706
6′	−0,058	+0,044	−0,077	+0,329	−0,000	−0,000	−0,000	−0,048	2,067	2,724	3,291	3,706
5′	−0,275	+0,309	−0,343	+0,891	+0,000	+0,000	+0,000	+0,028	2,148	2,831	3,420	3,706
4′	+0,041	−0,055	+0,101	−0,353	−0,000	−0,000	−0,000	−0,000	2,244	2,957	3,420	3,706
3′	+0,196	−0,187	+0,217	−0,613	+0,000	+0,000	+0,000	+0,000	2,340	3,083	3,420	3,706
2′	−0,029	+0,052	−0,018	+0,410	−0,000	−0,000	−0,000	−0,000	2,475	3,083	3,420	3,706
1′	−0,140	+0,124	−0,155	+0,428	+0,000	+0,000	+0,000	+0,000	2,609	3,083	3,420	3,706

Last an der Stelle	Symmetrisches Biegemoment cm für den Stab 1−2	3−4	5−6	11−12	Antimetrisches Biegemoment cm für den Stab 1−2	3−4	5−6	11−12	Resultierendes Biegemoment cm für den Obergurtstab 1−2	3−4	5−6	11−12
1	+14,981	−12,674	+10,024	−3,936	+2,398	+1,837	+0,643	+0,000	+12,583	−14,511	+9,381	−3,936
2	−2,928	−1,498	+0,971	−0,378	−2,564	−4,452	−1,560	−0,000	−0,364	+2,954	+2,531	−0,378
3	−9,620	+15,033	−11,847	+4,558	+1,704	+6,061	+3,078	+0,104	−11,324	+8,972	−14,925	+4,454
4	−1,685	−2,321	−2,456	+0,752	−1,008	−4,814	−5,718	−0,178	+2,693	+2,493	+3,262	+0,930
5	+6,296	−9,807	+15,298	−5,759	+0,492	+2,548	+6,861	+0,326	+5,804	−12,355	+8,437	−6,085
6	−0,959	+1,068	−2,699	−1,119	−0,291	−1,384	−5,700	−0,578	−0,668	+2,452	+3,001	−0,541
7	−4,151	+6,417	−9,963	+7,809	+0,143	+0,732	+3,107	+1,038	−4,294	+5,685	−13,070	+6,771
8	+0,653	−0,709	+1,094	+1,557	−0,087	−0,408	−1,711	−1,897	+0,740	−0,301	+2,805	+3,454
9	+2,959	−4,531	+6,995	−10,944	+0,046	+0,230	+0,948	+3,528	+2,913	−4,761	+6,047	−14,472
10	−0,369	+0,492	−0,737	−2,880	−0,028	−0,126	−0,513	−6,478	−0,341	+0,618	−0,224	+3,598
11	−2,109	+3,218	−4,912	+15,444	+0,000	+0,073	+0,290	+7,612	−2,109	+3,145	−5,202	+7,842
12	+0,328	−0,343	+0,496	−2,691	−0,000	−0,000	−0,158	−6,508	+0,328	−0,343	+0,654	+3,817
11′	+1,503	−2,279	+3,449	−10,655	+0,000	+0,000	+0,092	+3,543	+1,503	−2,279	+3,357	−14,198
10′	−0,232	+0,235	−0,335	+1,538	−0,000	−0,000	−0,000	−1,897	−0,232	+0,235	−0,335	+3,435
9′	−1,072	+1,614	−2,421	+7,975	+0,000	+0,000	+0,000	+1,038	−1,072	+1,614	−2,421	+6,937
8′	+0,165	−0,165	+0,228	−1,319	−0,000	−0,000	−0,000	−0,563	+0,165	−0,165	−0,228	−0,756
7′	+0,765	−1,143	+1,701	−4,881	+0,000	+0,000	+0,000	+0,311	+0,765	−1,143	+1,701	−5,192
6′	−0,120	+0,120	−0,253	+1,219	−0,000	−0,000	−0,000	−0,178	−0,120	+0,120	−0,253	+1,397
5′	−0,591	+0,242	−1,173	+3,302	+0,000	+0,000	+0,000	+0,104	−0,591	+0,842	−1,173	+3,198
4′	+0,092	−0,150	+0,345	−1,308	−0,000	−0,000	−0,000	−0,000	+0,092	−0,150	+0,345	−1,308
3′	+0,459	−0,577	+0,742	−2,272	+0,000	+0,000	+0,000	+0,000	+0,459	−0,577	+0,742	−2,272
2′	−0,072	+0,160	−0,062	+1,519	−0,000	−0,000	−0,000	−0,000	−0,072	+0,160	−0,062	+1,519
1′	−0,365	+0,382	−0,530	+1,586	+0,000	+0,000	+0,000	+0,000	−0,365	+0,382	+0,530	+1,586

Tabelle 5. (Fortsetzung.)

Last an der Stelle	Normalkraft				Normalspannung $\frac{100\sigma}{P}$ 1/cm²				Biegemoment cm				Biegespannung $\frac{100\sigma}{P}$ 1/cm²				Result. Spannung $\frac{100\sigma}{P}$ 1/cm²			
	im Obergurtstab				im Obergurtstab				im Obergurtstab				im Obergurtstab				im Obergurtstab			
	1-2	3-4	5-6	11-12	1-2	3-4	5-6	11-12	1-2	3-4	5-6	11-12	1-2	3-4	5-6	11-12	1-2	3-4	5-6	11-12
1	-0,651	-0,150	-0,425	-0,184	-0,352	-0,050	-0,104	-0,036	+12,583	-14,511	+ 9,381	- 3,936	+0,400	-0,350	+0,187	-0,067	-0,752	-0,400	+0,083	-0,103
2	-0,799	-0,845	-0,617	-0,457	-0,378	-0,282	-0,150	-0,089	- 0,364	+ 2,954	+ 2,531	- 0,378	-0,012	+0,071	+0,051	-0,006	-0,366	-0,211	-0,099	-0,095
3	-0,731	-1,272	-0,803	-0,695	-0,395	-0,424	-0,196	-0,135	-11,324	+ 8,972	-14,925	+ 4,454	-0,360	+0,216	-0,298	+0,076	-0,035	-0,208	-0,494	-0,059
4	-0,299	-1,439	-1,471	-0,835	-0,162	-0,480	-0,359	-0,162	+ 2,693	+ 2,493	+ 3,262	+ 0,930	+0,086	+0,060	+0,065	+0,016	-0,248	-0,420	-0,294	-0,146
5	-0,450	-1,371	-1,787	-1,041	-0,243	-0,457	-0,436	-0,202	+ 5,804	-12,355	+ 8,437	- 6,085	+0,184	-0,298	+0,168	-0,104	-0,427	-0,755	-0,268	-0,306
6	-0,576	-0,918	-1,929	-1,393	-0,311	-0,306	-0,470	-0,270	- 0,668	+ 2,452	+ 3,001	- 0,541	-0,021	+0,059	+0,060	-0,009	-0,290	-0,247	-0,410	-0,279
7	-0,506	-0,969	-1,862	-1,592	-0,273	-0,323	-0,454	-0,309	- 4,294	+ 5,685	-13,070	+ 6,771	-0,136	+0,137	-0,261	+0,115	-0,137	-0,186	-0,715	-0,194
8	-0,347	-1,071	-1,371	-1,648	-0,188	-0,357	-0,334	-0,319	+ 0,740	- 0,301	+ 2,805	+ 3,454	+0,023	-0,007	+0,056	+0,059	-0,211	-0,364	-0,278	-0,260
9	-0,365	-0,999	-1,348	-1,807	-0,197	-0,333	-0,329	-0,350	+ 2,913	- 4,761	+ 6,047	-14,472	+0,092	-0,115	+0,121	-0,247	-0,289	-0,448	-0,208	-0,597
10	-0,421	-0,794	-1,428	-2,383	-0,228	-0,265	-0,348	-0,462	- 0,341	+ 0,618	- 0,224	+ 3,598	-0,011	+0,015	-0,004	+0,061	-0,217	-0,250	-0,352	-0,401
11	-0,365	-0,753	-1,342	-2,544	-0,197	-0,251	-0,327	-0,493	- 2,109	+ 3,145	- 5,202	- 7,842	-0,067	+0,076	-0,104	+0,134	-0,130	-0,175	-0,431	-0,359
12	-0,277	-0,778	-1,092	-2,567	-0,150	-0,259	-0,266	-0,497	+ 0,328	- 0,343	+ 0,654	+ 3,817	+0,010	-0,008	+0,013	+0,065	-0,160	-0,267	-0,253	-0,432
11'	-0,272	-0,702	-0,999	-2,417	-0,147	-0,234	-0,244	-0,468	+ 1,503	- 2,279	+ 3,357	-14,198	+0,048	-0,055	+0,067	-0,242	-0,195	-0,289	-0,177	-0,710
10'	-0,287	-0,574	-0,992	-1,811	-0,155	-0,191	-0,242	-0,351	- 0,232	+ 0,235	- 0,335	+ 3,435	-0,007	+0,006	-0,007	+0,059	-0,148	-0,185	-0,249	-0,292
9'	-0,243	-0,521	-0,891	-1,651	-0,131	-0,174	-0,217	-0,320	- 1,072	+ 1,614	- 2,421	+ 6,937	-0,034	+0,039	-0,048	+0,118	-0,097	-0,135	-0,265	-0,202
8'	-0,186	-0,502	-0,724	-1,642	-0,101	-0,167	-0,177	-0,318	+ 0,165	- 0,165	+ 0,228	- 0,756	+0,005	-0,004	+0,005	-0,013	-0,106	-0,171	-0,172	-0,331
7'	-0,171	-0,430	-0,631	-1,459	-0,092	-0,143	-0,154	-0,283	+ 0,765	- 1,143	+ 1,701	- 5,192	+0,024	-0,028	+0,034	-0,088	-0,116	-0,171	-0,120	-0,371
6'	-0,164	-0,335	-0,584	-1,091	-0,089	-0,112	-0,142	-0,211	+ 0,120	+ 0,120	- 0,253	+ 1,397	-0,004	+0,003	-0,005	+0,024	-0,085	-0,109	-0,147	-0,187
5'	-0,128	-0,281	-0,474	-0,882	-0,069	-0,094	-0,116	-0,171	- 0,591	+ 0,842	- 1,173	+ 3,198	-0,019	+0,020	-0,023	+0,054	-0,050	-0,074	-0,139	-0,117
4'	-0,086	-0,248	-0,321	-0,780	-0,046	-0,083	-0,078	-0,151	+ 0,092	- 0,150	+ 0,345	- 1,308	+0,003	-0,004	+0,007	-0,022	-0,049	-0,087	-0,071	-0,173
3'	-0,069	-0,172	-0,225	-0,574	-0,037	-0,057	-0,055	-0,111	+ 0,459	- 0,577	+ 0,742	- 2,272	+0,015	-0,014	+0,015	-0,039	-0,052	-0,071	-0,040	-0,150
2'	-0,047	-0,071	-0,169	-0,274	-0,025	-0,024	-0,041	-0,053	- 0,072	+ 0,160	- 0,062	+ 1,519	-0,002	+0,004	-0,001	+0,026	-0,023	-0,020	-0,042	-0,027
1'	-0,012	-0,018	-0,025	-0,063	-0,006	-0,006	-0,018	-0,012	- 0,365	+ 0,382	- 0,530	+ 1,586	-0,012	+0,009	-0,011	+0,027	+0,006	+0,003	-0,029	+0,015

Tabelle 6. *Ostenfeldsche Koeffizienten für den Einfachrautenträger.*

Einfachrautenträger mit Halbrautenende

Erhebung im Punkt

		1	2	3	4	5	6	7	8
Biegemoment M_{mi} an der Stelle	0	− 1,8091	+ 0,4847	− 0,1299	+ 0,0348	− 0,0093	+ 0,0025	− 0,0007	+ 0,0002
	1	+ 4,1309	− 2,7146	+ 0,7274	− 0,1949	+ 0,0522	− 0,0140	+ 0,0037	− 0,0010
	2	− 2,7146	+ 4,3735	− 2,7796	+ 0,7448	− 0,1996	+ 0,0535	− 0,0143	+ 0,0038
	3	+ 0,7274	− 2,7796	+ 4,3910	− 2,7842	+ 0,7460	− 0,1999	+ 0,0536	− 0,0144
	4	− 0,1949	+ 0,7448	− 2,7843	+ 4,3922	− 2,7846	+ 0,7461	− 0,1999	+ 0,0536
	5	+ 0,0522	− 0,1996	+ 0,7461	− 2,7846	+ 4,3923	− 2,7846	+ 0,7461	− 0,1999
	6	− 0,0140	+ 0,0535	− 0,1999	+ 0,7461	− 2,7846	+ 4,3923	− 2,7846	+ 0,7461
	7	+ 0,0038	− 0,0143	+ 0,0536	− 0,1999	+ 0,7461	− 2,7846	+ 4,3923	− 2,7846
	8	− 0,0010	+ 0,0038	− 0,0144	+ 0,0536	− 0,1999	+ 0,7461	− 2,7846	+ 4,3923
	9	+ 0,0003	− 0,0010	+ 0,0039	− 0,0144	+ 0,0536	− 0,1999	+ 0,7461	− 2,7846
	10	− 0,0001	+ 0,0003	− 0,0010	+ 0,0039	− 0,0144	+ 0,0536	− 0,1999	+ 0,7461
	11	+ 0,0000	− 0,0001	+ 0,0003	− 0,0010	+ 0,0039	− 0,0144	+ 0,0536	− 0,1999
	12	− 0,0000	+ 0,0000	− 0,0001	+ 0,0003	− 0,0010	+ 0,0039	− 0,0144	+ 0,0536
Lagerreaktion R_{mi} an der Stelle	0	− 5,9460	+ 3,1993	− 0,8573	+ 0,2297	− 0,0615	+ 0,0165	− 0,0044	+ 0,0012
	1	+12,7855	−10,2874	+ 4,3643	− 1,1694	+ 0,3133	− 0,0840	+ 0,0224	− 0,0060
	2	−10,2875	+14,2412	−10,6776	+ 4,4687	− 1,1974	+ 0,3209	− 0,0859	+ 0,0230
	3	+ 4,3643	−10,6775	+14,3459	−10,7056	+ 4,4763	− 1,1994	+ 0,3214	− 0,0862
	4	− 1,1694	+ 4,4688	−10,7057	+14,3532	−10,7075	+ 4,4767	− 1,1995	+ 0,3215
	5	+ 0,3133	− 1,1975	+ 4,4763	−10,7075	+14,3538	−10,7076	+ 4,4767	− 1,1995
	6	− 0,0840	+ 0,3209	− 1,1995	+ 4,4767	−10,7076	+14,3538	−10,7076	+ 4,4767
	7	+ 0,0226	− 0,0859	+ 0,3215	− 1,1995	+ 4,4767	−10,7076	+14,3538	−10,7076
	8	− 0,0061	+ 0,0229	− 0,0863	+ 0,3215	− 1,1995	+ 4,4767	−10,7076	+14,3538
	9	+ 0,0017	− 0,0061	+ 0,0232	− 0,0863	+ 0,3215	− 1,1995	+ 4,4767	−10,7076
	10	− 0,0005	+ 0,0017	− 0,0062	+ 0,0232	− 0,0863	+ 0,3215	− 1,1995	+ 4,4767
	11	+ 0,0001	− 0,0005	+ 0,0017	− 0,0062	+ 0,0232	− 0,0863	+ 0,3215	− 1,1995
	12	− 0,0000	+ 0,0001	− 0,0005	+ 0,0017	− 0,0062	+ 0,0232	− 0,0863	+ 0,3215

Einfachrautenträger mit Ganzrautenende

Erhebung im Punkt

		e	1	2	3	4	5	6	7
Biegemoment M_{mi} an der Stelle	e	+12,4804	+ 4,3098	− 0,4881	+ 0,1308	− 0,0351	+ 0,0094	− 0,0025	+ 0,0007
	0	− 8,2942	− 8,6196	+ 0,9762	− 0,2616	+ 0,0701	− 0,0188	+ 0,0050	− 0,0013
	1	+ 1,5179	+ 8,7544	− 3,7094	+ 0,9939	− 0,2663	+ 0,0714	− 0,0191	+ 0,0051
	2	− 0,4067	− 3,9534	+ 4,6401	− 0,8510	+ 0,7639	− 0,2047	+ 0,0548	− 0,0147
	3	+ 0,1090	+ 1,0593	− 2,8510	+ 4,4100	− 2,7894	+ 0,7474	− 0,2003	+ 0,0537
	4	− 0,0292	− 0,2838	+ 0,7639	− 2,7894	+ 4,3936	− 2,7850	+ 0,7462	− 0,1999
	5	+ 0,0078	+ 0,0760	− 0,2047	+ 0,7474	− 2,7850	+ 4,3924	− 2,7846	+ 0,7461
	6	− 0,0021	− 0,0204	+ 0,0548	− 0,2003	+ 0,7462	− 2,7846	+ 4,3923	− 2,7846
	7	+ 0,0006	+ 0,0055	− 0,0147	+ 0,0537	− 0,1999	+ 0,7461	− 2,7846	+ 4,3923
	8	− 0,0002	− 0,0015	+ 0,0039	− 0,0144	+ 0,0536	− 0,1999	+ 0,7461	− 2,7846
	9	+ 0,0001	+ 0,0004	− 0,0010	+ 0,0039	− 0,0144	+ 0,0536	− 0,1999	+ 0,7461
	10	− 0,0000	− 0,0001	+ 0,0003	− 0,0010	+ 0,0039	− 0,0144	+ 0,0536	− 0,1999
	11	− 0,0000	− 0,0000	− 0,0001	+ 0,0003	− 0,0010	+ 0,0039	− 0,0144	+ 0,0536
Lagerreaktion R_{mi} an der Stelle	e	+69,2487	+43,0980	− 4,8810	+ 1,3080	− 0,3507	+ 0,0940	− 0,0250	+ 0,0067
	0	−19,6242	−34,7480	+ 9,3712	− 2,5110	+ 0,6728	− 0,1804	+ 0,0482	− 0,0128
	1	+21,5488	+47,4558	−17,7205	+ 6,3559	− 1,7030	+ 0,4565	− 0,1221	+ 0,0326
	2	− 2,4403	−17,7206	+15,8406	−11,1060	+ 4,5835	− 1,2282	+ 0,3290	− 0,0882
	3	+ 0,6539	+ 6,3558	−11,1060	+14,4604	−10,7363	+ 4,4845	− 1,2016	+ 0,3220
	4	− 0,1752	− 1,7029	+ 4,5835	−10,7362	+14,3616	−10,7098	+ 4,4773	− 1,1996
	5	+ 0,0469	+ 0,4562	− 1,2281	+ 4,4845	−10,7098	+14,3544	−10,7077	+ 4,4767
	6	− 0,0126	− 0,1223	+ 0,3290	− 1,2017	+ 4,4773	−10,7077	+14,3538	−10,7076
	7	+ 0,0035	+ 0,0329	− 0,0881	+ 0,3221	− 1,1996	+ 4,4767	−10,7076	+14,3538
	8	− 0,0011	− 0,0089	+ 0,0235	− 0,0864	+ 0,3215	− 1,1995	+ 4,4767	−10,7076
	9	+ 0,0003	+ 0,0024	− 0,0062	+ 0,0232	− 0,0863	+ 0,3215	− 1,1995	+ 4,4767
	10	− 0,0000	− 0,0006	+ 0,0017	− 0,0062	+ 0,0232	− 0,0863	+ 0,3215	− 1,1995
	11	+ 0,0000	+ 0,0001	− 0,0005	+ 0,0017	− 0,0062	+ 0,0232	− 0,0863	+ 0,3215

     Tabelle 7. *Ostenfeldsche Koeffizienten für den Doppelrautenträger mit Halbrautenende.*

Symmetrische Störlast

Erhebung im Punkt

		e	1	2	3	4	5	6	7
Biegemoment M_{mi} an der Stelle	e	+ 3,1450	+ 1,3655	− 0,3659	+ 0,0981	− 0,0263	+ 0,0070	− 0,0019	+ 0,0005
	0	− 2,1234	− 2,7310	+ 0,7318	− 0,1961	+ 0,0526	− 0,0141	+ 0,0038	− 0,0010
	1	+ 0,5690	+ 4,3780	− 2,7808	+ 0,7451	− 0,1997	+ 0,0535	− 0,0143	+ 0,0039
	2	− 0,1525	− 2,7808	+ 4,3913	− 2,7843	+ 0,7461	− 0,1999	+ 0,0536	− 0,0144
	3	+ 0,0409	+ 0,7451	− 2,7843	+ 4,3922	− 2,7846	+ 0,7461	− 0,1999	+ 0,0536
	4	− 0,0110	− 0,1996	+ 0,7461	− 2,7846	+ 4,3923	− 2,7846	+ 0,7461	− 0,1999
	5	+ 0,0029	+ 0,0535	− 0,1999	+ 0,7461	− 2,7846	+ 4,3923	− 2,7846	+ 0,7461
	6	− 0,0008	− 0,0143	+ 0,0536	− 0,1999	+ 0,7461	− 2,7846	+ 4,3923	− 2,7846
	7	+ 0,0002	+ 0,0038	− 0,0144	+ 0,0536	− 0,1999	+ 0,7461	− 2,7846	+ 4,3923
	8	− 0,0001	− 0,0010	+ 0,0039	− 0,0144	+ 0,0536	− 0,1999	+ 0,7461	− 2,7846
	9	+ 0,0000	+ 0,0003	− 0,0010	+ 0,0039	− 0,0144	+ 0,0536	− 0,1999	+ 0,7461
	10	− 0,0000	− 0,0001	+ 0,0003	− 0,0010	+ 0,0039	− 0,0144	+ 0,0536	− 0,1999
	11	+ 0,0000	+ 0,0000	− 0,0001	+ 0,0003	− 0,0010	+ 0,0039	− 0,0144	+ 0,0536
Lagerreaktion R_{mi} an der Stelle	e	+ 8,7807	+ 6,8275	− 1,8295	+ 0,4903	− 0,1315	+ 0,0352	− 0,0095	+ 0,0025
	0	− 2,6924	− 7,1090	+ 3,5126	− 0,9412	+ 0,2523	− 0,0676	+ 0,0181	− 0,0049
	1	+ 3,4139	+14,2678	−10,6847	+ 4,4706	− 1,1981	+ 0,3210	− 0,0860	+ 0,0232
	2	− 0,9149	−10,6847	+14,3477	−10,7059	+ 4,4765	− 1,1994	+ 0,3214	− 0,0863
	3	+ 0,2453	+ 4,4706	−10,7060	+14,3533	−10,7076	+ 4,4767	− 1,1995	+ 0,3215
	4	− 0,0658	− 1,1978	+ 4,4764	−10,7075	+14,3538	−10,7076	+ 4,4767	− 1,1995
	5	+ 0,0176	+ 0,3209	− 1,1995	+ 4,4767	−10,7076	+14,3538	−10,7076	+ 4,4767
	6	− 0,0047	− 0,0859	+ 0,3215	− 1,1995	+ 4,4767	−10,7076	+14,3538	−10,7076
	7	+ 0,0013	+ 0,0229	− 0,0863	+ 0,3215	− 1,1995	+ 4,4767	−10,7076	+14,3538
	8	− 0,0004	− 0,0061	+ 0,0232	− 0,0863	+ 0,3215	− 1,1995	+ 4,4767	−10,7076
	9	+ 0,0001	+ 0,0017	− 0,0062	+ 0,0232	− 0,0863	+ 0,3215	− 1,1995	+ 4,4767
	10	− 0,0000	− 0,0005	+ 0,0017	− 0,0062	+ 0,0232	− 0,0863	+ 0,3215	− 1,1995
	11	+ 0,0000	+ 0,0001	− 0,0005	+ 0,0017	− 0,0062	+ 0,0232	− 0,0863	+ 0,3215

Antimetrische Störlast

Erhebung im Punkt

		0	1	2	3	4	5	6	7
Biegemoment M_{mi} an der Stelle	0	+ 1,8411	− 2,3345	+ 0,6255	− 0,1676	+ 0,0449	− 0,0120	+ 0,0032	− 0,0009
	1	− 2,1010	+ 4,2717	− 2,7523	+ 0,7375	− 0,1976	+ 0,0529	− 0,0142	+ 0,0038
	2	+ 0,5630	− 2,7523	+ 4,3836	− 2,7823	+ 0,7455	− 0,1998	+ 0,0535	− 0,0143
	3	− 0,1509	+ 0,7375	− 2,7823	+ 4,3917	− 2,7844	+ 0,7461	− 0,1999	+ 0,0536
	4	+ 0,0404	− 0,1976	+ 0,7455	− 2,7844	+ 4,3923	− 2,7846	+ 0,7461	− 0,1999
	5	− 0,0108	+ 0,0529	− 0,1998	+ 0,7461	− 2,7846	+ 4,3923	− 2,7846	+ 0,7461
	6	+ 0,0029	− 0,0142	+ 0,0535	− 0,1999	+ 0,7461	− 2,7846	+ 4,3923	− 2,7846
	7	− 0,0008	+ 0,0038	− 0,0143	+ 0,0536	− 0,1999	+ 0,7461	− 2,7846	+ 4,3923
	9	+ 0,0002	− 0,0010	+ 0,0038	− 0,0144	+ 0,0536	− 0,1999	+ 0,7461	− 2,7846
	8	− 0,0001	+ 0,0003	− 0,0010	+ 0,0039	− 0,0144	+ 0,0536	− 0,1999	+ 0,7461
	10	+ 0,0000	− 0,0001	+ 0,0003	− 0,0010	+ 0,0039	− 0,0144	+ 0,0536	− 0,1999
	11	− 0,0000	+ 0,0000	− 0,0001	+ 0,0003	− 0,0010	+ 0,0039	− 0,0144	+ 0,0536
	12	+ 0,0000	− 0,0000	+ 0,0000	− 0,0001	+ 0,0003	− 0,0010	+ 0,0039	− 0,0144
Lagerreaktion R_{ms} an der Stelle	0	+ 3,9421	− 6,6062	+ 3,3778	− 0,9051	+ 0,2425	− 0,0649	+ 0,0174	− 0,0047
	1	− 6,6061	+13,6302	−10,5137	+ 4,4249	− 1,1856	+ 0,3176	− 0,0851	+ 0,0228
	2	+ 3,3779	−10,5138	+14,3018	−10,6937	+ 4,4730	− 1,1986	+ 0,3211	− 0,0860
	3	− 0,9052	+ 4,4249	−10,6937	+14,3501	−10,7066	+ 4,4766	− 1,1994	+ 0,3214
	4	+ 0,2425	− 1,1856	+ 4,4731	−10,7066	+14,3536	−10,7076	+ 4,4767	− 1,1995
	5	− 0,0649	+ 0,3176	− 1,1986	+ 4,4765	−10,7076	+14,3538	−10,7076	+ 4,4767
	6	+ 0,0174	− 0,0851	+ 0,3211	− 1,1995	+ 4,4767	−10,7076	+14,3538	−10,7076
	7	− 0,0047	+ 0,0228	− 0,0859	+ 0,3215	− 1,1995	+ 4,4767	−10,7076	+14,3538
	5	+ 0,0012	− 0,0061	+ 0,0229	− 0,0863	+ 0,3215	− 1,1995	+ 4,4767	−10,7076
	9	− 0,0003	+ 0,0017	− 0,0061	+ 0,0232	− 0,0863	+ 0,3215	− 1,1995	+ 4,4767
	10	+ 0,0001	− 0,0005	+ 0,0017	− 0,0062	+ 0,0232	− 0,0863	+ 0,3215	− 1,1995
	11	− 0,0000	+ 0,0001	− 0,0005	+ 0,0017	− 0,0062	+ 0,0232	− 0,0863	+ 0,3215
	12	+ 0,0000	− 0,0000	+ 0,0001	− 0,0005	+ 0,0017	− 0,0062	+ 0,0232	− 0,0863

Symmetrische Störlast

Erhebung im Punkt

Biegemoment M_{mi} an der Stelle:

	e	1	2	3	4	5	6	7
e	+ 2,7749	+ 0,9582	− 0,1085	+ 0,0291	− 0,0078	+ 0,0021	− 0,0006	+ 0,0002
0	− 5,5324	− 7,6659	+ 0,8681	0,2326	+ 0,0623	− 0,0167	+ 0,0045	− 0,0012
1	+ 1,0125	+ 8,5799	− 3,6896	+ 0,9886	− 0,2649	+ 0,0710	− 0,0190	+ 0,0051
2	− 0,2713	− 3,9067	+ 4,6348	− 2,8496	+ 0,7636	− 0,2046	+ 0,0548	− 0,0147
3	+ 0,0727	+ 1,0468	− 2,8496	+ 4,4097	− 2,7893	+ 0,7474	− 0,2003	+ 0,0537
4	− 0,0195	− 0,2805	+ 0,7635	− 2,7893	+ 4,3936	− 2,7850	+ 0,7462	− 0,1999
5	+ 0,0052	+ 0,0752	− 0,2046	+ 0,7474	− 2,7850	+ 4,3924	− 2,7846	+ 0,7461
6	− 0,0014	− 0,0201	+ 0,0548	− 0,2003	+ 0,7462	− 2,7846	+ 4,3923	− 2,7846
7	+ 0,0004	+ 0,0054	− 0,0147	+ 0,0537	− 0,1999	+ 0,7461	− 2,7846	+ 4,3923
8	− 0,0001	− 0,0014	+ 0,0039	− 0,0144	+ 0,0536	− 0,1999	+ 0,7461	− 2,7846
9	+ 0,0000	+ 0,0004	− 0,0010	+ 0,0039	− 0,0144	+ 0,0536	− 0,1999	+ 0,7461
10	− 0,0000	− 0,0001	+ 0,0003	− 0,0010	+ 0,0039	− 0,0144	+ 0,0536	− 0,1999
11	+ 0,0000	+ 0,0000	− 0,0001	+ 0,0003	− 0,0010	+ 0,0039	+ 0,0144	− 0,0536

Lagerreaktion R_{mi} an der Stelle:

	e	1	2	3	4	5	6	7
e	+13,8455	+14,3736	− 1,6278	+ 0,4362	− 0,1169	0,0313	− 0,0085	+ 0,0023
0	−13,0898	−32,4916	+ 9,1154	− 2,4424	+ 0,6544	0,1754	+ 0,0470	− 0,0126
1	+14,3736	+44,9782	−17,4400	+ 6,2807	− 1,6830	+ 0,4510	− 0,1208	+ 0,0323
2	− 1,6278	17,4400	15,8088	−11,0975	+ 4,5813	− 1,2276	0,3289	− 0,0881
3	+ 0,4362	+ 6,2807	−11,0975	+14,4583	−10,7358	4,4844	− 1,2016	0,3220
4	− 0,1169	− 1,6830	+ 4,5813	−10,7358	+14,3615	10,7098	+ 4,4773	1,1996
5	0,0313	+ 0,4510	− 1,2276	+ 4,4844	−10,7098	14,3544	10,7077	+ 4,4767
6	− 0,0085	− 0,1208	+ 0,3289	− 1,2016	+ 4,4773	−10,7077	+14,3538	−10,7076
7	+ 0,0023	+ 0,0323	− 0,0881	+ 0,3220	− 1,1996	+ 4,4767	−10,7076	+14,3538
8	− 0,0006	− 0,0086	+ 0,0235	− 0,0720	+ 0,3215	− 1,1995	4,4767	10,7076
9	+ 0,0001	+ 0,0023	0,0062	− 0,0193	0,0863	+ 0,3215	1,1995	4,4767
10	− 0,0000	− 0,0006	0,0017	− 0,0062	0,0232	− 0,0863	+ 0,3215	1,1995
11	+ 0,0000	+ 0,0001	0,0005	0,0017	− 0,0062	0,0232	− 0,0863	0,3215

Antimetrische Störlast

Erhebung im Punkt

Biegemoment M_{mi} an der Stelle:

	e	0	1	2	3	4	5	6
e	+10,2481	− 1,8121	+ 1,9899	− 0,2254	+ 0,0604	0,0162	+ 0,0043	− 0,0012
0	− 7,6589	+ 7,2485	− 7,9594	+ 0,9014	− 0,2415	0,0647	− 0,0173	+ 0,0046
1	+ 1,4017	− 5,7189	+ 8,6336	− 3,6957	+ 0,9903	− 0,2654	+ 0,0711	− 0,0190
2	− 0,3756	+ 1,5324	− 3,9211	+ 4,6364	− 2,8500	+ 0,7637	− 0,2046	+ 0,0548
3	+ 0,1006	− 0,4106	+ 0,0507	− 2,8500	+ 4,4098	− 2,7893	+ 0,7474	− 0,2003
4	− 0,0270	+ 0,1100	− 0,2815	+ 0,7637	− 2,7893	4,3936	− 2,7850	+ 0,7462
5	+ 0,0072	0,0295	+ 0,0754	− 0,2046	+ 0,7474	− 2,7850	4,3924	− 2,7846
6	− 0,0019	+ 0,0079	− 0,0202	+ 0,0548	− 0,2003	+ 0,7462	− 2,7846	+ 4,3923
7	+ 0,0005	− 0,0021	+ 0,0054	− 0,0147	0,0537	0,1999	+ 0,7461	− 2,7846
8	− 0,0001	+ 0,0006	− 0,0014	− 0,0039	0,0144	0,0536	0,1999	0,7461
9	+ 0,0000	− 0,0002	+ 0,0004	− 0,0010	0,0039	− 0,0144	+ 0,0536	− 0,1999
10	− 0,0000	+ 0,0000	− 0,0001	0,0003	− 0,0010	0,0039	− 0,0144	+ 0,0536
11	+ 0,0000	− 0,0000	+ 0,0000	0,0001	0,0003	0,0010	0,0039	0,0144

Lagerreaktion R_{mi} an der Stelle:

	e	0	1	2	3	4	5	6
e	+46,9253	−18,1212	+19,8986	2,2536	+ 0,6038	− 0,1618	0,0432	− 0,0116
0	−18,1212	+25,9348	−33,1860	9,1942	2,4636	0,6601	− 0,1768	0,0473
1	+19,8986	−33,1860	+45,7407	−17,5264	6,3040	− 1,6892	0,4525	0,1211
2	− 2,2536	9,1942	−17,5264	+15,8185	−11,1001	4,5821	1,2277	0,3289
3	+ 0,6038	− 2,4636	+ 6,3040	−11,1001	+14,4589	−10,7358	+ 4,4844	1,2016
4	− 0,1618	+ 0,6601	− 1,6892	+ 4,5821	10,7358	+14,3615	−10,7098	+ 4,4773
5	+ 0,0432	− 0,1768	+ 0,4525	− 1,2277	+ 4,4844	−10,7098	14,3544	−10,7077
6	− 0,0116	+ 0,0473	− 0,1211	0,3289	− 1,2016	+ 4,4773	−10,7077	−14,3538
7	+ 0,0030	− 0,0127	0,0324	− 0,0881	0,3221	− 1,1996	4,4767	−10,7076
8	− 0,0007	+ 0,0035	− 0,0086	0,0235	0,0864	0,3215	− 1,1995	4,4767
9	− 0,0001	− 0,0010	+ 0,0023	0,0062	0,0232	0,0863	0,3215	− 1,1995
10	− 0,0000	0,0002	− 0,0006	0,0017	0,0062	0,0232	+ 0,0863	0,3215
11	+ 0,0000	− 0,0000	0,0001	− 0,0005	+ 0,0017	− 0,0062	+ 0,0232	− 0,0863